高职高专"十二五"规划教材

电工电子技术

第二版

王锁庭　张翼翔　主　编

刘　艳　王智平　副主编

范　伟　张启林　主　审

化学工业出版社

·北京·

全书共分十个模块，主要内容有直流电路，正弦交流电路，三相交流电路，磁路与变压器，三相异步电动机、低压电器及电动机控制线路、工厂供电与安全用电技术、半导体二极管与整流滤波电路、半导体三极管与放大电路以及数字电子电路的装调等。本教材在每模块后面都编写了练习题，以便使学生系统地掌握所学的基础理论知识。

教材中有些内容是在教学基本要求的基础上加深（或加宽）的内容，可根据专业需要和学时数的多少选择使用。本书可作为高职高专及本科院校举办的二级职业技术学院的教材，也可供有关工程技术人员工作时参考。

图书在版编目（CIP）数据

电工电子技术/王锁庭，张翼翔主编. —2版. —北京：化学工业出版社，2013.6（2021.11重印）

高职高专"十二五"规划教材

ISBN 978-7-122-17184-9

Ⅰ.①电… Ⅱ.①王…②张… Ⅲ.①电工技术-高等职业教育-教材②电子技术-高等职业教育-教材 Ⅳ.①TM②TN

中国版本图书馆 CIP 数据核字（2013）第 086767 号

责任编辑：廉　静	文字编辑：徐卿华
责任校对：顾淑云	装帧设计：王晓宇

出版发行：化学工业出版社（北京市东城区青年湖南街 13 号　邮政编码 100011）
印　　装：北京虎彩文化传播有限公司
787mm×1092mm　1/16　印张16　字数417千字　2021年11月北京第2版第5次印刷

购书咨询：010-64518888　　　　　　售后服务：010-64518899
网　　址：http://www.cip.com.cn

凡购买本书，如有缺损质量问题，本社销售中心负责调换。

定　　价：39.80 元

前　言

本书第一版于 2007 年 8 月出版，涵盖了高职石油工程技术类专业、石油化工技术专业、应用化工生产技术专业以及相关的非电气类专业，培养学生成为具有一定电工电子技术知识和技能的高素质技能型人才。经过高职院校相关专业的使用和反馈情况来看，认为该教材编写层次和条理比较清楚，也符合高职教育教学规律，符合当前职业教育教学改革和专业建设的基本思路，使用的教学效果良好，教材使用院校师生均反映不错。为了继续深化教材改革，加快高职精品教材建设步伐，适应职业院校教学改革的需要，特对本书进行修订，在编写和修订本书第二版时，注重结合行业对维修电工岗位的知识和能力需求，体现教学做一体化的教改思路，积极探索校企合作、工学结合的教学模式，力争编写出职教特色鲜明、教师学生满意的高职教材。

本教材的内容在保证必要的基本概念和基本知识基础上，以定性分析和定量估算为主，突出实用、注重实践，注意培养学生分析问题和解决问题的能力。例如，在学习元器件知识的同时，结合器件性能，介绍一些实用的测试、检修、制作或装调案例和基本方法，并结合一些电路实例，进一步培养学生的综合应用和实践能力。全书共分 10 章，主要内容有直流电路、正弦交流电路、三相交流电路、磁路与变压器、三相异步电动机、低压电器及电动机控制线路、工厂供电与安全用电技术、半导体二极管与整流滤波电路、半导体三极管与放大电路、数字电子电路。本教材在每章后面都编写了练习题，以便使学生系统地掌握所学的基础理论知识。

本教材的突出特点是理论和实践相结合，是讲练一体化、教学做一体化教材，每章由理论学习部分和技能训练部分组成。每章设置了几个相应的技能训练教学任务，加强对学生的实践技能的培养。教材中有些内容是在教学基本要求的基础上加深（或加宽）的内容，可根据专业需要和学时数的多少选择使用。本书可作为高职高专及本科院校举办的二级职业技术学院和民办高校的教材，也可供有关工程技术人员参考。

本书第二版与第一版相比，主要有以下特点。

① 该教材符合教学改革的发展方向，内容翔实，形式新颖。把电工电子技术的理论、实训和技能训练融为一体。该教材包括 10 章内容，先器件，后电路，再应用，最后是技能训练，符合职业教育教学的发展规律和教学改革的总体要求。

② 体现校企合作、工学结合的教学模式，编者队伍中积极引进两名生产企业第一线的高级工程师参加审稿，电工电子的基本知识和技能符合现场维修电工职业标准和岗位的基本要求，结合现场的生产实际，特别是体现操作规程的基本知识，使教材的职业性强，理论联系实际。

③ 该教材编写的原则是保证基础，加强应用，突出能力，突出实际，实用，实践的原则，贯穿重概念、重结论的指导思想，注重内容的典型性、针对性，加强理论联系实际。

④ 该书从应用的角度介绍典型电工电子线路的工作原理与实用技术，强化对学生职业技能的培养和训练，符合高职高专学生就业的工作需求，逐步实现零距离上岗。

⑤ 该书讲解深入浅出，将知识点和技能点紧密结合，注重培养学生的工程应用能力和

解决生产现场实际问题的能力。

⑥ 本教材在修订时，注意适当融入实际电工电子技术方面的工程案例分析与实施内容，强化工程观点，培养学生的解决实际工程问题的能力。

参加本书编写工作的有，天津石油职业技术学院王锁庭（第9章）、刘艳（第10章）、郭鲜宇（第6章）、刘金芝（第7、8章）；山西机电职业技术学院张翼翔（第1章）、王智平（第4章）、陈惠琴（第2章）、王惠（第3章）、杨泽晖（第5章）。王锁庭、张翼翔负责全书的统稿工作并担任主编。刘艳、王智平担任副主编。

中国石油华北油田公司水电厂高级工程师、油田公司技能专家范伟、中国石油华北石化公司维修电工高级技师张启林担任本书的主审。在本书的编写过程中还得到了天津石油职业技术学院王吉恒副教授、郝永书副教授以及高永强副教授等的大力支持，在此一并表示衷心的感谢。

由于编者水平有限，加之时间紧迫，书中难免存在不足之处，敬请广大师生和读者批评指正。

编　者
2013年3月

目　录

1 直流电路

【知识目标】 [1] 理解直流电路的基本概念与基本物理量；

[2] 理解电路中电阻的连接规律和欧姆定律；

[3] 理解电路的工作状态及其特点；

[4] 理解电压源、电流源的特点及其等效变换方法；

[5] 理解基尔霍夫定律的应用方法；

[6] 理解叠加定理的应用方法；

[7] 理解直流电路中电位的计算方法；

[8] 理解直流电压表、直流电流表的测量原理。

【能力目标】 [1] 掌握欧姆定律的应用计算方法；

[2] 掌握电压源、电流源的等效变换方法；

[3] 熟练掌握基尔霍夫定律的应用方法；

[4] 熟练掌握叠加定理的应用方法；

[5] 熟练掌握直流电路中电位的计算方法；

[6] 掌握直流电流、直流电压和直流电位的测量方法。

1.1 电路的基本概念与基本物理量

1.1.1 电路的组成和功能

电路是电流的通路。它是由若干个实际的电器装置或电器元件，根据某些特定的需要，按照一定的方式组合起来的。在电路中既有可以把其他形式的能量（热能、风能、水位能、太阳能等）转换成电能的电源元件，也有可以把电能转换成其他形式能量的用电器。

电路具有两个主要功能：其一，是实现电能与其他形式能量的转换、传输和分配。例如，发电厂把热能转换成电能，再通过变压器、输电线路送到各电能用户，各电能用户把它们再转换为光能、热能和机械能等加以利用。其二，实现信号的传递和处理。通过电路可以把输入的信号变换或"加工"成其他所需要的信号输出。例如，一台半导体收音机或者电视机，其天线接收到的是一些很微弱的电信号，这些很微弱的电信号，必须通过调节选择到所需要的某个频率信号，再经过一系列的放大环节，最后从输出端重现能满足工作需要的信号（图像、声音）。

无论电路的结构简单或复杂，电路必须由电源、负载和中间环节三大部分组成。图 1-1 就是一个最简单的手电筒电路。电路的左边是电源（电池），它是提供电能的装置；电路的右边是负载（小灯泡），它是消耗电能的装置；电路的中间部分由一个开关和导线组成称为中间环节，它是连接电源和负载的部分，具有输送电能、分配电能和控制电路通断的功能。

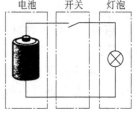

图 1-1 手电筒电路

1.1.2 电路模型和电路图

由理想电路元件组成的足以表征实际电路物理性质的电路称为电路模型。

实际电路是由一些电工设备、器件和电路元件所组成的。为便于分析和计算，往往把这些器件和元件理想化并用国家统一的标准符号来表示。这样，电工设备和和器件在电路原理图中，就成为一种用抽象的电路模型形式表示的电路元件。这种电路模型表征了这些设备在电路中所表现出的主要电气特性，所以，由电路模型构成的电路原理图能够代表实际电路图，从电路原理图中得到的分析结论能够适用于实际电路。这样，实际电路的分析就得到了简化。

（1）电路的理想电路元件

能表征电路的特征，并且具有单一电磁性质的假想元件称之为理想电路元件。为了表征电路中某一部分的主要电磁性能以便进行定性、定量分析，可以把该部分电路抽象成一个理想的电路元件来代替这部分电路。所谓单一电磁性质是指突出该部分电路的主要电或磁的性质，而忽略次要的电或磁的性质。实际电路元件的电磁性质，可以用理想电路元件以及它们的组合来反映。例如，电感线圈是由导线绕制而成的，它既有电感量又有电阻值，在考虑其主要电磁性质时往往忽略线圈的电阻性质，而突出它的电磁性质，把它表征为一个储存磁场能量的电感元件。同样，电阻丝是用金属丝一圈一圈绕制而成的，那么，它也既有电感量也有电阻值，在实际分析时往往忽略电阻丝的电感性质，而突出其主要的电阻性质，把它表征为一个消耗电能的电阻元件。

（2）理想电路元件的分类及符号

理想电路元件共有五种：电阻、电感、电容、电压源、电流源。

电阻元件是一种只表示消耗电能并把其转化为热能或其他能量的元件，用符号 R 表示。电感元件和电容元件都是储能元件，也称为动态元件。电感元件能把电能转化为磁场能量储存在电感线圈当中，用符号 L 表示。电容元件能把电能转化为电场能量储存在电容器当中，用符号 C 表示。电压源也称为理想电压源，它两端的电压固定不变，且所通过的电流可以是任意值，其大小取决于与它相连接的外电路，用符号 U_S 表示。电流源也称为理想电流源，它向外提供一个恒定不变的电流，其两端的电压可以是任意值，其大小取决于与它相连接的外电路，用符号 I_S 表示。如图 1-2 所示。

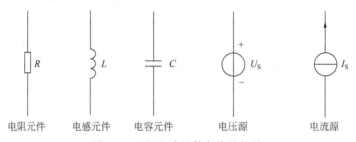

| 电阻元件 | 电感元件 | 电容元件 | 电压源 | 电流源 |

图 1-2 理想电路元件名称及符号

（3）电路图

用理想电路元件（即电路模型）构成的理想化电路图，称为电路原理图，简称电路图。在电路图中，各种电路元件必须使用国家统一标准的图形和符号表示。

1.1.3 电路的基本物理量及参考方向

1.1.3.1 电路的基本物理量

（1）电流

在电场的作用下，电荷有规则的移动形成电流。正电荷顺电场方向运动，负电荷逆电场方向运动。而电流的实际方向规定为正电荷的运动方向。

衡量电流大小、强弱的物理量称为"电流强度"。电流强度的数值是指：在电场作用下，单位时间里通过导体某一截面 S 的电荷量，如图 1-3 所示。

设在极短的时间 dt 内通过导体某截面 S 的电荷量为 dq，则电流强度为

$$i = \frac{dq}{dt} \tag{1-1}$$

在一般情况下，电流强度 i 是随时间而变化的，是时间 t 的函数。如果电路中电流的大小、方向都不随时间 t 而变化，则称为恒定电流，简称直流电流，用大写字母 I 表示，即

$$I = \frac{q}{t}$$

按国际单位制规定，电流的单位是库〔仑〕/秒，即安〔培〕，简称"安"，用符号"A"表示。在电力系统中电流都比较大，常以千安（kA）作为电流强度的计量单位，而在电子线路中电流都比较小，常以毫安（mA）、微安（μA）作为电流强度的计量单位，它们之间的换算关系是

$$1\text{kA} = 10^3\,\text{A} \qquad 1\text{A} = 10^3\,\text{mA} \qquad 1\text{mA} = 10^3\,\mu\text{A}$$

在直流电路中，某些支路电流的实际方向很容易判定，但一些支路的电流实际方向很难确定。因此，引入"电流参考方向"这个概念。在电路中可以任意选定一个方向作为电流的参考方向，用箭头表示，如图 1-3 中的 i 方向。确定了参考方向后，电流就成为一个代数量。经过分析计算后，若电流为正值，则表明电流的实际方向与参考方向相同；反之，则表明电流的实际方向和参考方向相反。

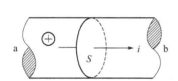

图 1-3　电流的示意图

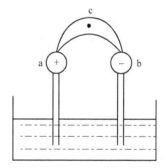

图 1-4　电压的示意图

（2）电压

在电场力的作用下，电荷有规律的运动产生电流，电荷在移动过程中会发生能量转换，使电荷失去或获得能量。图 1-4 所示为电池中的两个电极，a 是正极，带正电荷，b 是负极，带负电荷。在 a、b 两极之间产生了一个均匀而且恒定的电场，其方向是从 a 指向 b。如果用导体将 a、b 两极连接起来，那么在电场作用下，电极 a 中的正电荷将通过导体移动到电极 b。由于正电荷在电场中被移动了一段距离，电场力对正电荷做了功。把电场力将单位正电荷 q 从 a 点移动到 b 点所做的功称作为 a、b 两点之间的电压，记为

$$U_{ab} = \frac{W_{q,ab}}{q} \tag{1-2}$$

大小和方向随时间变化而变动的电压称为交变电压，用小写字母 u 表示；如果电压的大小和方向都不随时间变动，则称为恒定电压或直流电压，用大写字母 U 表示。由恒定电压产生的电场是恒定电场，在恒定电场中，任意两点 a、b 之间的电压只与 a、b 两点的位置（起点与终点）有关，而和电荷移动的路径无关。

　　按国际单位制规定：电压单位是焦[耳]/库[仑]，即伏[特]，用符号"V"表示。在各个类型电路中计量电压的单位可以不同，有千伏（kV）、伏（V）、毫伏（mV）、微伏（μV），它们之间的换算关系是

$$1kV=10^3 V \qquad 1V=10^3 mV \qquad 1mV=10^3 \mu V$$

　　（3）电位

　　在电工技术中，通常使用电压的概念，例如，日光灯的电压是 220V，电动机的电压是380V。而在电子技术中，则经常要用到电位的概念。

　　为了便于分析，在恒定电场中选取某一点 O 为参考点，电场力把单位正电荷 q 从电路中任意一点 a 移动到参考点 O 电场力所做的功，称为 a 点的电位，记为 V。

　　在此规定下，参考点 O 本身的电位为零，即 $V_o=0$，那么，参考点 O 就被称为电位参考点。参考点的选择完全是任意的，选取不同的参考点，电场中各点的电位数值也就不同。但是，参考点一旦选定后，电场中各点的电位就只能有一个数值，这就是电位的"单值性"。

　　由于 a 点的电位 $V_a=U_{ao}$，b 点的电位 $V_b=U_{bo}$，那么，任意两点 a、b 之间的电压就等于 a、b 两点的电位之差，即

$$U_{ab}=V_a-V_b \tag{1-3}$$

　　因此，一旦 a、b 两点位置确定，不管其参考点如何变更，a、b 两点之间的电压只有一个数值，这就是电压的"绝对值"。

　　同时，正电荷在电场的作用下总是从高电位端指向低电位端。

　　【例 1-1】　在图 1-4 中设 $U_{ab}=5V$，$U_{ac}=3V$，如分别以 a、b 为参考点，求 V_a、V_b、V_c。

　　解　以 b 为参考点，则 $V_b=0$。
　　因为 $U_{ab}=V_a-V_b$，所以

$$V_a=U_{ab}+V_b=5+0=5V$$

　　又 $U_{ac}=V_a-V_c$，所以

$$V_c=V_a-U_{ac}=5-3=2V$$

　　以 a 为参考点，则 $V_a=0$。
　　因为

$$U_{ab}=V_a-V_b$$

　　所以

$$V_b=V_a-U_{ab}=0-5=-5V$$

　　又　$U_{ac}=V_a-V_c$　所以

$$V_c=V_a-U_{ac}=0-3=-3V$$

　　从上面的例子分析可以得到这样的结论：电位的数值与参考点的选择有关，而电压的数值与参考点的选择无关。

　　（4）电动势

　　电动势是一个专门描述电源内部特性的物理量。在图 1-4 中可见，由于电场力的作用，正电荷不断地从 a 极经过导体移动到 b 极，其结果势必会改变电荷的分布。a 极的正电荷数不断减少，电位逐渐下降，而 b 极不断地得到从 a 极来的正电荷，电位不断升高。随着时间的推移，a、b 两极之间的电位差将越来越小，它所产生的电场也就越来越弱，一旦 a、b 两极的电位相等时，导体中不再有电荷的移动。为了维持导体中电荷源源不断地移动，电源内必须有一种外力克服电场力把正电荷从低电位端（b 极）移到高电位端（a 极），使 a 极的电位升高，以保持导体中正电荷不断移动。在电源内部就存在着这种外力，把它称为电源力。电源力把单位正电荷从低电位端 b 经过电源内部移动到高电位端 a 所做的功称为电源的电动势，用 E 表示。

在国际单位制中，电动势的单位也是伏［特］。

必须注意：电动势只存在于电源内部。其方向规定为从低电位端指向高电位端。当电动势为正时，电动势的方向是电位升高的方向。其次，电动势 E 的大小在数值上与电源的开路电压相等。

【例 1-2】　在图 1-5 中，电动势 $E_1=20\text{V}$，$E_2=10\text{V}$，方向已在图中标明，求 U_{AB} 及 U_{BA} 的大小。

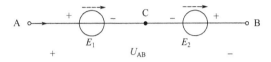

图 1-5　例 1-2 图

解　假设电压降的方向为 U_{AB}（即箭头方向，由 A 指向 B），显然 U_{AC}、U_{CB} 的方向与 U_{AB} 的方向一致，也就是说 A、B 两点间的电压是该支路上各段电压降（U_{AC}、U_{CB}）的代数和。所以 $U_{AB}=U_{AC}+U_{CB}=E_1+(-E_2)=20-10=10\text{V}$

$$U_{BA}=-U_{AB}=-10\text{V}$$

（5）电功率

电路在工作状态下总伴随着能量的转换。对于任何一个电器元件，当有电流流过时，该元件都会获得或失去能量。电路元件在单位时间内吸收的能量称为电功率。简称为功率。

在图 1-6 所示的电路中 a、b 两点间的电压为 U，流过的电流为 I，根据电压的定义可知，正电荷 q 在电场的作用下通过电阻 R 从 a 点移到 b 点，电场所做的功为

$$W=Uq=UIt \tag{1-4}$$

这个功也就是电阻 R 在 t 时间内所吸收的电能，对于电阻来说吸收的电能全部转换成热能，其大小为

$$W_R=UIt=RI^2t$$

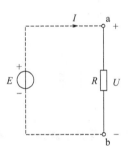

图 1-6　电阻吸收功率

在国际单位制中，电能、热能的单位是焦［耳］，用字符 J 表示。

电阻吸收的功率可定义为：单位时间里能量的转换率。其数学表达式为

$$P=\frac{W_R}{t}=\frac{UIt}{t}=UI=RI^2 \tag{1-5}$$

在国际单位制中，功率的单位是"瓦"，用字符 W 表示，还可以用 kW、mW 作单位，它们之间的换算关系为

$$1\text{kW}=10^3\,\text{W} \qquad 1\text{W}=10^3\,\text{mW} \qquad 1\text{mW}=10^3\,\mu\text{W}$$

式(1-4)表示电阻上的电压与电流的实际方向是相同的。也可以把功率的计算 $P=UI$ 用于任何一段有源电路。计算得到的功率 P 有正、负号，所得功率为正，说明该段电路吸

收（消耗）功率，反之则是发出（提供）功率。

1.1.3.2 参考方向及选择原则

在电路分析或计算之前，很难对电路中某一段电流的流向和电压的极性立刻作出判断，因此，必须对待求的电流假定一个流向和对待求的电压假定一个极性或电位的高低，这种假定被称为电流和电压的参考方向，又称电流和电压的正方向。参考方向的选择是任意的。当参考方向选定以后在计算过程中就不可再作变更，电路中的电压或电流必须按照选定的参考方向列写电路方程式。

由于电压、电流的参考方向不一定是它们的实际方向，所以，此时的电压、电流就成为有正、负值之分的代数量。经过分析计算，若电压、电流的数值为正，则说明电压、电流的实际方向与参考方向一致；若为负值，则说明实际方向与参考方向相反，如图 1-7 所示。

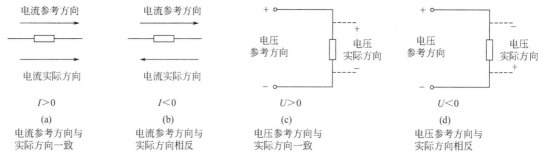

图 1-7　电压和电流的参考方向

另外，电路方程式中的正、负号与代数量本身的正、负值必须严格区别，不可混淆。

【**例 1-3**】　电路中有四个元件按图 1-8 的方式连接，每个元件上电压的方向如图中所示，且 $U_1 = -100\text{V}$，$U_2 = -50\text{V}$，$U_3 = 80\text{V}$。求 U_4 及 U_{CD} 的数值。

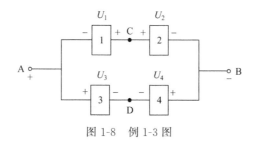

图 1-8　例 1-3 图

解　先设定电压 U_{AB} 的参考方向，根据已假设的参考方向列写电路方程式

$$U_{AB} = -U_1 + U_2$$

将已知数据代入，可得

$$U_{AB} = -(-100) + (-50) = 100 - 50 = 50\text{V}$$

注意：括号里的"－"表示代数量为负值，括号外的正、负号是电路方程式的正负号，表示参考方向间的关系，二者之间不能混淆。

因为电路中任意两点的电压与路径无关，所以 $U_{AB} = U_3 - U_4$，将 $U_{AB} = 50\text{V}$ 代入可解得

$$U_4 = U_3 - U_{AB} = 80 - 50 = 30\text{V}$$

$$U_{CD} = U_2 + U_4 = -50 + 30 = -20\text{V}$$

或

$$U_{CD} = U_1 + U_3 = -100 + 80 = -20\text{V}$$

1.2 电路的连接和欧姆定律

1.2.1 电阻的连接

（1）电阻的串联

如果一个电路中有若干电阻按顺序首尾相连，中间没有分支，在电源的作用下各电阻上流过的电流相等，那么，这种连接方式称为电阻的串联，如图 1-9(a) 所示。

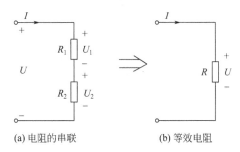

(a) 电阻的串联　　　　　　　　(b) 等效电阻

图 1-9　电阻的串联和等效电阻

电阻串联时具有以下两个特点。

① 电阻在串联时，可以用一个等效电阻 R 表示，等效电阻的大小等于各串联电阻之和。即

$$R = R_1 + R_2 \tag{1-6}$$

显然，电路在同一电压 U 的作用下流过的电流 I 保持不变。

② 串联时，虽然流过的电流相等，但各个电阻两端的电压不一定相等。

电路总电压 U 等于各个电阻上的电压之和，即

$$U = U_1 + U_2 \tag{1-7}$$

电阻在串联时的电流为

$$I = \frac{U}{R_1 + R_2}$$

各电阻两端的电压可通过下式求得：

$$\left. \begin{array}{l} U_1 = U \times \dfrac{R_1}{R_1 + R_2} \\[2mm] U_2 = U \times \dfrac{R_2}{R_1 + R_2} \end{array} \right\} \tag{1-8}$$

式(1-8) 称为分压公式。显然，串联电阻上电压的分配与电阻阻值的大小成正比。当其中某个电阻比其他电阻小得多时，其两端的电压也比其他电阻上的电压低得多。

电阻串联的应用很多。例如，电流表内阻和被测负载的电阻是串联的。在实际电路中，当电源电压高于负载额定电压时，可以在负载上串联电阻，以降低负载上的电压。当负载变化（或电源电压变化）时，为了防止电路中的电流过大，可以在电路中串联电阻来限制电流。

【例 1-4】 已知指示灯的额定电压为 6V，额定功率为 0.3W，电源电压为 24V，应如何选择降压电阻大小。

解 指示灯的额定电压是 6V，所以不能直接接在 24V 的电源上（否则要烧坏），所以要串联一个电阻 R，在电阻上降掉大部分电压，剩余的 6V 电压加在指示灯上，才能保证正

常工作。其电路如图 1-10 所示。

指示灯上额定电流

$$I_N = \frac{P_N}{U_N} = \frac{0.3}{6} = 0.05A$$

串联电阻上的电压

$$U_R = 24 - 6 = 18V$$

串联电阻的阻值

$$R = \frac{U_R}{I} = \frac{18}{0.05} = 360\Omega$$

降压电阻消耗的功率

$$P_R = RI^2 = 360 \times (0.05)^2 = 0.9W$$

应选取 360Ω、1W 的降压电阻。

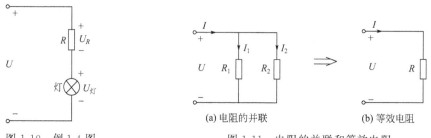

图 1-10   例 1-4 图   图 1-11   电阻的并联和等效电阻

（2）电阻的并联

如果在一个电路中，若干个电阻的首端、尾端分别相连在一起，在电源的作用下，各个电阻两端的电压相等，那么，这种连接方式称为电阻的并联，如图 1-11(a) 所示。

电阻并联时具有以下两个特点。

① 电阻在并联时可以用一个等效电阻 R 表示，等效电阻的倒数等于各个电阻的倒数之和，即

$$\frac{1}{R} = \frac{1}{R_1} + \frac{1}{R_2} \tag{1-9}$$

值得指出的是：这个等效电阻一定小于并联电阻中最小的一个。电阻的倒数也称为电导，用 G 表示。即 $G = \frac{1}{R}$。在国际单位中，电导的单位是西 [门子]（S），式(1-9) 也可以写成

$$G = G_1 + G_2$$

② 电阻在并联时，虽然两端的电压相等，但各个电阻中流过的电流不一定相等，电路总电流等于各个电阻上流过的电流之和。

$$I = I_1 + I_2 = \frac{U}{R_1} + \frac{U}{R_2} = U \times \frac{R_1 + R_2}{R_1 R_2} = \frac{U}{R}$$

两个电阻并联时，在已知总电流的情况下各个电阻上流过的电流可以通过下式求得：

$$\left.\begin{array}{l} I_1 = \dfrac{U}{R_1} = I \times \dfrac{R_2}{R_1 + R_2} \\[2mm] I_2 = \dfrac{U}{R_2} = I \times \dfrac{R_1}{R_1 + R_2} \end{array}\right\} \tag{1-10}$$

式(1-10) 称为分流公式。显然，并联电阻上的电流分配与电阻成反比，当其中某个电

阻比其他电阻大很多时，经过此电阻上的电流就比其他电阻上通过的电流小得多。

一般负载都是并联接入电路的。负载并联时，它们处于同一电压之下，任何一个负载的工作情况基本不受其他负载的影响。但如果并联的负载电阻数量过多（负载增加），则总电阻太小，这样在电源电压不变的条件下，电路的总电流增加，输电线路压降随之增加，而用电器的端电压减小，每个用电器消耗的功率也减小。人们在用电高峰时开灯，经常会发现电灯亮度不够，就是这个缘故。

有时为了某种需要，可将电路中的某一段与电阻或变阻器并联，达到分流或调节电流的目的。例如，利用这一原理可以扩大磁电系电流表的量程。

（3）电阻的混联

电阻的串联和并联混合连接的方式称为电阻的混联。混联电路可通过电阻的串联和并联来逐步变换，最终可简化成一个等效电阻 R。

【例 1-5】 图 1-12(a) 电路是一个电阻混联电路，各参数如图中所示，求 a、b 两端的等效电阻 R_{ab}。

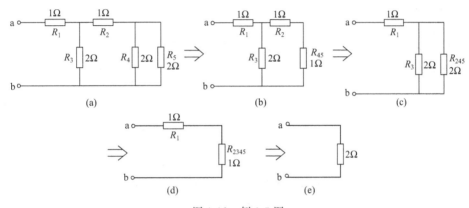

图 1-12 例 1-5 图

解 首先从电路结构根据电阻串、并联的特征来区分哪些电阻是串联，哪些是并联？

在图 1-12(a) 中可见：R_4、R_5 并联，可得

$$R_{45} = \frac{1}{\frac{1}{2} + \frac{1}{2}} = 1\Omega$$

电路简化为图 1-12(b) 所示，可见 R_2 与 R_{45} 为串联，则

$$R_{245} = 1 + 1 = 2\Omega$$

电路简化为图 1-12(c) 所示，可见 R_3 与 R_{245} 为串联，则

$$R_{2345} = \frac{1}{\frac{1}{2} + \frac{1}{2}} = 1\Omega$$

所以 $R_{ab} = R_1 + R_{2345} = 1 + 1 = 2\Omega$

【例 1-6】 图 1-13 所示电路中 $R_1 = 6\Omega$，$R_2 = 8\Omega$，$R_3 = R_4 = 4\Omega$，电源电压为 100V，求电流 I_1、I_2、I_3。

解

$$R_{34} = R_3 + R_4 = 4 + 4 = 8\Omega$$
$$R_{234} = R_2 /\!/ R_{34} = 8 /\!/ 8 = 4\Omega$$
$$R_{1234} = R_1 + R_{234} = 6 + 4 = 10\Omega$$

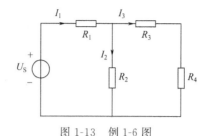

图 1-13 例 1-6 图

$$I_1 = \frac{U_S}{R_{1234}} = \frac{100}{10} = 10A$$

$$I_2 = \frac{R_{34}}{R_2 + R_{34}} \times I_1 = \frac{8}{8+8} \times 10 = 5A$$

$$I_3 = \frac{R_2}{R_2 + R_{34}} \times I_1 = \frac{8}{8+8} \times 10 = 5A$$

1.2.2 欧姆定律

（1）欧姆定律的一般形式

欧姆定律表明流过线性电阻的电流 I 与电阻两端的电压 U 成正比。从图 1-14 中可写出它们之间的关系表达式为

$$U = \pm RI \qquad (1\text{-}11)$$

```
    I    R              R    I
 ——▢——▢▢▢——         ——▢▢▢——◀——
   +    U    —        +    U    —
      (a)                  (b)
 U、I参考方向相同        U、I参考方向相反
```

图 1-14 欧姆定律

当电压、电流参考方向一致时［图 1-14(a) 所示］，欧姆定律的表达式应取"＋"；当电压、电流的参考方向相反时［图 1-14(b) 所示］，欧姆定律的表达多应取"－"。式(1-11)中的比例常数称为电路的电阻，用符号 R 表示。它一方面表示电阻是一个消耗电能的理想电路元件，另一方面它也代表这个元件的参数。

电阻的单位是欧［姆］，用符号 Ω 表示。对大电阻则常以"千欧"（$k\Omega$）、"兆欧"（$M\Omega$）为单位。

金属电阻的大小与金属导体的有效长度、有效截面积及电阻率有关，它们之间的关系可写为

$$R = \rho \frac{l}{S} \qquad (1\text{-}12)$$

如果电阻是一个常数，与通过它的电流无关，这样的电阻称为线性电阻。线性电阻上电压、电流的相互关系遵守欧姆定律。当流过电阻上的电流或电阻两端的电压变化时，电阻的阻值也随之改变，这样的电阻称为非线性电阻。显然，非线性电阻上的电压、电流是不遵守欧姆定律的。本章所阐述的电阻如无特殊说明则均指线性电阻。

（2）含源支路的欧姆定律

如果在电路的某一条电路中不但有电阻元件，而且含有电动势 E，那么，这条支路就称为含源支路，如图 1-15 所示。在含源支路 ab 中有两个电阻 R_1、R_2 和和两个电动势 E_1、E_2。首先设定该支路电压、电流的参考方向（如图示），按设定的参考方向列定出 a、b 两点之间的电压（a、b 分别是含源支路左右的两个端点，电流方向为由左向右）。

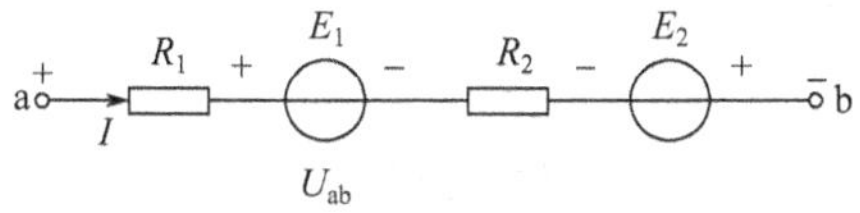

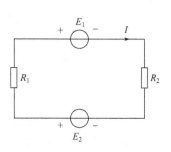

图 1-15 含源支路的欧姆定律

$$U_{ab} = R_1 I + E_1 + R_2 I - E_2$$

经整理后可得

$$I = \frac{U_{ab} + (E_2 - E_1)}{R_1 + R_2}$$

如果含源支路中含有多个电阻及多个电动势，那么，就可以写出

$$I = \frac{\pm U \pm E}{\sum R} \qquad (1\text{-}13)$$

式(1-13)中的分母是含源支路中所有电阻的代数和；分子是该含源支路两端的电压和含源支路中所有电动势的代数和。当端电压 U 与电流 I 的参数方向一致时，端电压取"+"，反之取"−"；当电动势 E 与电流 I 的参考方向一致时，电动势取"+"，反之取"−"。

（3）闭合电路的欧姆定律

含源支路的两端 a、b 用一根导线连接起来，就形成了一个闭合回路，如图 1-16 所示。闭合回路中的电压、电流之间的关系也必须遵守欧姆定律，即

图 1-16 闭合电路的欧姆定律

$$I = \frac{\sum E}{\sum R} \qquad (1\text{-}14)$$

式(1-14)中分母是闭合回路中所有电阻的代数和；分子是闭合回路中所有电动势的代数和，当电动势 E 与电流 I 的流动方向一致时，电动势取"+"，反之取"−"。

1.3 电路的工作状态

电路有三种状态，即有载工作状态、开路状态和短路状态。

现以最简单的直流电路（如图 1-17 所示）来分别讨论这三种状态下的电压、电流及功率情况。

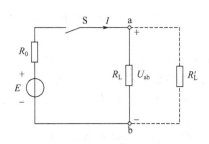

图 1-17 电路的有载工作状态

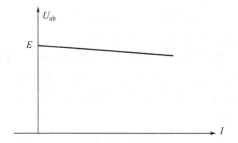

图 1-18 电路的有载工作状态 U-I 曲线

1.3.1 有载状态

把开关 S 合上，接通电源和负载 R_L，电路中产生了电流 I，电路处于有载状态。

（1）电压、电流与功率

在电源一定的前提下，电路中电流 I 的大小取决于负载的大小，根据闭合回路欧姆定律，可列写出

$$I = \frac{E}{R_0 + R_L} \tag{1-15}$$

负载两端的电压

$$U_{ab} = E - IR_0 \tag{1-16}$$

式中，电动势与内阻 R_0 是常数，根据式(1-16)可画出电源端口电压 U_{ab} 与输出电流 I 之间关系的 U-I 曲线，如图 1-18 所示。

从 U-I 曲线中可见，当负载电流逐渐增加时电源端口电压 U_{ab} 将逐渐减小，电路只要接上负载，电源的端口电压总是小于电动势 E。显然，负载越大则端口电压越小。必须注意：一般所指的负载大小是指负载电流的大小、负载功率的大小，而不是指负载电阻阻值的大小。

电源的内阻 R_0 一般很小，所以在内阻 R_0 上的电压降很小，负载两端的电压 $U_{ab} \approx E$，说明电路的带负载能力较强。

将式(1-16)两边乘以电流 I，得

$$U_{ab}I = EI - I^2 R_0 \tag{1-17}$$

即

$$P_L = P_E - \Delta P$$

上式中 $P_E = EI$ 表示电源发出的功率，$\Delta P = I^2 R_0$ 表示电源内阻上消耗的功率，$P_L = U_{ab}I$ 表示负载上得到的功率。

负载上消耗的电能可按式(1-17)进行计算，在工程上常用 kW（或 kW·h）来作为计量电能的实用单位，通常电度表上显示的读数 1 度电就是表示功率为 1kW 的电气设备使用 1h 所消耗的电能，可记为

$$1 度电 = 1kW \cdot h$$

【例 1-7】 有一个 220V、40W 的台灯，接到 220V 的电源上，求通过电灯的电流和在工作电压下的电阻。若每晚使用 3h，每月将消耗几度电？

解

$$I = \frac{P}{U} = \frac{40}{220} \approx 0.182A$$

$$R = \frac{U^2}{P} = \frac{220^2}{40} = 1210\Omega$$

$$W = Pt = 40 \times 3 \times 30 = 3.6kW \cdot h$$

（2）电源与负载的判别

一个电路由多个电路元件所组成，判别这些元件在电路中是起到电源作用还是起到负载作用，也是电路分析的目的之一。

如果某一段电路 AB 两端的电压 U 与流过的电流 I 参考方向一致，如图 1-19(a) 所示。应用公式 $P = UI$ 经计算得到的功率 $P > 0$，则说明该段电路在消耗电能、吸收功率，x 是负载元件。若经计算得到的功率 $P < 0$，则说明该电路在向外供电发出功率，x 实际上是电源元件。

如果电路 AB 两端的电压 U 与流过的电流 I 参考方向相反，如图 1-19(b) 所示，经计算得到的功率 $P < 0$，则说明该段电路在消耗电能、吸收功率，x 是负载元件。若经计算得到的功率 $P > 0$，则说明该段电路在向外供电发出功率，x 实际上是电源元件。

换而言之，对于一个电源来说，当电压 U_S 和电流 I 的实际方向相反时，电流从电源的"+"端流出，那么此电源是发出功率，处于向外供电状态，如图 1-20(a) 所示，反之，如

(a) U、I参考方向一致　　(b) U、I参考方向相反

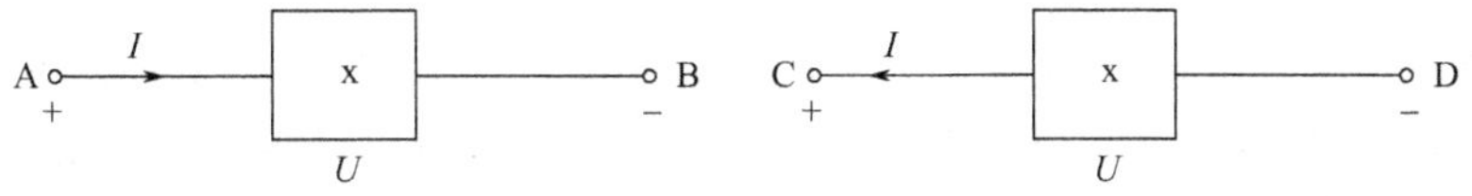

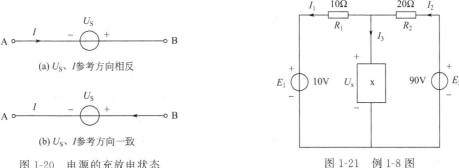

图 1-19　负载或电源的判别

果 U_S 和 I 的实际方向相同，电流从电源的“+”端流入，那么此电源是吸收功率，处于充电状态，如图 1-20(b) 所示。

(a) U_S、I参考方向相反

(b) U_S、I参考方向一致

图 1-20　电源的充放电状态

图 1-21　例 1-8 图

【例 1-8】 在图 1-21 中，已知 $I_1=4A$，$I_2=2A$，$I_3=-2A$，其他参数及参考方向如图示。试确定电路元件 x 是电源还是负载，x 元件两端电压 U_x，通过计算确定此电路的功率是否平衡。

解　根据欧姆定律可得

$$U_x=R_1I_1+E_1=10\times4+10=50V$$

$$P_x=U_xI_x=50\times(-2)=-100W$$

因为 U_x 与 I_3 参考方向一致，便 $P<0$，根据前面所讲述的内容可以确定电路元件 x 实际上是电源。

$$P_{R_1}=R_1I_1^2=10\times16=160W(\text{消耗电能})$$

$$P_{R_2}=R_2I_2^2=20\times4=80W(\text{消耗电能})$$

对于电源来说，E_1 与 I_1 方向相反

$$P_{E_1}=-E_1I_1=-10\times4=-40W(\text{电源处于充电状态})$$

E_2 与 I_2 参考方向一致

$$P_{E_2}=+E_2I_2=90\times2=180W(\text{电源向外供电})$$

电路中总的电源功率

$$\sum P_{\text{源}}=P_{E_1}+P_{E_2}=-40+180=140W$$

电路中总的负载功率

$$\sum P_{\text{负}}=P_{R_1}+P_{R_2}+P_x=160+80+(-100)=140W$$

从上例可以得到这样一个结论：任何电路中，功率始终是平衡的，即电路中电源发出的功率一定等于电路中负载所消耗的功率。

(3) 电气设备的额定值

通常用电设备都是并联在电源的两端，用电设备并联的个数越多电源所提供的电流就越大，电源输出的功率也就越大。对于一定的电源来说，负载电流不能无限增大，超过电源最大的承受力，电源就会被烧毁。各个电源、用电设备的电压、电流及功率都有规定的数据，

这些数据就是该电源、用电设备的额定值。

额定值是设计者与制造厂商为了保证产品在给定的工作条件下（包括环境、温度等因素）正常运行而规定的容许值，通常用 U_N、I_N、P_N 表示额定电压、额定电流和额定功率。在额定值范围内使用，才能保证用电设备的运行安全、可靠、经济、合理，延长使用寿命。用电设备的使用寿命往往与绝缘材料的耐热性及绝缘强度有关系。如果用电设备经常超载运行，电流超过额定值而引起过热，使得绝缘材料遭到破坏或加速绝缘材料的老化，就会缩短其使用寿命；当电压超过额定值许多时，绝缘材料就会被击穿。所以，在正常工作条件下，负载电流大于额定值出现超载情况，在工程上是不允许的；同样，负载电流远远小于额定值出现欠载情况，使设备能力不能被充分利用，在工程上也是不允许的，所以当负载电流与额定值相近、趋于满载时，设备的运行才能达到经济合理和较高效率。

用电设备或元件的额定值通常标在铭牌上或在使用说明书上一一指明，使用前必须仔细核对额定值的具体数据。

使用时，电压、电流、功率的实际值并不一定等于额定值。对于白炽灯、电阻炉等设备，只要在额定电压下使用，其电流和功率都将会达到额定值。但是对于电动机、变压器等设备，在额定电压下工作时，其实际电流和功率不一定与额定值相一致，有可能出现欠载或超载的情况，因为它们的实际值和设备的机械负荷与电力负荷的大小有关，这在使用时必须要加以注意。

1.3.2 开路状态

在图 1-17 的电路中，将开关 S 断开，则电路不通，此时电路所呈现的状态称为开路状态，如图 1-22 所示。开路状态也可称为空载或断路状态。在这种状态下，电源不接负载，换句话说，此时外电路对电源来说，其负载电阻为无穷大（∞），因此电路中的电流为零，电源两端的端电压（可称开路电压或空载电压）等于电源电动势 E，电源不输出功率。

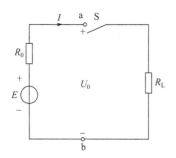

图 1-22　电路的开路状态

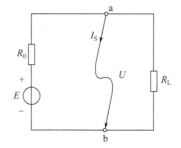

图 1-23　电路的短路状态

如上所述，电路开路时的特征可表示为

$$\left. \begin{array}{l} I=0 \\ U_{ab}=U_0=E \\ P_L=0 \end{array} \right\} \tag{1-18}$$

1.3.3 短路状态

在图 1-17 电路中，由于某种原因 a、b 两点被一根导线突然连接起来，这种现象被称为短路，如图 1-23 所示。此时，外电路对电源来说电阻值为零，电路中的电流不再流过负载电阻 R_L，而是通过短路导线 ab 直接流回电源。在电流的回路中仅有阻值很小的电源内阻 R_0，所以在电源定值电动势的作用下将产生极大的电流，此电流被称为短路电流。用 I_S 表示。此时负载两端的电压为零，电源也不输出功率，电源所产生的电能全部为内阻 R_0 消耗并转换成热能，使得电源的温度迅速上升以致被损坏，并可能引起电气火灾。

如上所述，电路短路时的特征可表达为

$$\left.\begin{array}{c} U_{ab}=U=0 \\[2mm] I=I_S=\dfrac{E}{R_0}\approx\infty \\[2mm] P_E=\Delta P=R_0 I_S^2\approx\infty,\; P_L=0 \end{array}\right\} \tag{1-19}$$

短路现象可发生在负载 R_L 处或电路中其他各处，短路通常是一种严重的事故，在工程上是不允许出现的，应该尽量预防。产生短路的原因主要是接线不慎或线路绝缘老化损坏，因此在电路接线时应尽量避免接错，还应该经常检查电气设备和线路的绝缘状况。此外，为了防止短路事故所造成的严重后果，通常在电路中安装熔断器或其他自动保护装置，一旦发生短路，能迅速自动切断故障电路，从而防止事故扩大，保护电气设备和供电线路。

有时候为了某种需要，人为地将电路中的某一部分短路，但这种短路不会影响电路的正常工作。例如，为了防止电动机启动电流对串接在电机回路中的电流表的冲击，在启动时先将电流表短路，使启动电流从短路导线通过，待电动机启动后再断开短路线，恢复电流表的测量作用。这种有用的短路称为短接。

【例 1-9】 已知某电源的开路电压 $U_0=6\text{V}$，短路电流 $I_S=60\text{A}$，试问该电源的电动势和内阻各是多少？

解　电源电动势 $E=U_0=6\text{V}$

$$电源的内阻 R_0=\frac{U_0}{I_S}=\frac{6}{60}=0.1\Omega$$

【例 1-10】　图 1-24 是含有电源和负载的闭合电路，电动势 $E=10\text{V}$，内阻 $R_0=0.6\Omega$，负载电阻 $R_L=9.4\Omega$，求：①电路中的电流 I；

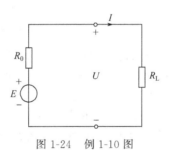

图 1-24　例 1-10 图

②负载 R_L 上的电压；
③负载吸收功率、电源产生功率和内阻消耗功率；
④若负载发生短路时计算短路电流。

解　①电路中的电流

$$I=\frac{E}{R_0+R_L}=\frac{10}{0.6+9.4}=1\text{A}$$

②负载 R_L 上的电压

$$U=R_L I=9.4\times1=9.4\text{V}$$

③负载吸收功率

$$P_L=UI=9.4\times1=9.4\text{W}$$

电源发出功率（电动势 E 与电流 I 参考方向一致）

$$P_E=EI=10\times1=10\text{W}$$

内阻消耗功率

$$\Delta P = R_0 I^2 = 0.6 \times 1^2 = 0.6\,\text{W}$$

④ 负载短路时电流

$$I_S = \frac{E}{R_0} = \frac{10}{0.6} \approx 16.7\,\text{A}$$

1.4 电压源与电流源模型及其等效变换

电源是一种能向电路持续不断提供电能的电路元件。任何一个实际电源可以用两种不同的电路模型来表示:一种是以电压的形式向电路供电,称为电压源模型;另一种是以电流的形式向电路供电,称为电流源模型。

1.4.1 电压源

电压源如图 1-25(a) 所示。U_S 是电压源的电压,R 是外接负载电阻,电路中电压源 U_S 与电流 I 的参考方向相反。

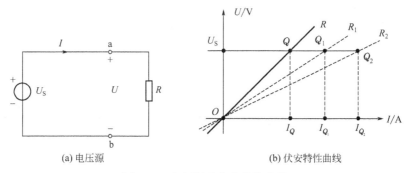

| (a) 电压源 | (b) 伏安特性曲线 |

图 1-25　电压源及伏安特性曲线

电压源向外提供了一个恒定的或按某一特定规律时间变化的端电压,其大小为 U_S(或随时间按正弦规律变化的正弦电压),接上负载 R 以后,电路中电流 I 的大小是任意的,其大小仅取决于负载 R 的大小,不管负载如何变化,其端电压 U_S 始终是恒定的。

实际电源不具备上述电压源的特性,其内部有一个内阻 R_0,即当外接电阻 R 变化时,电源提供的端电压会发生变化,但有的电源在外部负载 R 发生变化时输出电压的波动较小,比较接近电压源。

所以,实际电源的电压源模型可以用一个内阻 R_0 和电压源 U_S 的串联来表示,如图 1-26(a) 所示。电路中的电流 I 和电压 U 分别为

$$I = \frac{U_S}{R_0 + R} \tag{1-20}$$

$$U = U_S - R_0 I \tag{1-21}$$

由式(1-20) 和式(1-21) 可见,当负载 R 发生变化时,其端口电压 U 也随之而变化。

1.4.2 电流源

电流源如图 1-27(a) 所示。I_S 是电流源的电流,R 是外接负载电阻,电路中电流源 I_S 与电压 U 的参考方向相反。电流源向外提供了一个恒定的电流 I_S,且电流 I_S 的大小与它的端电压大小无关,它的端电压大小仅仅取决于外电路负载电阻 R 的数值,即 $U = R I_S$。

实际电源的电流源模型可以用一个内阻 R_0 与电流源 I_S 的并联来表示,如图 1-28(a) 所示。实际电源一般不具有电流源的特性,当外接电阻 R 发生变化时,输出电流会有波动,

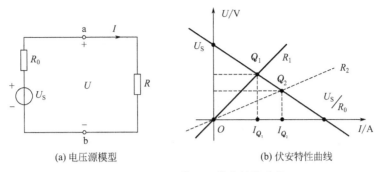

(a) 电压源模型　　　　　　　(b) 伏安特性曲线

图 1-26　电压源模型及伏安特性曲线

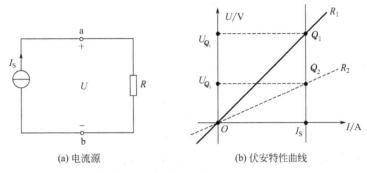

(a) 电流源　　　　　　　　　(b) 伏安特性曲线

图 1-27　电流源及伏安特性曲线

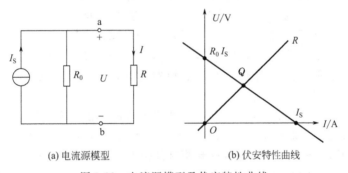

(a) 电流源模型　　　　　　　(b) 伏安特性曲线

图 1-28　电流源模型及伏安特性曲线

但有的电源输出电流波动较小，比较接近电流源。

由图 1-28(a) 中可见，输出电流 $I = I_S - U/R_0$，显然，输出电流 I 的数值不是恒定的。当负载 R 短路时，输出电压 $U = 0$，输出电流 $I = I_S$；当负载 R 开路时，则输出电压 $U = I_S R_0$，输出电流 $I = 0$。

1.4.3　电压源模型与电流源模型的等效变换

电压源模型和电流源模型在对同一外部电路而言相互之间可以等效变换，变换后保持输出电压和输出电流不变。其变换模型如图 1-29 所示。

从图中可见，在两种模型的 U、I 均保持不变的情况下等效变换的条件为

$$I_S = \frac{U_S}{R_0} \text{ 或 } U_S = R_0 I_S \tag{1-22}$$

R_0 保持不变，但接法改变。

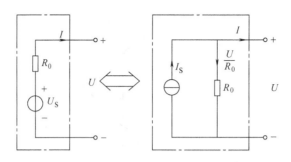

图 1-29　电压源模型与电流源模型的等效变换

由电压源模型可见

输出电压
$$U = U_S - R_0 I$$

输出电流
$$I = \frac{U_S}{R_0} - \frac{U}{R_0}$$

由电流源模型可见

输出电压
$$U = R_0 I_S - R_0 I$$

输出电流
$$I = I_S - \frac{U}{R_0}$$

　　可见，在满足等效变换条件下电压源模型与电流模型是等效的。特别要指出：电压源模型与电流源模型在等效变换时，I_S 的方向必须与 U_S 的负极指向正极的方向一致。

　　同时要注意以下几点。

　　① 电压源模型与电流源模型的等效关系只是对相同的外部电路而言，其内部并不等效。在图 1-26(a) 中可见，电源开路时，电流 $I = 0$，电源内阻 R_0 不消耗功率，而在图 1-28(a) 中，当电源开路时，电源内部仍有电流，内阻 R_0 消耗功率。同样，当上述实际电压源被短路时，对相同的外电路而言，输出电压为零，短路电流 $I_S = U_S/R_0$，对电压源模型而言短路时内阻 R_0 上消耗功率。而电流源模型由于短路时 R_0 上无电流流过，所以 R_0 上无功率消耗。

　　② 电压源与电流源之间无等效关系，因此二者之间不能相互交换。因为电压源的内阻 $R_0 = 0$，若能等效变换，则短路电流 $I_S = U_S/R_0$ 为无穷大（∞），事实上这是不存在的。另外，电流源的内阻 $R_0 \to \infty$，这样电流源开路时开路电压 $U_S = R_0 I_S \to \infty$，这也是不可能的。

　　③ 任何与电压源并联的两端元件不影响电压源电压的大小，在分析电路时可以舍去，如图 1-30(a) 所示；任何与电流源串联的两端元件不影响电流源电流的大小，在分析电路时可以舍去，如图 1-30(b) 所示（但在计算两端的总电压或总功率时，任何元件不能舍去）。

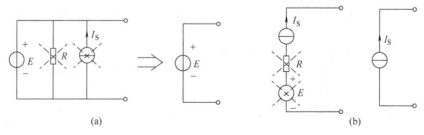

(a)　　　　　　　　　　　　　　　　　　(b)

图 1-30　电路简化说明

【**例 1-11**】　在图 1-31 中各元件参数如图所示，用电源模型等效变换的方法求 7Ω 电阻上

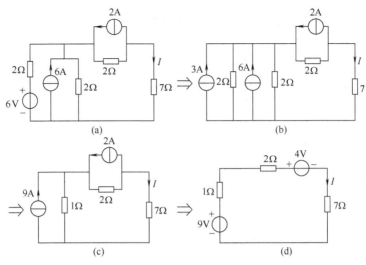

图 1-31　例 1-11 图

所流过的电流 I。

解　根据图 1-31(a)～(d) 的变换次序，最后将电路化简为图 1-31(d) 所示。

由此求得

$$I=\frac{9-4}{1+2+7}=0.5\mathrm{A}$$

1.5　基尔霍夫定律及其应用

1.5.1　基尔霍夫定律

基尔霍夫定律包括基尔霍夫电流定律和基尔霍夫电压定律。在介绍定律之前，先介绍几个名词。

（1）名词解释

两端元件：凡具有两个端钮可与外部电路相连接的元件称为两端元件。电阻元件、电感元件、电容元件、电压源、电流源均为两端元件。图 1-32 所示的电路中含有 5 个两端元件 R_1、R_2、R_3、E_1、E_2。

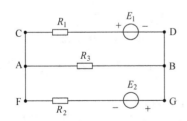

图 1-32　电路中的支路回路和节点

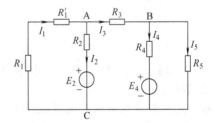

图 1-33　基尔霍夫电流定律

支路：是指电路中的一条分支，用 b 表示（branch），在这条分支上流过的电流相同。图 1-32 所示的电路中 $b=3$（即 R_1—E_1、R_2—E_2 为有源支路；R_3 为无源支路）。

节点：在电路中三条或三条以上支路的会聚点称为节点，用 n 表示（node）。图 1-32 所示的电路中 $n=2$（A 与 B）。

回路：由一条或多条支路所组成的闭合电路称为回路，用 l 表示（loop）。图 1-32 所示的电路中 $l=3$（ACDB 回路、ABGF 回路、CDGF 回路）。

（2）基尔霍夫电流定律

基尔霍夫电流定律（Kirchholf's Current Law）也可称为节点电流平衡方程式，简称 KCL。基尔霍夫电流定律是用来确定连接在同一节点上的各支路电流之间的相互关系。

在图 1-33 所示的电路中有 8 个两端元件、5 条支路、3 个节点、6 个回路。基尔霍夫电流定律可叙述为：在任何一个瞬间、对于任何一个节点（A、B、C）、流进该节点的电流代数和恒等于零。其数学表达式为

$$\sum I = 0 \tag{1-23}$$

为统一起见，可约定：流入节点的电流为"＋"，流出节点的电流为"－"。

节点 A　$I_1 - I_2 - I_3 = 0$

节点 B　$I_3 - I_4 - I_5 = 0$

节点 C　$-I_1 + I_2 + I_4 + I_5 = 0$

由上可见以下几点。

① 在任何一个瞬间，对任何一个节点，流进节点电流一定等于流出该节点的电流，即 $\sum I_进 = \sum I_出$。必须注意：流进或流出是针对所假设的电流参考方向而言的。

② 如果在电路中有 n 个节点，则其中有 $n-1$ 个是独立节点。在图 1-33 电路中有 3 个节点（A、B、C），其中 2 个独立节点（任选 2 个），剩下的是非独立节点，即该节点的电流平衡方程是其他 2 个独立节点电流平衡方程的线性组合。

③ 基尔霍夫电流定律也可以把它推广应用于包围部分电路的任一假设封闭面（也称为广义节点）在任何瞬间通过任一封闭面的电流代数和也恒等于零。

如图 1-34 所示的电路中有 6 条电路电流 $I_1 \sim I_6$，如果只求 I_4、I_5、I_6 之间的关系（$I_1 \sim I_3$ 不作要求），那么作一个封闭面即可（如图中虚线所示），它切割了 I_4、I_5、I_6 支路，而与支路 I_1、I_2、I_3 无关，所以 $I_4 - I_5 - I_6 = 0$ 亦满足 KCL 方程。

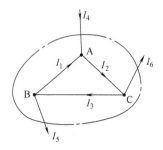

图 1-34　广义节点

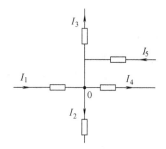

图 1-35　例 1-12 图

【例 1-12】　在图 1-35 所示的电路中，$I_1 = 4A$，$I_2 = -2A$，$I_3 = 1A$，$I_4 = -3A$，求电流 I_5 的数值。

解　这 5 条支路电流是流进或流出节点 0，根据 KCL 有

$$I_1 - I_2 - I_3 - I_4 + I_5 = 0$$

所以　　　　　$I_5 = -I_1 + I_2 + I_3 + I_4 = -4 + (-2) + 1 + (-3) = -8A$

【例 1-13】　在图 1-36 所示的电路中，$I_1 = 2A$，$I_2 = 5A$，$I_3 = -3A$，求电流 I_4 的数值。

解　根据 KCL 的推广，作一个封闭（如图中点划线所示），切割了 I_1、I_2、I_3、I_4 4 条支路，可列写方程

$$I_1 + I_2 + I_3 + I_4 = 0$$

所以 $$I_4=-(I_1+I_2+I_3)=-[2+5+(-3)]=-4A$$

由上面例子可见：公式的正负号与代数量的正负号不能混淆；经计算后得到的电流为负值，说明电流实际方向与原先假设的参考方向相反。

（3）基尔霍夫电压定律

基尔霍夫电压定律（Kirchholf's Voltage Law）也称为回路电压平衡方程式，简称KVL。基尔霍夫电压定律一般用来确定回路中各段电压之间的相互关系。

基尔霍夫电压定律可叙述为：在任何一个闭合电路中沿任一个回路循行方向，各段电压降的代数和恒等于零。其数学表达式为

$$\sum U=0 \tag{1-24}$$

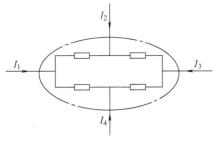

图 1-36　例 1-13 图

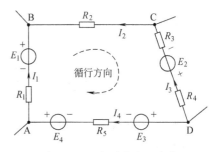

图 1-37　基尔霍夫电压定律

在图 1-37 电路中先假设各条支路电流的参考方向 $I_1 \sim I_4$ 和回路的循行方向为 ABCD，根据 KVL 可列写出

$$U_{AB}+U_{BC}+U_{CD}+U_{DA}=0$$

根据含源支路欧姆定律可写出

$$U_{AB}=R_1 I_1-E_1$$
$$U_{BC}=-R_2 I_2$$
$$U_{CD}=-(R_3+R_4)I_3-E_2$$
$$U_{DA}=R_5 I_4+E_3-E_4$$

将上面 4 个方程式相加后得到一个新的方程，经整理和移项后可列写如下：

$$R_1 I_1-R_2 I_2-(R_3+R_4)I_3+R_5 I_4=E_1+E_2-E_3+E_4$$

由上可见：方程的右边是沿回路循行方向绕行一周所有电动势的代数和，方程的左边是沿回路循行方向绕行一周各电阻元件上电压降的代数和。即

$$\sum RI=\sum E \tag{1-25}$$

这是基尔霍夫电压定律的第二种表达式。在这里作这样的一个约定：电动势的参考方向与回路循行方向一致时为"＋"，反之为"－"；电流的参考方向与回路循行方向一致时，在电阻上产生的电压降为"＋"，相反时在电阻上产生的电压降为"－"。

基尔霍夫电压定律不仅应用于闭合回路，也可以推广应用于假想回路（开口电路）。例如，对于图 1-38 所示的电路，其开口端电压 U_{UV} 可看成是连接节点 U、V 另一条支路的电压降，这样可将 UVNU 看成是一个闭合电路（虚线部分），以顺时针为回路循行方向，根据 KVL 可列写出

$$U_{UV}+U_{VN}-U_{UN}=0$$

即

$$U_{UV}=U_{UN}-U_{VN}$$

基尔霍夫电流定律、电压定律具有普遍性，它们适用于各种由不同元件构成的电路；既适用于直流电阻电路，也适用于任一瞬时、任何变化的电流和电压的电路。

【例 1-14】 图 1-39 所示的闭合电路中，各支路元件是任意的，各电压参考方向如图所

标示。已知 $U_{AB}=3V$，$U_{BC}=4V$，$U_{FD}=-6V$，$U_{AF}=8V$，试求：①U_{CD}；②U_{AD}。

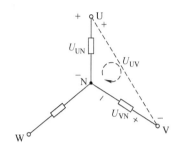

图 1-38　基尔霍夫电压定律的推广应用

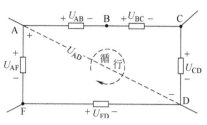

图 1-39　例 1-14 图

解　①取顺时针方向为回路循行方向，根据 KVL 可列写出

$$U_{AB}+U_{BC}+U_{CD}+U_{DF}+U_{FA}=0$$

$$U_{CD}=-U_{DF}-U_{FA}-U_{AB}-U_{BC}=-6-(-8)-3-4=-5V$$

② 设 ADFA 为一个假想回路，取顺时针方向为回路循行方向，列写 KVL 方程

$$U_{AD}+U_{DF}+U_{FA}=0$$

$$U_{AD}=-U_{DF}-U_{FA}=-(-U_{FD})-(-U_{AF})=-6-(-8)=-6+8=2V$$

1.5.2　支路电路法

在分析复杂电路的各种方法中，作为基尔霍夫定律的应用，支路电流法是最基本的方法之一。在分析时，它是以支路电流作为求解对象，应用基尔霍夫定律分别对节点和回路列写所需要的方程组，而后解方程组求得各支路电流，然后运用欧姆定律得到各条支路上的电压。

图 1-40 所示是一个比较简单的电路，在这个电路中有 3 条支路、2 个节点、3 个回路。在应用支路电流法来计算各条支路电流时，首先必须假设各条支路电流的参考方向（I_1、I_2、I_3），其次，根据基尔霍夫电流定律列写出 $n-1$ 个独立的 KCL 方程（本电路有 2 个节点，但独立节点是 1 个）。

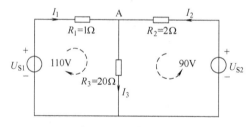

图 1-40　支路电路法

节点 A：$\qquad\qquad\qquad\qquad I_1+I_2-I_3=0$

然后，根据基尔霍夫电压定律列写出 m 个独立的 KVL 方程（m 为电路的网孔数量）。

$$R_1 I_1+R_3 I_3=U_{S1}$$

$$R_2 I_2+R_3 I_3=U_{S2}$$

应用基尔霍夫电流、电压定律一共可列写出 $n-1+m=b$ 个独立方程。

最后将上述三个方程联立成一个三元一次方程组，代入数据后，可得

$$\begin{cases} I_1+I_2-I_3=0 \\ I_1+20I_3=110 \\ 2I_2+20I_3=90 \end{cases}$$

经计算后可求得：$I_1 = 10\text{A}$　$I_2 = -5\text{A}$　$I_3 = 5\text{A}$

1.6　叠加定理

叠加定理是线性电路分析中的一个重要定理，体现了线性电路的基本性质，它在电路的分析和计算中有着重要的作用，具体可叙述如下：在任何线性电路中，由多个电源共同作用在各电路中所产生的电压或电流，必定等于由各个电源单独作用时在相应支路中产生的电压或电流的代数和。

在图 1-41(a) 所示的电路中有两个电源共同作用，一个是电压源 U_S，另一个是电流源 I_S。若要求 R_2 支路中的电流 I_2，可以把电路分解成两个电源 U_S、I_S 分别单独作用的电路，如图 1-41(b)、(c) 所示。

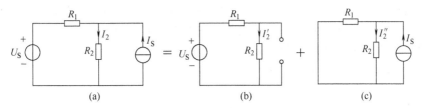

图 1-41　叠加定理

图 (b) 是表示由电压源 U_S 单独作用时在 R_2 支路中产生的电流 I_2'，其大小为

$$I_2' = \frac{U_S}{R_1 + R_2}$$

图 (c) 是表示由电流源 I_S 单独作用时在 R_2 支路中产生的电流 I_2''，其大小为

$$I_2'' = I_S \times \frac{R_1}{R_1 + R_2}$$

那么，由两个电源 U_S 和 I_S 共同作用，在 R_2 支路上产生的电流 I_2 应为

$$I_2 = I_2' + I_2'' = \frac{U_S}{R_1 + R_2} + I_S \times \frac{R_1}{R_1 + R_2}$$

若 $R_1 = 2\Omega$，$R_2 = 12\Omega$，$U_S = 6\text{V}$，$I_S = 4\text{A}$，则

$$I_2' = \frac{6}{2+12} = \frac{3}{7}\text{A}, \ I_2'' = 4 \times \frac{2}{2+12} = \frac{4}{7}\text{A}$$

所以

$$I_2 = I_2' + I_2'' = \frac{3}{7} + \frac{4}{7} = 1\text{A}$$

在应用叠加定理时必须注意以下几点。

① 当其中一个电源单独作用时，应将其他电源除去，但必须保留其内阻。除源的规则是：电压源短路，电流源开路。

② 叠加定理只适用于线性电路。从数学上看，叠加定理就是线性方程的可加性定理。

③ 最后叠加时，必须要认清各个电源单独作用时，在各条支路上所产生的电压、电流的分量是否与各条支路上原电压、电流的参考方向一致。一致时，各分量取正号，反之取负号，最后叠加时应为代数和。即

$$I_j = I_j' + I_j''$$

④ 叠加定理只能用来分析和计算电路中的电压和电流，不能用来计算电路中的功率。因为功率与电压、电流之间不存在线性关系，即

$$P = R_2(I_2)^2 \neq R_2(I_2')^2 + R_2(I_2'')^2$$

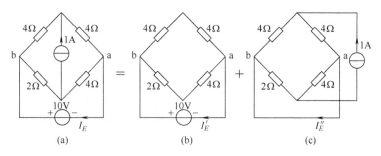

图 1-42 例 1-15 图

【例 1-15】 在图 1-42(a) 所示的电路中，各元件参数如图所示，试用叠加定理求 10V 电压源上的电流 I_E 以及 10V 电压源的发出功率。

解 本电路中由一个电压源和一个电流源共同作用。在进行分析时将电路分解成一个电压源单独作用（电流源开路）和一个电流源单独作用（电压源短路）的电路，总的电流 I_E 可看成是这两个电源单独作用时产生的 I_E 分量叠加而成。电路如图 1-42(b)、(c) 所示。

当 10V 电源单独作用时，其等效电路如图 1-43 所示。

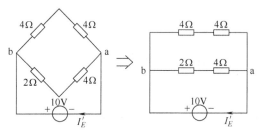

图 1-43 10V 电源单独作用

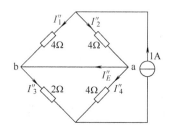

图 1-44 1A 电流源单独作用

$$I'_E = \frac{10}{4+4} + \frac{10}{2+4} = \frac{5}{4} + \frac{5}{3} = \frac{35}{12}\text{A}$$

当 1A 电流源单独作用时，其等效电路如图 1-44 所示。

$$I''_1 = \frac{4}{4+4} \times I_S = \frac{1}{2}\text{A}$$

$$I''_2 = I''_1 = \frac{1}{2}\text{A}$$

$$I''_3 = \frac{4}{4+2} \times I_S = \frac{2}{3}\text{A}$$

$$I''_4 = \frac{2}{4+2} \times I_S = \frac{1}{3}\text{A}$$

根据 KCL，在节点 a 处

$$I''_2 = I''_4 + I''_E$$

$$I''_E = I''_2 - I''_4 = \frac{1}{2} - \frac{1}{3} = \frac{1}{6}\text{A}$$

应用叠加定律可得

$$I_E = I'_E + I''_E = \frac{35}{12} + \frac{1}{6} = \frac{37}{12}\text{A}$$

$$P_{10V} = EI_E = \frac{37}{12} \times 10 = \frac{185}{6} \approx 30.8\text{W}$$

从上述例子可见，用叠加定理分析线性电路有时是比较方便的，它可将复杂电路简化成简单电路。

1.7 直流电路中电位的计算

在分析电子线路中，较少使用电压而普遍使用电位来讨论问题。例如，在讨论晶体管处于何种工作状态时，就必须从各个电极上电位的高低来分析。前面已经讲述了电压和电位的概念，本节将着重电位的计算。

在计算电位时，必须事先在电路中任选一点作为参考点（规定：参考点的电位为零）。电路中其他各点电位与其进行比较，比它高的为正，比它低的为负。参考点在电路中通常用接地符号"⊥"表示。在工程上，有些机器的机壳接地，就是把机壳作为电位参考点，但是有的电子设备并不与大地相接，而是将许多元器件接到一根公共线上，分析时就以这根公共线作为参考点，俗称地线。

【**例 1-16**】 在图 1-45(a) 所示电路中，已知 B、C 电位及电流值，试求 R_1、R_2 的数值。

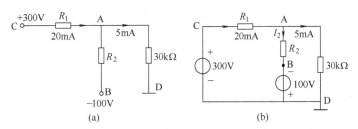

图 1-45 例 1-16 图

解 电路中 B 点、C 点标出的电位数值表示，C 点的电位比地电位高 300V；B 点的电位比地电位低 100V。这样的画法对于初学者不太习惯，可改画为图（b）所示。

应用 KCL 可得
$$I_2 = 20 - 5 = 15 \text{mA}$$

应用欧姆定律可算得
$$U_{AD} = 5 \times 10^{-3} \times 30 \times 10^3 = 150 \text{V}$$

$$R_2 = \frac{U_{AB}}{I_2} = \frac{U_{AD} - U_{BD}}{I_2} = \frac{150 - (-100)}{15 \times 10^{-3}} = 16.7 \text{k}\Omega$$

又
$$U_{AD} = U_{AC} + 300 \text{V}$$

所以
$$U_{AC} = U_{AD} - 300 = 150 - 300 = -150 \text{V}$$

$$R_1 = \frac{-U_{AC}}{20 \times 10^{-3}} = \frac{150}{20 \times 10^{-3}} = 7.5 \text{k}\Omega$$

【**例 1-17**】 在图 1-46 所示电路中，分别以 G 和 C 为参考点，试求电路中其他各点电位。

解 这是一个闭合电路，假设电流的参考方向为顺时针方向，根据闭合回路欧姆定律，则
$$I = \frac{6 - 4 + 8}{3 + 2 + 5} = 1 \text{A}$$

若以 G 为参考点，则
$$V_G = 0 \text{V}$$

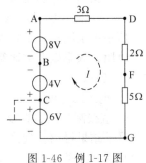

图 1-46 例 1-17 图

$$V_F = 5 \times 1 = 5V$$
$$V_D = 2 \times 1 + V_F = 2 + 5 = 7V$$
$$V_C = 6V$$
$$V_B = -4 + V_C = -4 + 6 = 2V$$
$$V_A = 8 + V_B = 8 + 2 = 10V$$

验算：$U_{AD} = V_A - V_D = 10 - 7 = 3V$，$3\Omega$ 电阻上电流 $I = \dfrac{U_{AD}}{3} = \dfrac{3}{3} = 1A$，与计算相符。

若以 C 为参考点，则

$$V_C = 0V$$
$$V_B = -4V$$
$$V_A = 8 + V_B = 8 + (-4) = 4V$$
$$V_G = -6V$$
$$V_F = 5 \times 1 + V_G = 5 + (-6) = -1V$$
$$V_D = 2 \times 1 + V_F = 2 + (-1) = 1V$$

验算：$U_{AD} = 4 - 1 = 3V$，3Ω 电阻上电流 $I = \dfrac{3}{3} = 1A$，与前面计算相符。

从上例计算结果可见以下两点。

① 电路中任意一点电位等于该点与参考点之间的电压。

② 电路中参考点选取不同，电路中各点的电位也随之改变，但任意两点之间的电压是不变的。所以，各点电位的高低是相对的，而两点间电压是绝对的。

实训：直流电流、直流电压和电位的测量训练

（1）实训目的

① 了解电工测量与电工仪表的基本知识。

② 初步掌握直流电流表和直流电压表的使用方法。

③ 了解万用表的工作原理，初步掌握它的使用方法。

④ 掌握直流电流、直流电压和电路中各点电位的测量技术。

（2）实训设备与器件

① 直流稳压电源（WYJ59×2 型，0～30V）一台。

② 直流毫安表（C43-mA 型，50/100/200mA）一台。

③ 直流电压表（C43-V 型，7.5/15/30V）一台。

④ 转臂式电阻箱（ZX36 型，0～9999Ω）三台。

⑤ 单刀单掷开关一个。

（3）实训步骤和要求

1）学习电工测量与电工测量仪表的基本知识

所谓电工测量，是指对各种电量和磁量的测量，例如电流、电压、电位、电功率、电能、电阻、频率以及磁通等。专门用来测量各种电量的、磁量的仪表叫作电工测量仪表，简称电工仪表。

① 电工测量的方法

a. 直接测量法。直接测量法是指将被测量与其单位量作比较，被测量的大小可以直接从测量的结果得出。直接测量法又分为直接读数法和比较法两种。直接读数法是指：被测量可以直接从测量仪表的标尺上读出。例如用欧姆表测量电阻。比较法则是将被测量与标准量

进行比较，从而确定被测量的值。例如用电桥测量电阻，就是将被测电阻与已知标准电阻在电桥电路上进行比较。

b. 间接测量法。间接测量法是指：测量时首先测出与被测量有关的量，然后根据被测量与这些量的关系，通过计算得出被测量的值。例如用伏安法测量电阻。

② 电工仪表的分类　电工仪表的种类很多，分类方法也很多。本书主要介绍以下几种。

a. 按仪表的工作原理可以分为磁电系、电磁系、电动系、感应系和整流系等。通常用磁电系仪表测量直流电流和直流电压；用电磁系或电动系仪表测量交流电流、交流电压和功率；用感应系仪表测量电能。

b. 按被测量的名称可分为电流表、电压表、欧姆表、兆欧表、功率表、相位表和频率表。

c. 按被测量的种类可分为直流仪表、交流仪表和交、直流两用仪表。

d. 按仪表的读数方法可分为指针式、数字式和记录式。

e. 按使用方法可分为便携式和开关板式两种。便携式仪表使用方便，准确度也较高。

③ 电工仪表的误差和准确度等级

a. 仪表的误差。用任何仪表进行测量时，仪表的指示值和被测量值之间总有一些差别，称为仪表的误差。产生误差的原因很多：有的是由于仪表本身的结构和制造工艺的不完善造成的，叫作基本误差；有的是由于不按规定的工作条件使用引起的，叫作附加误差，例如仪表的工作位置不正常，使用环境的温度、湿度以及磁场等不符合要求；还有的误差是由于测量方法不够完善、读数不够精确等原因引起的，叫作方法误差。

在测量中出现误差是难免的，应当尽量选择合适的仪表、采用合适的测量方法以及正确读数方法，最大限度地减小误差对测量结果的影响。

b. 仪表的准确度等级。仪表的准确度是用误差的大小来说明指示值与实际值的符合程度。误差越小，准确度越高。

按国家标准，仪表的准确度分为若干等级，称为准确度等级。例如电压表和电流表有0.05、0.1、0.2、0.3、0.5、1.0、1.5、2.0、2.5、3.0和5.0十一个等级。

电工仪表在额定量程范围内和规定条件下使用时，其基本误差不超过相应的准确度等级，例如1.5级、量程为250V的电压表的最大误差不超过$\pm 1.5\% \times 250V = \pm 3.75V$。

④ 电工仪表的表面标记　电工仪表的面板上标有各种符号标记，用来表示该仪表的种类、准确度等级、正常工作位置等主要技术特性，叫作表面标记。使用仪表时，必须注意其表面标记，以确定该仪表是否符合测量的需要以及所规定的使用条件。

2）直流电流的测量

直流电流的测量，一般采用磁电系电流表。根据被测量的名称，磁电系电流表可分为安培表、毫安表和微安表三种。图1-47(a) 所示为直流安培表的外形。

测量电流时，将电流表与被测电路串联。

直流电流表的接线端头有正（＋）、负（－）之分。电流由标有"＋"的接线柱流入，由标有"－"的接线柱流出。如果接线错误，电流表的指针将反偏，不仅无法读数，还有可能把指针打弯。图1-47(b) 所示为直流电流表的接线示意图。

直流电流表一般有2～3个量程。图中所示电流表有5A和10A两个量程，分别标在两个相应的接线柱上。标量程的接线柱为电流表的正极。

3）直流电压的测量

直流电压的测量，一般采用磁电系电压表。根据被测量的名称，磁电系电压表可分为伏特表、毫伏表和千伏表三种。图1-48(a) 所示为直流伏特表的外形。

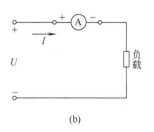

(a)　　　　　　　　　(b)

图 1-47　直流安培表

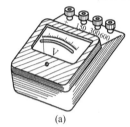
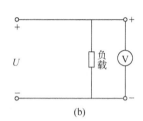

(a)　　　　　　　　　(b)

图 1-48　直流伏特表

测量电压时，电压表与被测负载并联。

直流电压表的接线端头也有正（＋）、负（－）之分，测量时，标"＋"的接线端应与被测电路的高电位端相接，标"－"的接线端则接低电位端。

图 1-48（b）为直流伏特表的接线示意图，图中所标为电压的实际方向。

直流电压表一般有 2～3 个量程。图 1-47（a）所示的伏特表有 150V、300V 和 600V 三个量程，分别标在相应的接线柱上。标量程的接线柱为电压表的负极。

4）万用表

① 用途　万用表是一种便携式的多用途、多量程的电工仪表，可以用来测量直流电流、直流电压、交流电压、电阻以及音频电平。有的万用表还可以测量交流电流、电容、电感以及半导体三极管的参数。图 1-49 所示为 MF9 型万用表的外形。

② 结构　万用表主要由磁电系表头、测量线路和转换开关组成。通过转换开关的换接，组成各种不同的测量线路，以选择不同的测量种类和不同量程。

③ 标尺　万用表的表盘上有多条弧形刻度线，通常叫作标尺。一般最上面的一条为电阻标尺，符号为"Ω"；第二条为直流标尺，符号为 DC 或"－"；第三条为交流电压标尺，符号为 AC 或"～"；第四条为交流 10V 专用标尺，符号为～10V；第五条为电平标尺，符号为 dB。

也有的万用表交、直流合用一条标尺。

能够测量交流电流、电容、电感和三极管参数的万用表则设有交流电流、μF、mH 和 β 参数标尺。测量时，应根据测量种类，在相应的标尺上读取数据。

图 1-50 所示为 MF-30 型万用表标尺。

④ 使用注意事项

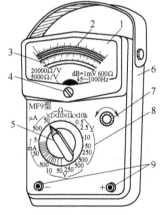

图 1-49　MF9 型万用表

1—表盘；2—标度尺；3—指针；
4—机械调零螺钉；5—转换开关；
6—表壳；7—零欧姆调节旋钮；
8—测量种类与量程；9—接线插孔

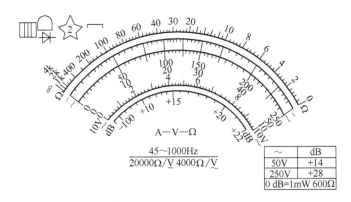

图 1-50 MF-30 型万用表标尺

a. 万用表应水平放置。

b. 使用前先检查指针是否在零点。若不指在零点，应调节机械调零螺钉使指针指零。

c. 万用表面板上有两个插孔，分别标注 "＋"、"－" 两种符号。测量时，应把红色表棒插入 "＋" 插孔，黑色表棒插入 "－" 插孔。

d. 根据被测量的种类和量程，调准转换开关的位置。

e. 测量电流时，应把万用表串联接入被测电路；测量电压时应并联接入被测电路。测量直流时，要注意接线端钮的正、负极，使被测电流从红表棒流入，黑表棒流出。

f. 选择合适的量程。一般来说，万用表的指针偏转到满刻度的 $1/2 \sim 1/3$ 的位置时，表明量程合适，测量结果比较准确。测量电压和电流时，如事先不知道被测量大小，应把转换开关先拨到最大量限试测，然后根据测试情况逐步转换为合适的量程，再进行测量。

g. 万用表使用完毕后，务必将转换开关置于交流电压的最高量程挡或 "OFF" 挡，已防他人误用，造成损坏。

除了指针式万用表外，在电工测量中还经常用到数字式万用表（DMM）。数字式万用表采用数字化测量技术，把各种被测量转换为电压信号，并以数字形式显示。

数字式万用表具有指针式万用表所具有的全部功能。此外，还能用来测量温度和频率。有的还能自动显示被测量的单位符号，例如 Ω、$k\Omega$、$M\Omega$、mA、mV、V、μF，因此使用更加方便。

数字式万用表的种类很多，目前常用的有 DT830 和 DT890 型。

图 1-51 所示为 DT890 型数字万用表的外形。

5）电位的测量

① 测量电位的原理　在电路中任选一点为参考点，并令其电位为零。电路中某一点的电位即该点对参考点的电压。

电路中各点电位与参考点的选择有关。参考点一经选定，各点电位就是一个确定的值，参考点变了，电位随之改变。

② 测量方法　测量电位时，首先选定参考点。然后将电压表跨接在被测点与参考点之间，电压表的读数就是该点的电位值。当电压表的正极接被测点，负极接参考点，

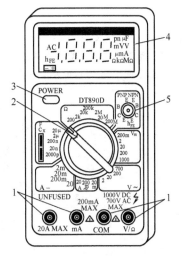

图 1-51　DT890 型数字万用表
1—输入插孔；2—量程开关；
3—电源开关；4—显示屏；
5—测量晶体管参数插孔

若电压表的指针正偏，则该点的电位为正值；若电压表的指针反偏，应立即交换测试棒，使电压表正偏。这时的读数取负，表示该点的电位为负值。

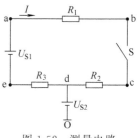

图 1-52　测量电路

6）测量步骤

① 按图 1-52 所示搭接电路，取 $R_1 = 50\Omega$，$R_2 = 20\Omega$，$R_3 = 30\Omega$，$U_{S1} = 10V$，$U_{S2} = 5V$，闭合开关 S。

② 按表 1-1 要求，用电压表测量各部分电压，将测量结果记入表中。

③ 按表 1-1 要求，用毫安表测量电路中的电流，将测量结果记入表中。

④ 指定 d 为参考点，按表 1-1 要求，用电压表测量各点电位，将测量结果记入表中。

⑤ 指定 O 为参考点，按表 1-1 要求，用电压表测量各点电位，将测量结果记入表中。

表 1-1　测量数据

参考点	电流/mA	电位/V				电压/V			
	I	V_a	V_b	V_d	V_e	U_{ab}	U_{bd}	U_{de}	U_{ea}
d									
O									

（4）分析与思考

① 用测量数据说明电路中各点电位与参考点的选择有关，而电压与参考点的选择无关。

② 如何用万用表测量直流电压和直流电流？

练　习　题

1-1　在图 1-53 所示的电路中，已知各支路的电流 I、电阻 R 和电动势 E，试写出各电路电压 U 的表达式。

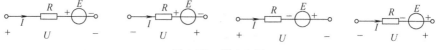

图 1-53　题 1-1 图

1-2　有两只灯泡，一只是 100W/220V，另一只是 40W/36V，试问它们在各自的额定电压作用下，哪一只灯泡亮？哪一只灯泡取用的电流大？

1-3　试求图 1-54 所示电路中各未知电流的大小。

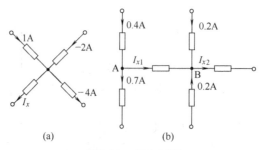

(a)　　　　　　　(b)

图 1-54　题 1-3 图

1-4　电路如图 1-55 所示，试求电压 U_1、U_2 和 U_{cb}。

1-5　在图 1-56 所示的电路中，分别以①D 为参考点；②C 为参考点，试求电路中各点的电位及 U_{AB}。

1-6　试求图 1-57 中各电路的输入端等值电阻 R_{ab}。

1-7 在图 1-58 所示电路中，已知：$R_1 = 10\Omega$，$R_2 = 15\Omega$，$R_3 = 20\Omega$，$U_{S1} = 15\text{V}$，$U_{S2} = 5$，$I_S = 1\text{A}$。试用支路电流法求解各支路电流。

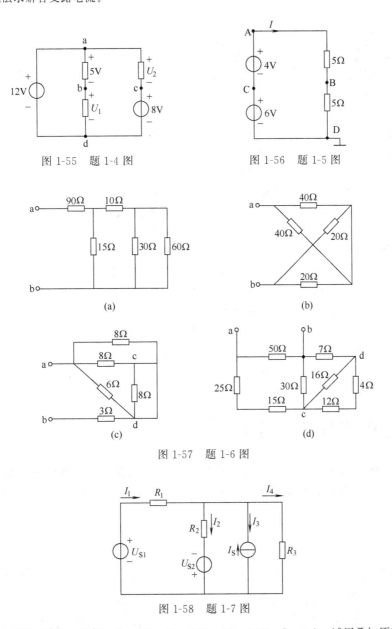

图 1-55　题 1-4 图　　　　　　图 1-56　题 1-5 图

(a)　　　　　　　　　　　(b)

(c)　　　　　　　　　　　(d)

图 1-57　题 1-6 图

图 1-58　题 1-7 图

1-8 在图 1-59 所示电路中，已知：$R_1 = 9\Omega$，$R_2 = 18\Omega$，$U_S = 54\text{V}$，$I_S = 3\text{A}$。试用叠加原理求解电压 U 和电流 I。

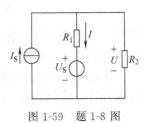

图 1-59　题 1-8 图

2 正弦交流电路

【知识目标】 [1] 理解正弦交流电的基本概念与基本物理量；

　　　　　　 [2] 理解正弦量的表示方法；

　　　　　　 [3] 理解纯电阻交流电路的特点与计算方法；

　　　　　　 [4] 理解纯电感交流电路的特点与计算方法；

　　　　　　 [5] 理解纯电容交流电路的特点与计算方法；

　　　　　　 [6] 理解电阻、电感、电容串联交流电路的分析计算方法；

　　　　　　 [7] 理解串联谐振电路的分析计算方法；

　　　　　　 [8] 理解电阻、电感、电容并联电路的分析计算方法。

【能力目标】 [1] 掌握正弦量的表示方法；

　　　　　　 [2] 掌握正弦交流电路的分析计算方法；

　　　　　　 [3] 熟练掌握串联谐振电路的应用与计算方法；

　　　　　　 [4] 熟练掌握无功功率补偿的应用与计算方法；

　　　　　　 [5] 熟练掌握日光灯电路的安装与接线方法；

　　　　　　 [6] 掌握日光灯电路的测试方法。

2.1 正弦电压与正弦电流

大小和方向随时间按一定规律周期性变化的电压和电流称为交变电压和电流，如果电压、电流和电动势是按照正弦规律作周期性变化，统称为正弦交流电，简称交流电。其波形如图 2-1 所示。

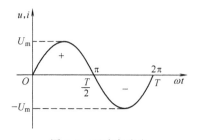

图 2-1　正弦交流电

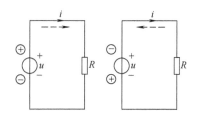

图 2-2　正弦电压和电流的方向

由于正弦电压、电流的方向是周期性变化的，所以电路图上所标极性"＋"、"－"是参考方向。正半周时，实际方向与参考方向相同；负半周时，实际方向（即虚线方向）与参考方向相反。如图 2-2 所示。正弦电压、电流和电动势，统称为正弦量。正弦量的特征表现在变化的快慢、大小及初始状态。以电压为例，其数学表达式为

$$u = U_m \sin(\omega t + \phi) \tag{2-1}$$

式(2-1) 中 u 称为瞬时值；U_m 称为最大值；ω 称为角频率；$\omega t + \phi$ 称为相位；ϕ 称为初

相位或初相角。它们是确定正弦交流电的三要素。

2.1.1 周期、频率与角频率

交流电完成一个循环所需要的时间称为周期，用英文字母 T 表示，单位是秒（s）。1s 内变化的周期数称为频率，用 f 表示，单位是赫［兹］（Hz）。频率 f 是周期 T 的倒数，即

$$f = \frac{1}{T} \tag{2-2}$$

正弦量对应不同的 t，有着不同的相位，其瞬时值也不同，相位增加的速率

$$\frac{d}{dt}(\omega t + \phi) = \omega$$

ω 为正弦量的角频率，其单位是弧度/秒（rad/s）。相位变化 2π 弧度对应正弦电变化一周，其波形如图 2-1 所示，所以除了用周期与频率来表示正弦量变化的快慢以外，还可以用角频率 ω 来表示，即

$$\omega T = 2\pi$$

$$\omega = \frac{2\pi}{T} = 2\pi f \tag{2-3}$$

上式表明了 T、ω、f 三者之间的关系，只要知道其中之一，便可求出其他。

【例 2-1】 已知一正弦量的周期 $T = 0.02\text{s}$，试求该正弦量的频率 f 与角频率 ω。

解
$$f = \frac{1}{T} = \frac{1}{0.02} = 50\text{Hz}$$

$$\omega = 2\pi f = 2 \times 3.14 \times 50\text{rad/s} = 314\text{rad/s}$$

在我国和大多数国家都采用 50Hz 作为电力标准频率，又称为工频。只有少数国家（如美国、日本等）采用 60Hz。除了工频以外，在其他技术领域中使用着各种不同的频率，如机械工业中用的高频加热设备的频率为 $200 \sim 300\text{kHz}$，有线通信的频率为 $300 \sim 5000\text{Hz}$，无线电通信的频率为 $30\text{kHz} \sim 30000\text{MHz}$ 等。

2.1.2 最大值与有效值

正弦量在任一瞬时的值称为瞬时值，用小写英文字母 u、i、e 表示，它是随时间变化的。正弦量的最大值是指在一个周期的变化过程中出现的最大瞬时值，又称幅值，用带有下标 m 的大写字母 I_m、U_m、E_m 表示。瞬时值或最大值只是一个特定瞬间的数值，不能用来计量正弦交流电的大小，因此规定用交流电的有效值来计量它的大小。有效值的概念是由电流的热效应来定义的。

若把一交流电流 i 和一直流电流 I 分别通过两个阻值相等的电阻 R，如果在一个周期内产生的热量相等，则此直流叫作该交流电的有效值。根据这一定义有

$$\int_0^T Ri^2 dt = RI^2 T$$

由此可得出交流电流的有效值为

$$I = \sqrt{\frac{1}{T}\int_0^T i^2 dt}$$

设电流 $i = I_m \sin\omega t$ 代入上式，即得

$$I = \sqrt{\frac{I_m^2}{T}\int_0^T \sin^2\omega t\, dt}$$

$$\int_0^T \sin^2\omega t\, dt = \int_0^T \frac{1 - \cos 2\omega t}{2} dt = \frac{T}{2}$$

$$I = \sqrt{\frac{I_m^2}{T} \times \frac{T}{2}} = \frac{I_m}{\sqrt{2}} \tag{2-4}$$

同理，可以得到正弦交流电压与电动势的有效值与最大值之间的关系为

$$U = \frac{U_{\mathrm{m}}}{\sqrt{2}} \quad E = \frac{E_{\mathrm{m}}}{\sqrt{2}}$$

有效值用大写的字母 I、U、E 表示，它表示的是交流电的大小。一般所讲的正弦电压或电流的大小，如工厂里用的三相电中的 380V 电压，照明电路中的 220V 电压等，都是指它的有效值。一般交流电压表和交流电流表所指示的电压与电流的数值也都是指它们的有效值。

【例 2-2】 已知一正弦交流电压 $u = 311\sin314t$ V，试求最大值 U_{m}、有效值 U 和 $t = 0.1\mathrm{s}$ 时的瞬时值。

解
$$U_{\mathrm{m}} = 311\mathrm{V}$$
$$U = \frac{U_{\mathrm{m}}}{\sqrt{2}} = \frac{311}{\sqrt{2}} = 220\mathrm{V}$$
$$u = 311\sin314t = 311\sin100\pi \times 0.1 = 311\sin10\pi = 0$$

2.1.3　相位、初相位与相位差

式(2-1) 中的角度 $(\omega t + \phi)$ 称为交流的相位或相位角，交流电是随时间一直在变化的，在不同的时刻 t，具有不同的 $\omega t + \phi$ 值，对应的就得到交流电不同的瞬时值，它代表了交流电的变化进程。把 $t = 0$ 这一时刻的相位角称为初相位角，简称初相位，即式中的 ϕ。显然，对于同一个正弦量来说初相位与所选的计时起点有关，所选的计时起点不同，交流电的初始值（$t = 0$ 的值）就不同，到达最大值（或零值）或某个特定值所需要的时间就不同。在计算与分析交流电路时，同一个电路中的所有正弦量只能有一个共同的计时起点，可以任选其中某一个正弦量的初相位为零的瞬间作计时起点，所以初相位为零的正弦量称为参考正弦量。

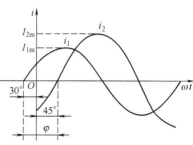

图 2-3　正弦量的相位及相位差

如已知两正弦交流电 i_1 和 i_2 波形图如图 2-3 所示，交流电的初相位可正可负，图中，i_1 的初相位为 $+30°$，i_2 的初相位为 $-45°$。它们的解析式表示为

$$i_1 = I_{1\mathrm{m}}\sin(\omega t + 30°)\mathrm{A}, i_2 = I_{2\mathrm{m}}\sin(\omega t - 45°)\mathrm{A}$$

两个同频率的正弦量的相位之差叫作相位差，用 φ 表示。两正弦交流电 i_1 和 i_2 的相位差为

$$\varphi = (\omega t + 30°) - (\omega t - 45°) = 75°$$

由此可见两个同频率的正弦量的相位之差就等于初相位之差。从图 2-3 波形图上可见，i_1 总比 i_2 先经过相应的最大值和零值，这时就称在相位上 i_1 超前 i_2 一个 φ 角。一般来说，当 $\varphi = \phi_1 - \phi_2 > 0$ 时，称在相位上 i_1 超前 i_2 一个 φ 角，当 $\varphi = \phi_1 - \phi_2 < 0$ 时，称在相位上 i_1 滞后 i_2 一个 φ 角，当 $\varphi = \phi_1 - \phi_2 = 0$ 时，称在相位上 i_1 与 i_2 同相位，简称同相，当 $\varphi = \phi_1 - \phi_2 = 180°$ 时，称在相位上 i_1 与 i_2 相位相反，简称反相。

这里必须指出：电压与电流的相位差应为电压的初相位减去电流的初相位。当两个同频率的正弦量计时起点（$t = 0$）改变时，它们的相位与初相位即跟着改变，但是两者之间的相位差仍保持不变。

【例 2-3】 已知两交流电压 $u_1 = 100\sin(\omega t - 30°)$ V，$u_2 = 120\sin(\omega t + 30°)$ V。①求 u_1 与 u_2 的相位差；②画出 u_1 与 u_2 的波形图；③比较 u_1 与 u_2 的相位关系。

解　① $\varphi = -30° - 30° = -60°$
② 波形如图 2-4 所示。

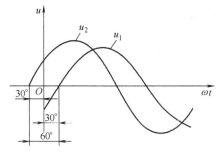

图 2-4 例 2-3 图

③ 在相位上 u_1 滞后 u_2 60°，或 u_2 超前 u_1 60°。

2.2 正弦量的相量表示法

在分析正弦交流电路时，通常需要进行正弦量之间的运算，前面已介绍了正弦量的两种表示方法：正弦波形与三角函数式。这是正弦量的基本表示法。但是在进行交流电路的计算与分析时，经常要进行几个同频率正弦量的加、减、乘、除等运算。若采用三角函数或用作波形图的方法求解，将是非常繁琐和困难的。工程计算中通常采用复数来表示正弦量，即正弦量的相量表示法。复数和复数的运算是相量法的数学基础。

2.2.1 复数和复数的运算

在图 2-5 所示的直角坐标系中，以横轴为实轴，单位为 +1，纵轴为虚轴，单位为 +j，$j = \sqrt{-1}$ 为虚数单位。实轴与虚轴构成的平面称为复平面。复平面上任何一点对应一个复数，而一个复数对应复平面上的一个点。

A 点的复数表达式为

$$A = a + jb \qquad (2\text{-}5)$$

式中，a 为复数的实部；b 为复数的虚部。该式称为复数代数表达式。

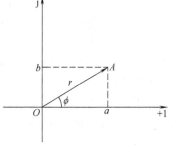

图 2-5 复平面上的复数

复数也可以用复平面上的有向线段来表示，它的长度 r 称为复数的模；与实轴之间的夹角 ϕ 称为幅角，可将复数表示为极坐标形式

$$A = r \angle \phi \qquad (2\text{-}6)$$

由图得

$$a = r\cos\phi$$
$$b = r\sin\phi$$

复数的模

$$r = \sqrt{a^2 + b^2}$$

幅角

$$\phi = \arctan \frac{b}{a}$$

$$A = r\cos\phi + jr\sin\phi$$

因此，根据欧拉公式

$$e^{j\phi} = \cos\phi + j\sin\phi$$

式（2-5）可以写成复数的指数形式

$$A = re^{j\phi} \tag{2-7}$$

当两个复数进行加减时，采用复数的直角坐标式（代数式）较为方便，实部与实部相加减，虚部与虚部相加减得到一个新的复数。

如有两个复数

$$A = a_1 + jb_1 , \quad B = a_2 + jb_2$$

则

$$A + B = (a_1 + a_2) + j(b_1 + b_2) \tag{2-8}$$

$$A - B = (a_1 - a_2) + j(b_1 - b_2) \tag{2-9}$$

当两个复数进行相乘（除）时，通常采用复数的极坐标形式较为方便，其结果是复数模相乘（除），幅角相加（减）。如有两个复数

$$A = r_1 \angle \phi_1 , \quad B = r_2 \angle \phi_2$$

则

$$AB = r_1 r_2 \angle \phi_1 + \phi_2 \tag{2-10}$$

$$\frac{A}{B} = \frac{r_1}{r_2} \angle \phi_1 - \phi_2 \tag{2-11}$$

2.2.2 正弦量的相量表示法

若图 2-5 中的有向线段 A，它的模 r 等于某个正弦量的幅值，与横轴正方向的夹角为初相位 ϕ，并以该正弦量的 ω 角速度沿逆时针方向旋转，这时它任意时刻在虚轴上的投影为 $r\sin(\omega t + \phi)$ 正好就等于这一时刻该正弦量的瞬时值，即为一正弦量的瞬时值表达式。所以正弦量也可以用一个旋转的有向线段来表示，称之为旋转矢量或相量。

为了与一般的复数区别，规定用大写的字母上面加 ".” 来表示相量。

若相量的模表示的是正弦量的最大值，称为最大值相量。正弦量的大小通常用有效值来计量，因此用有效值作相量的模更为方便，用有效值作模的相量称有效值相量。以后如不特别声明，所使用的都是有效值相量。

将同频率的正弦量画在同一复平面内称为相量图。注意只能将同频率的正弦量画在同一相量图中，不同频率的正弦量画在同一相量图中没有意义。

【例 2-4】 已知正弦电流 $i_1 = 30\sqrt{2}\sin\omega t$ A，$i_2 = 10\sqrt{2}\sin(\omega t + 30°)$ A，分别用直角坐标式、指数式和极坐标式表示电流。

解 极坐标式：$\dot{I}_1 = 30\angle 0°$ A，$\dot{I}_2 = 10\angle 30°$ A，

直角坐标式：$\dot{I}_1 = 30$ A，$\dot{I}_2 = 8.66 + j5$ A

指数式：$\dot{I}_1 = 30e^{j0°}$ A，$\dot{I}_2 = 30e^{j30°}$ A

【例 2-5】 试写出下列正弦量的相量式，并作出相量图。

$$i_1 = 50\sqrt{2}\sin\left(100\pi t + \frac{\pi}{6}\right) \text{ A}$$

$$u_1 = 100\sqrt{2}\sin\left(100\pi t + \frac{\pi}{3}\right) \text{ A}$$

$$u_2 = 100\sqrt{2}\sin\left(100\pi t - \frac{2\pi}{3}\right) \text{ A}$$

解 各电压、电流的有效值相量分别为

$$\dot{I}_1 = 50\angle\frac{\pi}{6}\ \text{A}$$

$$\dot{U}_1 = 100\angle\frac{\pi}{3}\text{V}$$

$$\dot{U}_2 = 100\angle -\frac{2\pi}{3}\text{V}$$

作出相量图如图 2-6 所示。

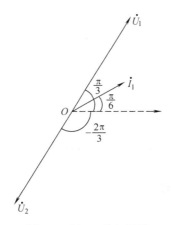

图 2-6 例 2-5 的相量图

需指出的是，再进行电路分析时，有多个电流和电压，常选定一个正弦量的初相角为零，称之为参考正弦量，与之对应的相量为参考相量，其他正弦量的相量可根据与参考相量的相位关系画出。在相量图中，只影响各相量的初相，并不改变各相量的相互位置。已知某电压电流的相量图如图 2-7(a) 所示，图 2-7(b) 为将 $\dot{U}$ 作为参考相量的相量图，图 2-7(c)相量图为将 $\dot{I}_1$ 作为参考相量的相量图。

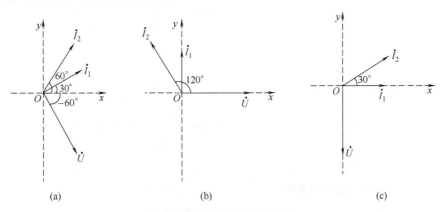

图 2-7 某电压电流的相量图

【**例 2-6**】 电路如图 2-8 所示，已知 $i_1 = 5\sin314t$ A，$i_2 = 8\sin(314t - 30°)$ A，$i_3 = 10\sin(314t + 90°)$A，求 i。

解 根据基尔霍夫电流定律得

$$i = i_1 + i_2 + i_3$$

由 $i_1 = 5\sin314t$ 得

$$\dot{I}_{1m} = (5 + \text{j}0)\text{A} = 5\text{A}$$

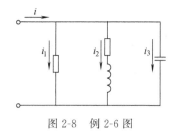

图 2-8 例 2-6 图

由 $i_2 = 8\sin(314t - 30°)\text{A}$ 得

$$\dot{I}_{2\text{m}} = (6.928 - \text{j}4)\text{A}$$

由 $i_3 = 10\sin(314t + 90°)\text{A}$ 得

$$\dot{I}_{3\text{m}} = (0 + \text{j}10)\text{A}$$

故

$$\dot{I}_\text{m} = \dot{I}_{1\text{m}} + \dot{I}_{2\text{m}} + \dot{I}_{3\text{m}} = [5 + (6.928 - \text{j}4) + \text{j}10]\text{A} = (11.928 + \text{j}6)\text{A} = 13.35\angle 26.7°\ \text{A}$$

2.3 纯电阻交流电路

在图 2-9(a) 所示的电路中，在电阻 R 的两端加正弦电压 u，那么在电阻上就要产生电流 i，其参考方向如电路中所示。在交流电路中，元件上各量的参考方向，一般不加以说明，仍遵循直流电路中的规定，电压和电流的参考方向一致，即电压和电流为关联参考方向。

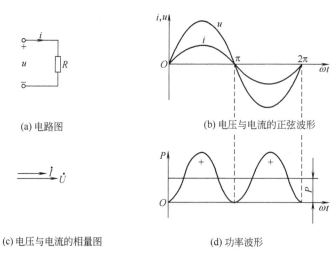

(a) 电路图　　(b) 电压与电流的正弦波形

(c) 电压与电流的相量图　　(d) 功率波形

图 2-9 纯电阻交流电路

2.3.1 电压与电流的关系

对于电阻元件 R，通过电阻的电流为 i，电阻的电压为 u，u 与 i 关联参考方向，根据欧姆定律

$$u = Ri \quad \text{或} \quad i = \frac{u}{R}$$

在研究几个正弦量的相互关系时，可任意指定某一个正弦量的初相位为零，作为参考。现设电阻中的电流为

$$i = I_m \sin\omega t \tag{2-12}$$

$$u = Ri = RI_m \sin\omega t \tag{2-13}$$

比较式 (2-12) 与式 (2-13) 可见以下几点。

① 电压与电流是同频率的正弦量。

② 电压与电流的大小关系为

$$U_m = RI_m \tag{2-14}$$

将上式等号两边同除以 $\sqrt{2}$，则得有效值之间的关系为

$$U = RI \tag{2-15}$$

③ 在相位上，电压与电流同相位。

将式 (2-12) 和式 (2-13) 分别用相量来表示，其相量表达式为

$$\dot{U} = R\dot{I} \tag{2-16}$$

相量图如图 2-9(c) 所示。

2.3.2 电路的功率

在正弦电路中，由于电阻中的电压与电流都是随时间变化的，故电阻上所消耗的功率也随时间变化，在任一瞬时，电路的功率等于该瞬时电压的瞬时值 u 与电流瞬时值 i 的乘积，用小写的字母 p 表示，即

$$p = ui = U_m \sin\omega t \cdot I_m \sin\omega t = U_m I_m \sin^2\omega t = UI(1 - \cos2\omega t) \tag{2-17}$$

瞬时功率变化曲线如图 2-9(d) 所示。由瞬时功率的曲线可见，电阻中的功率总是正值。这是因为在纯电阻电路中 u 与 i 是同相，它们或同时为正，或同时为负，故两者的乘积总为正值，这说明电阻元件在任一瞬时均从电源吸取能量，并将电能转换为热能，是一个耗能元件。

瞬时功率只能说明功率的变化情况，通常所说电路的功率是指瞬时功率在一个周期内的平均值，称为平均功率，用大写字母 P 表示，即

$$P = \frac{1}{T}\int_0^T p(t)\mathrm{d}t = \frac{1}{T}\int_0^T UI(1 - \cos2\omega t)\mathrm{d}t = UI \tag{2-18}$$

式 (2-18) 中 U、I 是指电压、电流正弦量的有效值。平均功率的单位用瓦（W）或千瓦（kW）表示，通常电气设备上所标的功率都是平均功率。由于平均功率反映了电路实际消耗的功率，所以又称为有功功率。

将式 (2-15) 代入式 (2-18)，可得

$$P = RI^2 = \frac{U^2}{R} \tag{2-19}$$

【例 2-7】 已知交流电流 $i = 5\sqrt{2}\sin(\omega t + 30°)\mathrm{A}$ 通过 10Ω 的电阻，试写出电压的瞬时值表达式，并求平均功率 P。

解 电流的有效值 $I = 5\mathrm{A}$

电压的有效值为

$$U = IR = 5 \times 10 = 50\mathrm{V}$$

$$\phi_i = \phi_u = 30°$$

故得

$$u = 50\sqrt{2}\sin(\omega t + 30°)\ \mathrm{V}$$

其平均功率为

$$P = UI = 50 \times 5 = 250\mathrm{W}$$

2.4 纯电感交流电路

图 2-10(a) 所示的电路为纯电感的交流电路，电流、电压及自感电动势的参考方向如图所示。

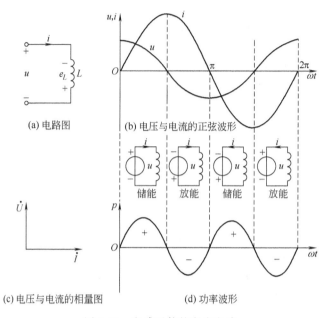

(a) 电路图　　(b) 电压与电流的正弦波形

(c) 电压与电流的相量图　　(d) 功率波形

图 2-10　电感元件的交流电路

2.4.1　电压与电流的关系

在纯电感元件两端加一个正弦电压 u，在电路中就要产生正弦电流 i，由于电流的变化，在电感元件上产生了感应电动势 e_L，u 与 i 为关联参考方向，u 与 i 之间的关系为

$$u_L = L\frac{\mathrm{d}i}{\mathrm{d}t} \tag{2-20}$$

设通过电感中的电流为

$$i = I_\mathrm{m}\sin\omega t$$

那么

$$u = -e_L = L\frac{\mathrm{d}i}{\mathrm{d}t} = \omega L I_\mathrm{m}\cos\omega t = U_\mathrm{m}\sin(\omega t + 90°) \tag{2-21}$$

由此可见以下几点。

① 电感中的电压与电流是同频率的正弦量。

② 电压与电流的大小关系为

$$U_\mathrm{m} = \omega L I_\mathrm{m} \tag{2-22}$$

$$U = \omega L I$$

$$\frac{U}{I} = \omega L \tag{2-23}$$

ωL 称为感抗，用 X_L 表示，即

$$X_L = \omega L = 2\pi f L$$

其中，频率 f 的单位是赫兹（Hz）；角频率 ω 的单位是弧度/秒（rad/s），L 的单位为亨

（H）；感抗的单位为欧（Ω）。

感抗对交流电流起阻碍作用。感抗与电感 L 及频率 f 成正比，频率越高，感抗越大，对电流的阻碍作用越大。因此电感线圈常用来作高频扼流圈，可以有效地阻止高频电流的通过。而对于直流电，由于它的频率 $f=0$，$X_L=0$，理想电感线圈在直流电路的稳态时，可视为短路。

③ 电压与电流的相位关系，电压与电流的相位差为

$$\phi_u - \phi_i = 90°$$

纯电感电路中电压 u 与电流 i 的波形图如图 2-10（b）所示。其相量图如图 2-10（c）所示。其相量表达式为

$$\frac{\dot{U}}{\dot{I}} = \mathrm{j}X_L,\ \dot{U} = \mathrm{j}X_L\dot{I} \tag{2-24}$$

2.4.2　电路的功率

由于电感中的电压与电流都是随时间变化的，故电感的瞬时功率为

$$p = ui = U_\mathrm{m}\cos\omega t \cdot I_\mathrm{m}\sin\omega t = \frac{1}{2}U_\mathrm{m}I_\mathrm{m}\sin2\omega t = UI\sin2\omega t \tag{2-25}$$

平均功率为

$$P = \frac{1}{T}\int_0^T p(t)\mathrm{d}t = \frac{1}{T}\int_0^T UI\sin2\omega t\,\mathrm{d}t = 0 \tag{2-26}$$

由式（2-26）可见，瞬时功率 p 是一个幅值为 UI，并以 2ω 的角频率随时间交变的正弦量，其变化曲线如图 2-10（d）所示。由瞬时功率的曲线可见，p 为正值，表明电感从电源吸取能量，将从电源吸取的电能转换成磁场能储存起来，其磁场能的表达式为

$$W_L = \frac{1}{2}Li^2 \tag{2-27}$$

p 为负值时，磁场在消失，磁场能转换为电能送还给电源。由于讨论的是纯电感电路，电路中的电阻为零，在整个周期内，没有能量损耗，即平均功率为零［式（2-26）］，只有电源与电感元件间的能量转换。

虽然纯电感的平均功率为零，但它要与电源之间进行能量的互换，为了与消耗能量的有功功率相区别，把这种能量互换的大小用无功功率来衡量，它等于瞬时功率 p 的幅值，即

$$Q = UI = X_L I^2 = \frac{U^2}{X_L} \tag{2-28}$$

无功功率的量纲与有功功率相同，但为了区别，无功功率的单位为乏（var）或千乏（kvar）。

【**例 2-8**】 已知一线圈的电感 $L=100\mathrm{mH}$，电阻可以忽略不计。现把它接到 $u=100\sqrt{2}\sin\omega t\,\mathrm{V}$ 的交流电压上，电源的频率为 $50\mathrm{Hz}$，计算电感的电流和无功功率，若电源的频率改变为 $50\mathrm{kHz}$ 时，求此时电感的电流和无功功率。

解　当 $f=50\mathrm{Hz}$ 时

$$X_L = 2\pi fL = 2\pi \times 50 \times 100 \times 10^{-3} = 31.4\,\Omega$$

$$I = \frac{U}{X_L} = \frac{100}{31.4} = 3.18\,\mathrm{A}$$

$$Q = UI = 100 \times 3.18 = 318\,\mathrm{var}$$

当电源频率为 $50\mathrm{kHz}$ 时

$$X_L = 2\pi fL = 2\pi \times 50 \times 10^3 \times 100 \times 10^{-3}\,\Omega = 31.4\,\mathrm{k}\Omega$$

$$I = \frac{U}{X_L} = \frac{100}{31.4 \times 10^3} = 3.18\,\mathrm{mA}$$

$$Q = UI = 100 \times 3.18 \times 10^{-3} = 0.318 \text{var}$$

可见，电感线圈能有效地阻止高频电流通过。

2.5 纯电容交流电路

把电容器接在直流电路中，处于稳定状态时，电路中的电流等于零，因此电容器在稳定直流电路中相当于开路。在电容器两端加一个交流电压，则由于电源的极性不断变化，电容器将周期性充电和放电，因而电路中不断有电流通过。下面分析电容器在交流电路中的作用，以及电容电路中电压、电流之间的关系及能量转换关系。

2.5.1 电压与电流的关系

图 2-11(a) 所示的电路为纯电容的交流电路，电流及电压的参考方向如图所示。

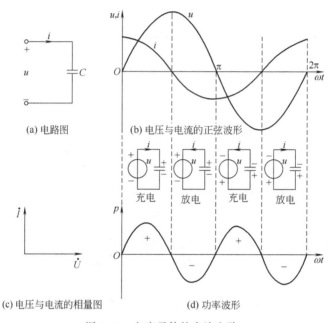

(a) 电路图   (b) 电压与电流的正弦波形

(c) 电压与电流的相量图   (d) 功率波形

图 2-11 电容元件的交流电路

电容元件的特性是：电容元件两端加了一个变化的电压后，电路中便有了电流，它们之间的关系为

$$i_C = C \frac{\mathrm{d}u}{\mathrm{d}t} \tag{2-29}$$

设加在电容上的电压为

$$u = U_m \sin\omega t$$

那么

$$i = C \frac{\mathrm{d}u}{\mathrm{d}t} = \omega C U_m \cos\omega t = I_m \sin(\omega t + 90°) \tag{2-30}$$

由上可见以下几点。

① 电容中的电压与电流都是同频率的正弦量。

② 电压与电流的大小关系为

$$I_m = \omega C U_m$$

$$U = \frac{1}{\omega C} I$$

$$\frac{U}{I} = \frac{1}{\omega C} \tag{2-31}$$

$\frac{1}{\omega C}$ 称为容抗，用 X_C 表示，即

$$X_C = \frac{1}{\omega C} = \frac{1}{2\pi f C} \tag{2-32}$$

其中，频率 f 的单位是赫兹（Hz）；角频率 ω 的单位是弧度/秒（rad/s）；C 的单位用法拉（F）；容抗的单位为欧（Ω）。

上式反映了电压、电流与容抗之间的关系，容抗与电容 C 及频率 f 成反比。一方面，在一定电压下，电源频率越高，容抗越小，对电流的阻碍作用越小。另一方面，电容 C 越大，表明电容储存电荷的能力越大，单位时间内电路中充放电移动的电荷量越大，所以电流越大。而对于直流电，由于它的频率 $f=0$，$X_C = \frac{1}{\omega C}$ 为无穷大，理想电容元件在直流电路的稳态时，可视为断路。

③ 电压与电流的相位关系，电压与电流的相位差为

$$\phi_u - \phi_i = -90°$$

纯电容电路中电压 u 与电流 i 的波形图如图 2-11(b) 所示。其相量图如图 2-11(c) 所示。其相量表达式为

$$\frac{\dot{U}}{\dot{I}} = -jX_C \qquad \dot{U} = -jX_C \dot{I} \tag{2-33}$$

2.5.2 电路的功率

由于电容中的电压与电流都是随时间变化的，故电容的瞬时功率为

$$p = ui = U_m \sin\omega t \cdot I_m \cos\omega t = \frac{1}{2}U_m I_m \sin 2\omega t = UI\sin 2\omega t \tag{2-34}$$

平均功率为

$$P = \frac{1}{T}\int_0^T p(t)\,\mathrm{d}t = \frac{1}{T}\int_0^T UI\sin 2\omega t\,\mathrm{d}t = 0$$

由上可见，瞬时功率 p 是一个幅值为 UI，并以 2ω 的角频率随时间交变的正弦量，其变化曲线如图 2-11(d) 所示。由瞬时功率的曲线可见，p 为正值，表明电容从电源吸取能量，将从电源吸取的电能转换成电场能储存起来，其电场能的表达式为

$$W_C = \frac{1}{2}Cu^2 \tag{2-35}$$

p 为负值时，电场在消失，电场能转换为电能送还给电源。在整个周期内，没有能量损耗，即平均功率为零，只有电源与电容元件间的能量转换。

与电感一样，纯电容的平均功率为零，即它不消耗能量，但它要与电源之间进行能量的互换，同样把这种能量互换的大小用无功功率来衡量，它等于瞬时功率 p 的幅值，即

$$Q = UI = X_C I^2 = \frac{U^2}{X_C} \tag{2-36}$$

无功功率的单位为乏（var）或千乏（kvar）。

【例 2-9】 已知电容器的电容 $C = 50\mu F$，现把它接到 $u = 100\sqrt{2}\sin\omega t$ V 的交流电压上，电源的频率为 50Hz，计算电容的电流和无功功率。若电源的频率改变为 50kHz 时，求此时电容的电流和无功功率。

解 当 $f = 50$Hz 时

$$X_C = \frac{1}{2\pi f C} = \frac{1}{2\pi \times 50 \times 50 \times 10^{-6}} = 63.7\Omega$$

$$I = \frac{U}{X_C} = \frac{100}{63.7} = 1.57\text{A}$$

$$Q = UI = 100 \times 1.57 = 157\text{var}$$

当电源频率为 50kHz 时

$$X_C = \frac{1}{2\pi f C} = \frac{1}{2\pi \times 50 \times 10^3 \times 50 \times 10^{-6}} = 0.0637\Omega$$

$$I = \frac{U}{X_C} = \frac{100}{0.0637} = 1570\text{A}$$

$$Q = UI = 100 \times 1570 = 157\text{kvar}$$

通过计算可见，电容具有通高频阻低频的性质。

2.6 电阻、电感、电容串联电路

2.6.1 电压、电流的关系

R、L、C 元件的串联电路，如图 2-12 所示。

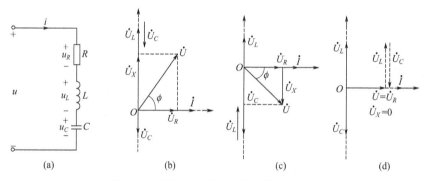

图 2-12 电阻、电感、电容串联交流电路

在 R、L、C 串联电路两端加一正弦电压 u，电路中便有了电流 i，此电流分别在 R、L 和 C 两端产生的电压降为 u_R、u_L 和 u_C，其参考方向如图 2-12(a) 所示。

根据基尔霍夫电压定律，任一瞬时各元件上的电压降之和应等于这一瞬时的电源电压，即

$$u = u_R + u_L + u_C$$

因为是串联，所以电路流过的电流是相同的，设

$$i = I_m \sin\omega t$$

电流对应的相量为 $\dot{I}$，初相为零。各元件上的电压相量为

$$\dot{U}_R = R\dot{I} \quad \dot{U}_L = jX_L\dot{I} \quad \dot{U}_C = -jX_C\dot{I}$$

电源两端的电压相量为

$$\dot{U} = \dot{U}_R + \dot{U}_L + \dot{U}_C$$

以电流为参考相量，相量图如图 2-12(b) 所示。由相量图可见，$\dot{U}$、$\dot{U}_R$、$\dot{U}_L + \dot{U}_C$ 组成一个直角三角形，称为电压三角形。

$$U = \sqrt{U_R^2 + (U_L - U_C)^2}$$

$$\phi = \arctan \frac{U_L - U_C}{U_R}$$

电路中电压、电流的关系为

$$\dot{U} = \dot{U}_R + \dot{U}_L + \dot{U}_C = R\dot{I} + jX_L\dot{I} - jX_C\dot{I} = (R + jX_L - jX_C)\dot{I} = (R + jX)\dot{I}$$

式中，X 称为电抗，$X = X_L - X_C$，单位也是 Ω。

令 $\dfrac{\dot{U}}{\dot{I}} = Z$，$Z = R + j(X_L - X_C) = R + jX$ 称为复阻抗，上式可改写为

$$\dot{U} = \dot{I}Z \tag{2-37}$$

复阻抗的模称为阻抗，用 $|Z|$ 表示，其大小为

$$|Z| = \sqrt{R^2 + (X_L - X_C)^2} \tag{2-38}$$

幅角 ϕ 为

$$\phi = \arctan \frac{X_L - X_C}{R} = \arctan \frac{X}{R} \tag{2-39}$$

可见，$|Z|$、R、$X_L - X_C$ 三者之间的关系也可以用一个直角三角形表示，见图 2-13 所示。

在频率 f 一定的条件下，若 $X_L > X_C$，即 $X > 0$，表示电压 u 超前电流 i，这种电路为感性电路，在工农业生产上所使用的负载大部分是感性负载，如电动机、日光灯等。若 $X_L < X_C$，即 $X < 0$，表示电压 u 滞后于电流 i，在这种情况下，这种电路为容性电路。若 $X_L = X_C$，即 $X = 0$，则表示电压 u 与电流 i 是同相位，在这种情况下，电感作用与电容作用互相抵消，所以这种电路为电阻性电路或称为串联谐振电路。

需注意，复阻抗 Z 不是时间的函数，所以它不是相量，而是一个复数，所以复阻抗 Z 上面不加点。

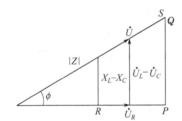

图 2-13 电压、阻抗、功率三角形

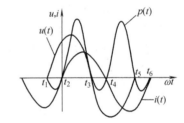

图 2-14 R、L、C 串联电路的瞬时功率

2.6.2 功率关系

（1）有功功率

在 R、L、C 串联的正弦交流电路中，瞬时功率 p 由以下公式计算求得：

$$p = ui = U_m\sin(\omega t + \phi) \cdot I_m\sin\omega t = U_m I_m\left[\frac{1}{2}\cos\phi - \frac{1}{2}\cos(2\omega t + \phi)\right] = UI\cos\phi - UI\cos(2\omega t + \phi)$$

显然瞬时功率由两部分组成，一部分是恒定分量 $UI\cos\phi$，另一部分是余弦分量 $UI\cos(2\omega t + \phi)$。其波形如图 2-14 所示。

由平均功率定义得

$$P = \frac{1}{T}\int_0^T p\,dt = \frac{1}{T}\int_0^T UI\cos\phi - UI\cos(2\omega t + \phi)\,dt = UI\cos\phi \tag{2-40}$$

式（2-40）表明，电路的平均功率不仅与电压 U 及电流 I 有效值的乘积有关，而且与电压与电流之间相位差的余弦 $\cos\phi$ 有关。$\cos\phi$ 称为交流电路的功率因数。

由图 2-13 所示的电压三角形可见，$U\cos\phi=U_R=RI$，故

$$P=UI\cos\phi=U_RI=I^2R \tag{2-41}$$

所以，电路的平均功率就是电阻上消耗的有功功率，这与单一元件电路中所说的电感元件与电容元件不消耗功率的结论是一致的。

（2）无功功率

无功功率是电感、电容元件与电源之间进行能量互换的功率，无功功率是由两个元件共同作用构成的，所以电路总的无功功率是电感无功功率与电容无功功率的代数和。

$$Q=U_LI-U_CI=(U_L-U_C)I=(X_L-X_C)I^2 \tag{2-42}$$

（3）视在功率

对于一个交流电源来说（如交流发电机或变压器），其输出电压有效值为 U，输出电流有效值为 I，它们的乘积 UI 虽具有功率的量纲，但一般并不表示电路实际消耗的有功功率，也不表示电路进行能量互换的无功功率。对交流电源来说电压和电流有效值的乘积称为视在功率，用字母 S 表示，即

$$S=UI \tag{2-43}$$

交流发电机和变压器的容量都是按照规定的额定电压 U_N 和额定电流 I_N 来设计和使用的，也就是说它们的额定容量是以额定视在功率 S 来表示的。由于有功功率 P、无功功率 Q 和视在功率 S 三者所代表的意义不同，为了区别，各采用不同的单位，视在功率 S 的单位为伏安（V·A）或千伏安（kV·A）。有功功率 P、无功功率 Q 和视在功率 S 三者之间的关系为

$$P=UI\cos\phi$$
$$Q=UI\sin\phi$$
$$S=UI=\sqrt{P^2+Q^2}$$

显然，S、P、Q 之间也可以用一个直角三角形即功率三角形来表示。它与电压三角形也是相似三角形，即将电压三角形每边乘以电流 I 就可得到，如图 2-13 所示。同样，P、Q、S 都不是正弦量，所以也不能用相量表示，线段上也不能画箭头。

【例 2-10】 已知 R、L 串联电路中，$R=300\Omega$，$L=1.66H$，接在电压为 220V 的工频交流电源上，试求电路中的电流；电阻、电感上的电压。

解 电感的感抗为

$$X_L=\omega L=314\times1.66=521.2\Omega$$

电路的阻抗为

$$|Z|=\sqrt{R^2+X_L^2}=601.4\Omega$$

电路中的电流为

$$I=\frac{U}{|Z|}=\frac{220}{601.4}=0.37A$$

电阻和电感上的电压分别为

$$U_R=300\times0.37=111V$$
$$U_L=521.2\times0.37=192.8V$$

【例 2-11】 在 R、L、C 串联电路中，已知 $R=40\Omega$，$L=191mH$，$C=106.2\mu F$，电源电压 $u=220\sqrt{2}\sin(314t-20°)V$，求：①感抗 X_L、容抗 X_C 及电路的复阻抗；②电流 i；③R、L、C 各元件上的电压有效值；④电路的有功功率和无功功率。

解 ①

$$X_L=\omega L=314\times191\times10^{-3}\approx60\Omega$$

$$X_C=\frac{1}{\omega C}=\frac{1}{314\times106.2\times10^{-6}}\approx30\Omega$$

$$Z = R + j(X_L - X_C) = 40 + j(60 - 30) = 40 + j30$$

$$|Z| = \sqrt{R^2 + (X_L - X_C)^2} = \sqrt{40^2 + 30^2} = 50\Omega$$

$$\phi = \arctan \frac{X_L - X_C}{R} = \arctan \frac{60 - 30}{40} = 37°$$

② $$I = \frac{U}{|Z|} = \frac{220}{50} = 4.4A$$

$$i = 4.4\sqrt{2}\sin(314t - 20° - 37°)A = 4.4\sqrt{2}\sin(314t - 57°)A$$

③ $$U_R = RI = 40 \times 4.4 = 176V$$

$$U_L = X_L I = 60 \times 4.4 = 264V$$

$$U_C = X_C I = 30 \times 4.4 = 132V$$

④ $$P = UI\cos\phi = 220 \times 4.4 \times \cos 37° = 774W$$

$$Q = UI\sin\phi = 220 \times 4.4 \times \sin 37° = 581var$$

【例 2-12】 试用相量计算上例中的电流相量 $\dot{I}$，各电压相量 $\dot{U}_R$、$\dot{U}_L$、$\dot{U}_C$，并画出相量图。

解
$$\dot{U} = 220\angle -20°V$$

$$Z = R + j(X_L - X_C) = 40 + j(60 - 30) = 50\angle 37°\Omega$$

$$\dot{I} = \frac{\dot{U}}{Z} = \frac{220\angle -20°}{50\angle 37°} = 4.4\angle -57°A$$

$$\dot{U}_R = R\dot{I} = 40 \times 4.4\angle -57° = 176\angle -57°V$$

$$\dot{U}_L = jX_L\dot{I} = 60\angle 90° \times 4.4\angle -57° = 264\angle 33°$$

$$\dot{U}_C = -jX_C\dot{I} = 30\angle -90° \times 4.4\angle -57° = 132\angle -147°$$

相量图如图 2-15 所示。

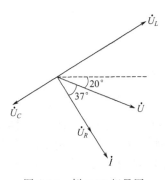

图 2-15 例 2-12 相量图

2.7 串联谐振电路

在 R、L、C 串联电路中，一般情况下电源的端电压与电路中的总电流是不同相位的。如果不断调节电源的频率或者调节 L、C 参数，一旦当电路中的感抗 X_L 与容抗 X_C 相等时，电路中的电压与电流同相位，这时电路呈电阻性，这种现象称为谐振。由于是在 R、L、C 串联时发生电压与电流同相位，故称串联谐振。谐振是交流电路中固有的现象，研究谐振的目的，在于找出产生谐振的条件与特点，并在实际工作中加以利用，同时又避免谐振在某种情况下可能产生的危害。

2.7.1 谐振条件

在 R、L、C 串联电路的阻抗 Z 为

$$Z = R + j(X_L - X_C)$$

当满足条件 $X_L = X_C$ 时，$Z = R$，阻抗显示出纯电阻性，电源电压 U 与电流 I 同相位，发生谐振现象。此时，电源电压 U 就等于电阻上的电压，即 $U = U_R$，如图 2-16 所示。

2.7.2 谐振频率

由谐振条件 $X_L = X_C$ 得

$$\omega L = \frac{1}{\omega C}$$

由此可得谐振角频率

$$\omega_0 = \frac{1}{\sqrt{LC}} \tag{2-44}$$

谐振频率

$$f_0 = \frac{1}{2\pi \sqrt{LC}} \tag{2-45}$$

由上式可知，改变电路参数可以改变谐振频率。如果电路参数 L、C 都给定，改变电源频率，当调至 $f_0 = \frac{1}{2\pi \sqrt{LC}}$ 时，也可以使电路达到谐振。若电源频率给定，参数 L 或 C 是可调的，那也能调到发生谐振的这一点。

阻抗与电流等随频率变化的曲线如图 2-17 所示。

2.7.3 串联谐振电路的特征

当电路发生谐振时具有以下特点。

① 电路的阻抗最小，电流最大。

$$|Z| = \sqrt{R^2 + (X_L - X_C)^2} = R$$

因此，在一定的电压下，电路中的电流最大。

$$I = I_0 = \frac{U}{|Z|} = \frac{U}{R}$$

串联谐振时，电路中的电压 U 与电流 I 同相位，电路呈电阻性，此时电路的无功功率为零，L 与 C 不再和电源之间发生能量互换，能量互换只发生在 L 与 C 之间。

② 谐振时，如果电路中的电阻 R 很小时，则 I_0 将很大。若电路中的 X_L 和 X_C 比电阻 R 大得多，即 $X_L = X_C \gg R$，则

$$U_L = X_L I_0, \quad U_C = X_C I_0$$
$$U_L = U_C \gg U$$

也就是说，在电感和电容两端产生的电压将大大超过电源电压，所以串联谐振又称为电压谐振。在电力工程中这种高电压将会击穿线圈和电容器的绝缘而损坏设备，因此在电力工程中应避免电压谐振或接近电压谐振的发生。在电信工程方面，通常外来的信号非常微弱，常常要利用串联谐振来获得某一频率信号的较高电压。

当电路发生串联谐振时，电感 L 或电容 C 上的电压与电源电压的比值称为品质因数，用 Q 表示。

$$Q = \frac{U_L}{U} = \frac{U_C}{U} = \frac{\omega_0 L}{R} = \frac{1}{\omega_0 CR} \tag{2-46}$$

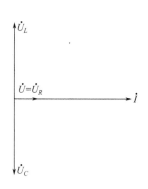

图 2-16 串联谐振时的相量图

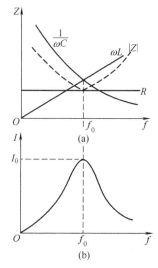

图 2-17 阻抗与电流等随频率变化的曲线

可见，Q 值愈高，电感上或电容 C 两端的电压就比电源电压高得愈多。在实际电路中，R 通常是线圈本身的电阻，一般很小，故 Q 值可以大到几十倍甚至几百倍。

【例 2-13】 在 R、L、C 串联电路中，$U=25\text{mV}$，$R=5\Omega$，$L=4\text{mH}$，$C=160\text{pF}$。求：①电路的谐振频率 f_0，谐振时电路中的电流 I_0 和品质因数 Q；②谐振时电感和电容上的电压。

解 ①谐振频率

$$f_0=\frac{1}{2\pi\sqrt{LC}}=\frac{1}{2\pi\sqrt{4\times10^{-3}\times160\times10^{-12}}}=200\text{kHz}$$

谐振电流

$$I_0=\frac{U}{R}=\frac{25\text{mV}}{5\Omega}=5\text{mA}$$

品质因数

$$Q=\frac{\omega_0 L}{R}=\frac{2\pi\times200\times10^3\times4\times10^{-3}}{5}=1000$$

② 谐振时电感和电容上的电压

$$U_{L0}=U_{C0}=QU=1000\times25\text{mV}=25\text{V}$$

2.8 电阻、电感、电容并联电路和无功功率补偿

2.8.1 电阻、电感、电容并联电路

2.8.1.1 电压、电流的关系

R、L、C 元件的并联电路，如图 2-18 所示，在 R、L、C 并联电路两端加一正弦电压 u，电路中便有了电流 i、i_R、i_L、i_C，电流参考方向如图 2-18(a) 所示。

根据基尔霍夫电流定律，有

$$i=i_R+i_L+i_C$$

因为是并联电路，所以各元件上的电压是相同的，设

$$u=U_{\text{m}}\sin\omega t$$

电压对应的相量为 $\dot{U}$，初相为零。各元件上的电流相量为

$$\dot{I}_R=\frac{\dot{U}}{R}、\dot{I}_L=\frac{\dot{U}}{jX_L}、\dot{I}_C=\frac{\dot{U}}{-jX_C}$$

电源电流相量为

$$\dot{I}=\dot{I}_R+\dot{I}_L+\dot{I}_C$$

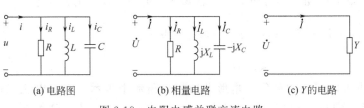

(a) 电路图　　　　(b) 相量电路　　　　(c) Y的电路

图 2-18　电阻电感并联交流电路

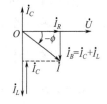

图 2-19　相量图

以电压为参考相量，相量图如图 2-19 所示。由相量图可见，$\dot{I}$、$\dot{I}_R$、$(\dot{I}_L+\dot{I}_C)$ 组成一个直角三角形，称为电流三角形。

$$I=\sqrt{I_R^2+(I_L-I_C)^2} \tag{2-47}$$

$$\phi=\arctan\frac{I_L-I_C}{I_R} \tag{2-48}$$

电路中电流、电压的关系为

$$\dot{I}=\dot{I}_R+\dot{I}_L+\dot{I}_C=\frac{\dot{U}}{R}+\frac{\dot{U}}{jX_L}+\frac{\dot{U}}{-jX_C}=\dot{U}\left(\frac{1}{R}+\frac{1}{jX_L}+\frac{1}{-jX_C}\right)=\dot{U}[G+j(B_C-B_L)]$$

$$=\dot{U}(G+jB) \tag{2-49}$$

式中，$G=\dfrac{1}{R}$ 称为电导，$B=B_C-B_L=\omega C-\dfrac{1}{\omega L}$，$B$ 称为电纳，是电容的电纳（容纳）与电感的电纳（感纳）之差，单位是西门子（S）。

令 $\dfrac{\dot{I}}{\dot{U}}=Y$，$Y=G+j(B_C-B_L)=G+jB$ 称为复导纳，上式可改写为

$$\dot{I}=Y\dot{U} \tag{2-50}$$

复导纳的模称为导纳，用 $|Y|$ 表示，其大小为

$$|Y|=\sqrt{G^2+(B_C-B_L)^2}$$

幅角 ϕ 为

$$-\phi=\arctan\frac{B_C-B_L}{G}=\arctan\frac{B}{G}=\phi_i-\phi_u$$

可见 $|Y|$、G、B_C-B_L 三者之间的关系也可以用一个直角三角形表示，如图 2-20 所示。

在频率 f 一定的条件下，若 $B_L>B_C$，表示电压 u 超前电流 i，这种电路为感性电路，在工农业生产上所使用的负载大部分是感性负载，如电动机、日光灯等。若 $B_L<B_C$，表示电压 u 滞后于电流 i，在这种情况下，这种电路为容性电路。若 $B_L=B_C$，则表示电压 u 与电流 i 是同相位，在这种情况下，电感作用与电容作用互相抵消，所以这种电路为电阻性电路或称为并联谐振电路。

需注意，复阻抗 Y 不是时间的函数，所以它不是相量，而是一个复数，所以复阻抗 Y 上面不加点。

2.8.1.2 功率关系

（1）有功功率

在 R、L、C 并联的正弦交流电路中，由平均功率定义得

$$P=UI\cos\phi$$

由图 2-19 所示的电流三角形可见，$I\cos\phi=I_R=UG$，故

$$P=UI\cos\phi=UI_R=U^2G \tag{2-51}$$

电路的平均功率就是电阻上消耗的有功功率，电感元件与电容元件不消耗功率。

（2）无功功率

$$Q=UI\sin\phi=U(I_L-I_C)=(B_L-B_C)U^2 \tag{2-52}$$

（3）视在功率

$$S=UI$$

显然，S、P、Q 之间也可以用一个直角三角形即功率三角形来表示。它与电流三角形也是相似三角形，即将电流三角形每边乘以电流 I 就可得到。同样，S、P、Q 都不是正弦量，所以也不能用相量表示。

【例 2-14】 在图 2-18(a) 所示 R、L、C 并联的正弦交流电路中，已知 $R=10\Omega$，$X_L=11\Omega$，$X_C=20\Omega$，接到 $U=220V$ 的电源上。①求各支路电流及总电流相量；②求复数导纳；③画出相量图。

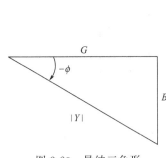

图 2-20 导纳三角形

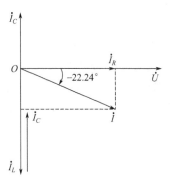

图 2-21 例 2-14 的相量图

解 ① $\dot{U}=220\angle0°\text{V}$

$$\dot{I}_R=\frac{\dot{U}}{R}=\frac{220\angle0°}{10}=22\text{A}$$

$$\dot{I}_L=\frac{\dot{U}}{jX_L}=\frac{220}{j11}=20\angle-90°\text{A}$$

$$\dot{I}_C=\frac{\dot{U}}{-jX_C}=\frac{220}{-j20}=11\angle90°\text{A}$$

$$\dot{I}=\dot{I}_R+\dot{I}_L+\dot{I}_C=(22-j20+j11)\text{A}=(22-j9)\text{A}=23.77\angle-22.25°\text{A}$$

② 复数导纳

$$Y=G+j(B_C-B_L)=\frac{1}{R}+j\left(\frac{1}{X_C}-\frac{1}{X_L}\right)=\left[\frac{1}{10}+j\left(\frac{1}{20}-\frac{1}{11}\right)\right]\text{S}=\left(\frac{1}{10}-j\frac{9}{220}\right)\text{S}$$
$$=(0.1-j0.0409)\text{S}=0.108\angle-22.24°\text{S}$$

③ 相量图如图 2-21 所示，因为 $\phi>0$，所以总电流滞后电压 22.24°，表明电路呈电感性。

2.8.2 无功功率的补偿

在交流电路中，平均功率不仅与电路电压、电流的有效值乘积有关，还与电路的功率因数有关，即 $P=UI\cos\phi$，电路中电压与电流之间的相位差为多少，完全由负载本身的参数决定。只有在纯电阻的情况下，电压与电流才同相，即功率因数 $\cos\phi$ 为 1。对其他负载来说，功率因数 $\cos\phi$ 总介于 0 与 1 之间。当电路中功率因数较低时就会产生以下问题。

（1）电源容量不能得到充分利用

前已述及，交流电源（发电机或变压器）的容量是由其视在功率 $S=UI$ 决定的，当电源或发电设备在保证其输出的电压和电流不超过额定值的情况下，$\cos\phi$ 越低，发电设备输出的有功功率就愈小，相应的无功功率就愈大。由此可见，当电源向一个低功率因数负载供电时，电源设备的能力不能充分发挥，降低了利用率。

（2）增加线路和电源内阻的功率损耗

在一定的电压下，对负载输送一定的有功功率时，有

$$I=\frac{P}{U\cos\phi}$$

当发电机的输出电压 U 和输出的有功功率 P 一定时，电流与功率因数成反比，即功率因数愈低，输电线路的电流就愈大。由于输电线路本身总有一定的复阻抗，同时电源（发电机或变压器的绕组）有一定的内阻，因此电流愈大，不仅将增大线路上的压降，同时加大了线路

上的功率损耗。

由此可见，提高电网的功率因数对国民经济的发展有着极为重要的意义，功率因数的提高，不仅能使发电设备的容量得到充分利用，而且也能减少线路损耗，使电能得到大量节约，有显著的经济效果。那么，如何来提高电网的功率因数呢？通常采用的方法是在感性负载的两端并联适当的电容器，以减小线路中的无功功率。电路和相量图如图 2-22 所示。

从图 2-22 所示电路与相量图可见，未并联

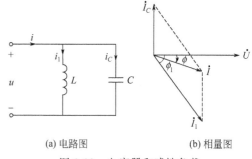

| (a) 电路图 | (b) 相量图 |

图 2-22　电容器和感性负载
并联以提高功率因数

电容时，线路电流 $\dot{I}=\dot{I}_1$，并联电容后，线路电流 $\dot{I}=\dot{I}_1+\dot{I}_C$。由于 $\dot{I}_C$ 补偿了一部分无功电流，故这时线路电流 $I<I_1$，从相位上来看，这时 $\phi<\phi_1$，即功率因数 $\cos\phi$ 提高了。

【例 2-15】　在图 2-22(a) 所示电路中，已知：$\dot{U}=100\angle0°\text{V}$，$R=1\Omega$，$X_L=10\Omega$。若并联一只容抗为 $X_C=10\Omega$ 的电容，试计算电容并接前后电路的 P、Q 及功率因数 $\cos\phi$。

解　①电容并接前

$$\dot{I}_1=\frac{\dot{U}}{Z_1}=\frac{100\angle0°}{10.05\angle84.3°}\text{A}=9.95\angle-84.3°\text{A}=(0.99-\text{j}9.9)\text{A}$$

所以
$$\cos\phi=0.099$$
$$P=UI\cos\phi=99\text{W}$$
$$Q=UI\sin\phi=990\text{var}$$

② 电容并接后

电路总电流

$$\dot{I}=\dot{I}_1+\dot{I}_C$$

$$\dot{I}_C=\frac{\dot{U}}{Z_C}=\frac{100\angle0°}{-\text{j}10}\text{A}=\frac{100\angle0°}{10\angle-90°}\text{A}=10\angle90°\text{A}=\text{j}10\text{A}$$

$$\dot{I}=\dot{I}_1+\dot{I}_C=(0.99-\text{j}9.9+\text{j}10)\text{A}=(0.99+\text{j}0.1)\text{A}=0.995\angle5.8°\text{A}$$

所以
$$\cos\phi=0.995$$
$$P=UI\cos\phi=99\text{W}$$
$$Q=UI\sin\phi=-10\text{var}$$

电路的相量图见图 2-23 所示。

可见电路的功率因数被大大地提高，但有功功率在并接电容的前后没有改变，这是因为

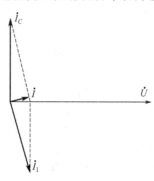

图 2-23　例 2-15 相量图

电容是不消耗电能的。

【例 2-16】 例 2-15 中，若已知感性负载的功率 $P=100\mathrm{W}$，功率因数 $\cos\phi=0.6$，要将功率因数提高到 0.9，求并接电容器的电容值（设 $f=50\mathrm{Hz}$）。

解 ① 电容并接前：
$$I_1=\frac{P}{U\cos\phi_1}=\frac{100}{100\times0.6}=1.667\mathrm{A}$$

电流 I_1 落后电压 U 的角度 $\phi_1=53.13°$，则
$$\dot{I}=1.667\angle-53.13°\mathrm{A}$$

② 电容并接后，电路的总电流为
$$\dot{I}=\dot{I}_1+\dot{I}_C$$

但流过电感负载的电流、负载吸收的有功功率 P 和无功功率 Q 都没有变化，而流过电容的电流将比电压超前 $90°$，图 2-24 为电路中电流和电压的相量图。

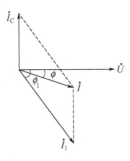

图 2-24 例 2-16 相量图

根据电容并接前后 P 相等，可得
$$UI_1\cos\phi_1=UI\cos\phi$$

故并联后的电路总电流 I 为
$$I=\frac{UI_1\cos\phi_1}{U\cos\phi}=\frac{0.6\times1.667}{0.9}=1.11\mathrm{A}$$

根据图 2-24 相量图
$$I_C=I_1\sin\phi_1-I\sin\phi=1.667\times\sin53.13°-1.11\times\sin25.84°=0.85\mathrm{A}$$
$$\cos\phi=0.9$$
$$\phi=25.84°$$

因为
$$I_C=\frac{U}{X_C}=U\omega C$$

所以
$$C=\frac{I_2}{\omega U}$$

$$C=\frac{0.85}{2\times3.14\times50\times100}=27\times10^{-6}\mathrm{F}=27\mu\mathrm{F}$$

实训：日光灯电路的安装与测试

（1）实训目的
① 研究正弦稳态交流电路中电压、电流相量之间的关系。
② 掌握 RC、RL、LC、RLC 串联电路的相量关系及其应用。

③ 学习日光灯工作原理，掌握其线路的接线、安装与测试方法。

④ 了解改善电路功率的意义并掌握其方法。

（2）实训原理

① 由基尔霍夫电压、电流定律可知

$$\sum \dot{I} = 0$$

和

$$\sum \dot{U} = 0$$

② 如图 2-25 所示的 RC 串联电路，在正弦稳态信号 $\dot{U}$ 的激励下，$\dot{U}_R$ 与 $\dot{U}_C$ 保持有 90°的相位差，即当阻值 R 改变时，$\dot{U}_R$ 的相量轨迹是一个半圆，$\dot{U}$、$\dot{U}_C$ 与 $\dot{U}_R$ 三者形成的一个直角电压三角形。R 值改变时，可改变 ϕ 角的大小，从而达到移相的目的。

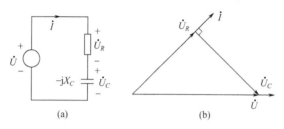

图 2-25　RC 串联电路

③ 在日常用电设备中，用电负载多为感性负载，其功率因数较低，通常可通过在负载端并接电容的方法来提高功率因数。原理是用电容存储的电荷来补偿感性负载的无功电流，使总电流减小，同时电源电压与总电流的相位差减小，从而提高了功率因数。

（3）实训仪器

① 交流电压表、交流电流表、有功功率表、功率因数表。

② 单相调压器。

③ 日光灯的配件：20W 日光灯、日光灯镇流器、电容（220V/1μF、220V/2μF、220V/4μF）、启辉器。

④ 20W/220V 白炽灯。

（4）实训内容

① 如图 2-25 所示的实验电路，调节调压器输出至 220V，验证电压三角形关系。将数据填入表 2-1 中。

表 2-1　RC 串联电路实验数据

测量值			计算值		
U/V	U_R/V	U_C/V	U/V	U_R/V	U_C/V

② 日光灯安装与测试。按照图 2-26 所示实训电路进行电气安装与接线，检查无误后，调节自耦调压器的输出至 220V，先观察日光灯的启动过程，然后测量，验证日光灯管电压、镇流器电压、电流之间的相量关系。

③ 功率因数的改善测试。可以通过并联电容来提高功率因数。按图 2-27 组成实训线路。调节自耦调压器的输出至 220V，记录 P、I、I_L、I_C、U、U_L、U_A 等功率表、电压表、电流表的读数。改变电容值，进行三次重复测量。将数据记入表 2-2 中。

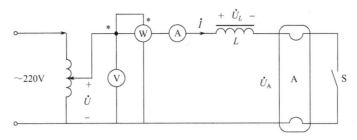

图 2-26　日光灯测试电路

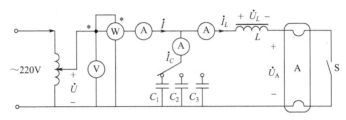

图 2-27　功率因数测试电路

表 2-2　日光灯电路的实验数据

电容值	测量值							计算值
	U/V	U_A/V	U_L/V	I/A	I_L/A	I_C/A	P/W	$\cos\phi$
未接 C								
$C=1\mu F$								
$C=2\mu F$								
$C=4\mu F$								

（5）实训要点

① 功率表要正确接入电路，读数时要注意量限和实际读数的折算关系。

② 线路连接正确，日光灯不能启辉时，应检查日光灯、启辉器是否有故障。

（6）预习与思考

① 了解日光灯的工作原理，镇流器、启辉器的作用是什么？

② 在日常生活中，当日光灯上缺少了启辉器时，人们常用一根导线将启辉器的两端短接一下，然后迅速断开，使日光灯点亮；或用一只启辉器去点亮多只同类型的日光灯，为什么？

③ 为了提高电路的功率因数，常在感性负载上并联电容，此时增加了一条电流支路，试问电路的总电流是增大还是减小，此时感性元件上的电流和功率是否改变？

④ 说明用并联电容来提高功率因数的原理与计算方法。

（7）实训要求

① 对实验数据进行计算，并作误差分析。

② 根据实验数据，分别绘出电压、电流相量图，验证相量形式的基尔霍夫定律。

③ 改善电路功率因数的意义和方法是什么？

练 习 题

2-1　已知一正弦电压的振幅为 310V，频率为 50Hz，初相为 $\frac{\pi}{6}$，试写出其解析式，并绘出波形图。

2-2 写出图 2-28 所示电压曲线的解析式。

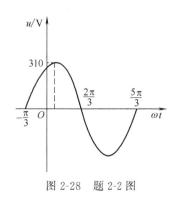

图 2-28 题 2-2 图

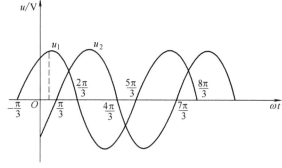

图 2-29 题 2-4 图

2-3 一工频正弦电压的最大值为 310V，初始值为 -155V，试求它的解析式。

2-4 图 2-29 中给出了 u_1、u_2 波形图，试确定 u_1 和 u_2 的初相各为多少？相位差为多少？哪个超前？哪个滞后？

2-5 写出下列相量对应的正弦量（$f=50$Hz）。

① $\dot{U}_1=220\angle\dfrac{\pi}{6}$V　　　　② $\dot{I}_1=10\angle-50°$A

③ $\dot{U}_2=-\mathrm{j}110$V　　　　④ $\dot{I}=6+\mathrm{j}8$ A

2-6 电路如图 2-30 所示，已知：$i_1=20\sin\omega t$ A，$i_2=20\sin(\omega t+90°)$ A。求：

① $\dot{I}_1$、$\dot{I}_2$、$\dot{I}$；

② 各电流表的读数；

③ 绘电流相量图。

2-7 已知 $u_1=220\sqrt{2}\sin(\omega t+60°)$ V，$u_2=220\sqrt{2}\sin(\omega t+30°)$ V。试作 u_1 和 u_2 的相量图，并求 u_1+u_2、u_1-u_2。

2-8 电压 $u=100\sin(314t-60°)$ V 加在一个电阻上，若电阻 $R=20\Omega$，试写出其电流的解析式，并作电压和电流的相量图。

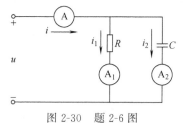

图 2-30 题 2-6 图

2-9 已知在 10Ω 的电阻上通过的电流为 $i=5\sin\left(314t-\dfrac{\pi}{6}\right)$ A，试求电阻上电压的有效值，并求电阻吸收的功率为多少？

2-10 电压 $u=220\sqrt{2}\sin(100\pi t-30°)$ V 施加于电感 L 上，电感量为 0.2H，选定 u、i 参考方向一致，试求通过电感的电流 i，并绘出电流和电压的相量图。

2-11 一个 $L=0.15$H 的电感，先后接在 $f_1=500$Hz 和 $f_2=1000$Hz，电压为 220V 电源上，分别算出两种情况下的 X_L、I_L 和 Q_L。

2-12 一个 $C=50\mu$F 电容接于 $u=220\sqrt{2}\sin(314t+60°)$ V 的电源上，求 i_C、Q_C，绘出电流和电压的相量图。

2-13 一个 $C=100\mu$F 的电容，先后接于 $f_1=50$Hz 和 $f_2=500$Hz，电压为 220V 的电源上，试分别计算上述两种情况下 X_C、I_C 和 Q_C。

2-14 图 2-31 所示电路中，已知电流表 A_1、A_2 的读数均为 20A，求电路中电流表 A 的读数。

2-15 图 2-32 所示电路中，已知电压表 V_1、V_2 的读数均为 50V，求电路中电压表 V 的读数。

2-16 电路如图 2-33 所示，$R=3\Omega$，$X_L=4\Omega$，$X_C=8\Omega$，$\dot{I}_C=10\angle0°$A，求 $\dot{U}$、$\dot{I}_R$、$\dot{I}_L$ 及总电流 $\dot{I}$。

2-17 一电阻 R 与一线圈串联电路如图 2-34 所示，已知 $R=28\Omega$，测得 $I=4.4$A，$U=220$V，电路总功率 $P=580$W，频率 $f=50$Hz，求线圈的参数 r 和 L。

2-18 R、L、C 串联电路中，已知 $R=30\Omega$，$L=40$mH，$C=100\mu$F，$\omega=1000$rad/s，$u=10\sqrt{2}\sin\omega t$，试求：

① 电路的阻抗 Z；

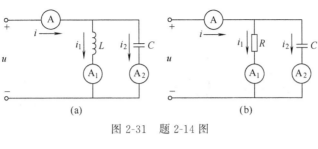

图 2-31　题 2-14 图

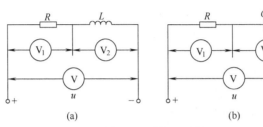

图 2-32　题 2-15 图

② 电流 $\dot{I}$ 和 $\dot{U}_R$、$\dot{U}_L$、$\dot{U}_C$；

③ 画出电压和电流相量图。

2-19　R、L、C 串联电路中，已知 $R=10\Omega$，$X_L=15\Omega$，$X_C=5\Omega$，$i=2\sqrt{2}\sin(\omega t+30°)$A，试求：

① 电路的总电压 $\dot{U}$；

② 功率因数 $\cos\phi$；

③ 该电路的有功功率 P、无功功率 Q 和视在功率 S。

2-20　电路如图 2-35 所示，$\dot{U}=100\angle-30°$V，$R=4\Omega$，$X_L=5\Omega$，$X_C=15\Omega$，试求电流 $\dot{I}_1$、$\dot{I}_2$ 和 $\dot{I}$，并绘出相量图。

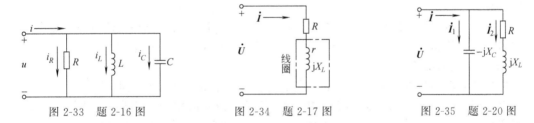

图 2-33　题 2-16 图　　　　　图 2-34　题 2-17 图　　　　　图 2-35　题 2-20 图

2-21　R、L、C 并联电路中，已知 $R=22\Omega$，$X_L=11\Omega$，$X_C=22\Omega$，$u=220\sqrt{2}\sin(\omega t+20°)$ V，试求：

① 电路各支路电流 I_R、I_L、I_C 和总电流 i；

② 该电路的功率因数 $\cos\phi$ 及有功功率 P、无功功率 Q。

③ 绘出电压、电流相量图。

2-22　有一 R、L、C 串联电路中，已知 $R=500\Omega$，$L=60$mH，$C=0.053\mu$F，电源电压 $U=100$V，试计算电路的谐振频率 f_0，电路谐振时的阻抗 Z_0 和电流 I_0。

2-23　有一交流发电机，其额定容量 $S_N=10$kV·A，额定电压 220V，$f=50$Hz，与一感性负载相连，负载的功率因数 $\cos\phi=0.6$，有功功率 $P=8$kW，试问：① 发电机的输出电流是否超过其额定值？② 如果将 $\cos\phi$ 从 0.6 提高到 0.9，应在负载上并联多大的电容？功率因数提高后，发电的容量是否有剩余？

3 三相交流电路

【知识目标】 ［1］理解三相交流电路的基本概念；
　　　　　　 ［2］理解三相交流电源的概念与表示方法；
　　　　　　 ［3］理解三相负载的连接方法；
　　　　　　 ［4］理解三相交流电路的特点与计算方法。

【能力目标】 ［1］掌握三相交流电源的表示方法；
　　　　　　 ［2］掌握三相交流电路的分析计算方法；
　　　　　　 ［3］熟练掌握三相负载的连接方法；
　　　　　　 ［4］熟练掌握三相交流电路的安装与测试方法。

3.1 三相交流电源

　　本节在单相正弦交流电的基础上，介绍三相电路的基本概念、三相电动势的产生和特点、星形连接和三角形连接，三相电路的分析与计算方法。

　　目前在动力用电方面主要采用的是三相交流电，而其他方面应用的单相电源实际上就是三相电源的一相。

　　与单相交流电比较，三相交流电的优点是：节省输电线；三相电机和三相变压器结构简单、性能好。

　　由三相交流电源组成的供电系统称为三相电路或三相制。所谓三相交流电源就是由三个频率相同、有效值相等、相位互差 120° 的一组单相交流电动势构成的电源。

3.1.1 三相交流电动势

　　三相交流电动势是由三相交流发电机产生的。最简单的三相交流发电机如图 3-1(a) 所示。它与单相发电机的不同之处是在电枢上绕有三个相同的绕组，它们在空间相隔 120°。当电枢逆时针方向旋转时，在三个绕组中产生三个同频率、同振幅、相位互差 120° 的三相对称电动势。以后没有特殊说明，均指对称电动势。

　　三相绕组分别称为 A 相绕组、B 相绕组和 C 相绕组，每相绕组的起端分别用 A、B、C

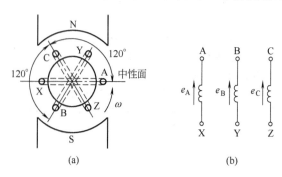

图 3-1　三相交流发电机及其绕组示意图

表示，末端分别用 X、Y、Z 表示。并规定电动势的正方向从末端指向始端，如图 3-1（b）所示。

$$e_A = E_m \sin\omega t$$
$$e_B = E_m \sin(\omega t - 120°)$$
$$e_C = E_m \sin(\omega t - 240°) \tag{3-1}$$

若用复数表示，则为

$$\dot{E}_A = E\angle 0°$$
$$\dot{E}_B = E\angle -120°$$
$$\dot{E}_C = E\angle -240° \tag{3-2}$$

它们的波形图和相量图如图 3-2(a)、(b) 所示。

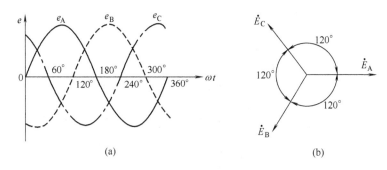

(a)   (b)

图 3-2　三相电动势的波形图和相量图

各相电动势依次达到最大值的顺序叫作相序。在图 3-2 中，A 相超前 B 相，B 相超前 C 相，这时的相序是 A—B—C，称为正序。与此相反，如 A 相滞后 B 相，B 相滞后 C 相，这时的相序是 C—B—A，称为负序。工程中常采用的是前一种，无特殊说明，三相电动势均指正序。

3.1.2　三相电源绕组的星形连接（Y 接）

（1）接法

将三相绕组的末端 X、Y、Z 连接在一起用 O 表示，称为中点或零点，从该点引出一根线称为中线或零线。而从始端 A、B、C 引出三条线，称为端线或火线。这样就构成了星形连接，如图 3-3 所示。中线通常接地，所以也称地线。

（2）线电压与相电压的关系

每相绕组两端的电压，即端线与中线间的电压，称为相电压，其有效值用 U_{AO}、U_{BO}、U_{CO} 表示，可简写成 U_A、U_B、U_C，一般用 U_p 表示。两端线之间的电压称为线电压，其有效值用 U_{AB}、U_{BC}、U_{CA}，一般用 U_l 表示。

各电压的正方向如图 3-3 所示，例如 u_{AB} 是自 A 指向 B，各相电压是由绕组的始端指向末端。因此可得

$$u_{AB} = u_A - u_B$$
$$u_{BC} = u_B - u_C$$
$$u_{CA} = u_C - u_A \tag{3-3}$$

写成相量关系，即

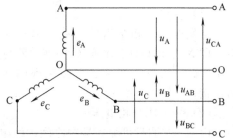

图 3-3　三相电源绕组的星形连接

$$\dot{U}_{AB}=\dot{U}_A-\dot{U}_B$$

$$\dot{U}_{BC}=\dot{U}_B-\dot{U}_C$$

$$\dot{U}_{CA}=\dot{U}_C-\dot{U}_A \tag{3-4}$$

当电源电动势对称时，各相电压也是对称的，其相量图如图 3-4(a) 所示。在相量图中，$\dot{U}_A$ 加 $-\dot{U}_B$ 得到 $\dot{U}_{AB}$，同样可以求得 $\dot{U}_{BC}$ 和 $\dot{U}_{CA}$。

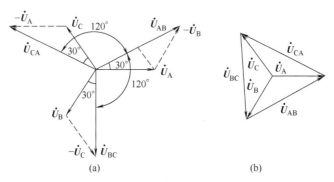

图 3-4 对称电源电动势的电压相量图

在图中 3-4(a) 中，$\dot{U}_{AB}$、$\dot{U}_A$ 及 $-\dot{U}_B$ 构成一个等腰三角形。根据三角形关系可得：

$$\frac{1}{2}U_{AB}=U_A\cos30°=\frac{\sqrt{3}}{2}U_A$$

即

$$U_{AB}=\sqrt{3}U_A$$

同理

$$U_{BC}=\sqrt{3}U_B$$

$$U_{CA}=\sqrt{3}U_C$$

写成一般式则为

$$U_l=\sqrt{3}U_p \tag{3-5}$$

且线电压超前于对应的相电压 30°。

综上可知，当星形连接的电源各相电压对称时，线电压也是对称的，在数值上线电压等于相电压的 $\sqrt{3}$ 倍，在相位上超前于对应的相电压 30°。

如果将图 3-4(a) 中的各线电压相量平移，则可得如图 3-4(b) 所示的相量图。从该图上可以很清楚地表示出线电压和相电压之间的关系，且便于画出和记忆。

星形接法可以提供两种电压。在低压供电系统中，最常用的电压是相电压 220V，线电压 380V。

3.1.3 三相电源绕组的三角形连接（△接）

（1）接法

将发电机一相绕组的末端与另一相绕组的始端相接，即 X 与 B 相连，Y 与 C 相连，Z 与 A 相连，组成一个闭路，由三个连接点引出三根端线，就构成三角形连接，如图 3-5 所示。

（2）线电压与相电压的关系

由图 3-5 明显可见，端线之间的线电压，也就是对应相绕组两端的相电压。所以△接时线电压等于相电

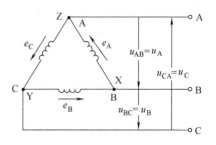

图 3-5 三相电源绕组的三角形连接

压，写成一般式则为

$$U_1 = U_p \tag{3-6}$$

这种接法没有中线，只能形成三相三线制，提供一种电压。

3.2 三相负载的连接

3.2.1 负载的星形连接

和三相电源一样，三相负载也可以连成星形。而根据三相负载的对称与否又分为三相四线制和三相三线制两种连接方式。所谓三相对称负载是指三相负载的阻抗相等，负载的性质相同且阻抗角相等。在工程生产中大量使用的三相交流电动机就是三相对称负载。而一般由单相负载组成的三相负载（如照明负载）通常是不能保持三相对称的，所以为不对称负载。

（1）三相四线制

三相负载 Z_A、Z_B、Z_C 分别接于电源各端线与中线之间，如图 3-6(a) 所示，构成三相四线制星接。负载的公共点用 O′ 表示，称为负载中性点。

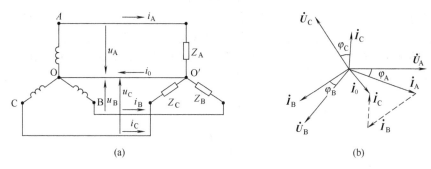

(a)　　　　　　　　　(b)

图 3-6　三相四线制星形连接及相量图

图 3-6(a) 中标出了各电压与电流的正方向。流过各相负载中的电流称为相电流，一般用 I_p 表示，流过各端线的电流称为线电流，一般用 I_1 表示。在负载为星形连接时，显然线电流就是相电流，即

$$I_p = I_1 \tag{3-7}$$

在三相四线制电路中，由于中线的存在，各相负载两端的电压就是电源的相电压。因为电源相电压对称，所以负载的相电压也对称。

每相负载中电流与电压的关系与单相电路相同，即

$$I_A = \frac{U_A}{Z_A}, \quad I_B = \frac{U_B}{Z_B}, \quad I_C = \frac{U_C}{Z_C} \tag{3-8}$$

各相电压与电流之间的相位差分别为

$$\varphi_A = \arctan\frac{X_A}{R_A}, \quad \varphi_B = \arctan\frac{X_B}{R_B}, \quad \varphi_C = \arctan\frac{X_C}{R_C} \tag{3-9}$$

式中，X_A、R_A，X_B、R_B，X_C、R_C 分别为各相负载的电抗和电阻。

根据基尔霍夫电流定律，中线电流

$$i_0 = i_A + i_B + i_C$$

或

$$\dot{I}_0 = \dot{I}_A + \dot{I}_B + \dot{I}_C \tag{3-10}$$

电压和电流的相量图如图 3-6(b) 所示。

（2）三相三线制

四线制去掉中线则构成三线制，如图 3-7 所示。

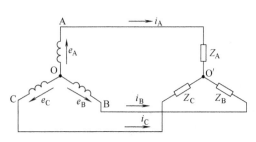
图 3-7　三相三线制的星形连接图

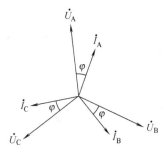
图 3-8　负载电流相量图

① 负载对称　当三相对称负载接成三相四线制时，由式（3-8）和式（3-9）可见，由于相电压对称，所以负载电流也对称，如图 3-8 所示。这样

$$\dot{I}_0 = \dot{I}_A + \dot{I}_B + \dot{I}_C = 0$$

即中线里没有电流，这时中线可以省掉，而成三线制。因为在每一瞬时流向负载中点的三个相电流中有正、有负，其代数和等于零，也就是三相电路互为回路。

这种电路由于中线存在与否是一样的，所以分析与计算方法和三相四线制一样，但由于对称只需计算一相就够了。电路计算可简化为

$$U_p = \frac{U_1}{\sqrt{3}}$$

$$I_p = \frac{U_p}{Z}$$

$$\varphi = \arctan\frac{X}{R}$$

式中，Z、X、R 分别为每相阻抗、电抗、电阻；φ 为每相电压与电流的相位差。

② 负载不对称　当三相三线制星形连接的负载不对称，则各相负载的电压和电流必须用求解复杂电路的方法进行分析。

由图 3-7 可以看出，这是一个具有两个节点的交流复杂电路。当电源三相电动势及各相负载阻抗均为已知时，可用节点电压法对此电路进行计算，其步骤如下。

先求出两中性点 O' 与 O 之间的电压，即

$$\dot{U}_{O'O} = \frac{\dot{E}_A \dfrac{1}{Z_A} + \dot{E}_B \dfrac{1}{Z_B} + \dot{E}_C \dfrac{1}{Z_C}}{\dfrac{1}{Z_A} + \dfrac{1}{Z_B} + \dfrac{1}{Z_C}}$$

根据基尔霍夫电压定律可得出负载的各相电压，即

$$\dot{U}_{AO'} = \dot{E}_A - \dot{U}_{O'O}$$

$$\dot{U}_{BO'} = \dot{E}_B - \dot{U}_{O'O}$$

$$\dot{U}_{CO'} = \dot{E}_C - \dot{U}_{O'O}$$

各相电流则为

$$\dot{I}_A = \frac{\dot{U}_{AO'}}{Z_A}; \quad \dot{I}_B = \frac{\dot{U}_{BO'}}{Z_B}; \quad \dot{I}_C = \frac{\dot{U}_{CO'}}{Z_C}$$

可见，当负载不对称时，即使电源的电动势是对称的，但 $U_{O'O} \neq 0$，即 O' 与 O 点电位不同，因而负载的相电压就不对称了，所以不对称负载应该带中线，这一点要注意。

【例 3-1】 星形连接的三相四线制负载，各相阻抗均为电阻，$R_A = R_B = 22\Omega$，$R_C = 44\Omega$，接在线电压为 380V 的电源上。试求各相电流和中线电流。

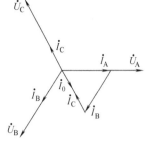

解 ① 每相负载的电压和电流

$$U_p = \frac{U_1}{\sqrt{3}} = \frac{380}{\sqrt{3}} \approx 220V$$

$$I_A = I_B = \frac{U_p}{R_A} = \frac{220}{22} = 10A$$

$$I_C = \frac{U_p}{R_C} = \frac{220}{44} = 5A$$

各相电流与对应的相电压同相。

图 3-9 三相电压和
电流的相量图

② 中线电流

绘出各相电压和电流的相量图，如图 3-9 所示。根据 $\dot{I}_0 = \dot{I}_A + \dot{I}_B + \dot{I}_C$，从相量图上求出中线电流 $I_0 = 5A$，与 $\dot{I}_C$ 相位相反。

【例 3-2】 有一星形连接三相负载，如图 3-7 所示。已知每相电阻 $R = 6\Omega$，感抗 $X_1 = 8\Omega$，电源电压对称，线电压 $u_{AB} = 380\sqrt{2}\sin(\omega t + 30°)$ V。试求：① 各相电流 I_p 及各相电压与电流的相位差角 φ；② 写出各相电流的瞬时值表示式。

解 ① 相电流和各相电压与电流的相位差

$$I_p = \frac{U_p}{Z} = \frac{U_1/\sqrt{3}}{\sqrt{R^2 + X_1^2}} = \frac{380/\sqrt{3}}{\sqrt{6^2 + 8^2}} = 22A$$

$$\varphi = \arctan\frac{X_1}{R} = \arctan\frac{8}{6} = 53°$$

各相电流滞后对应的相电压 53°。

② 电流瞬时值表示式

相电压 u_A 比线电压 u_{AB} 滞后 30°，已知 u_{AB} 的初相为 30°，故 u_A 的初相为 0°，又 i_A 比 u_A 滞后 53°，所以

$$i_A = 22\sqrt{2}\sin(\omega t - 53°) \text{ A}$$

由于电流对称，其他两相电流则为

$$i_B = 22\sqrt{2}\sin(\omega t - 53° - 120°) \text{ A} = 22\sqrt{2}\sin(\omega t - 173°) \text{ A}$$

$$i_C = 22\sqrt{2}\sin(\omega t - 53° + 120°) \text{ A} = 22\sqrt{2}\sin(\omega t + 67°) \text{ A}$$

3.2.2 负载的三角形连接

三相负载与电源一样，也可以作三角形连接，其接法是将各相负载的两端分别接在端线之间，如图 3-10 所示。

规定线电流 $\dot{I}_A$、$\dot{I}_B$、$\dot{I}_C$ 的正方向是从电源流向负载；负载相电流 $\dot{I}_{AB}$、$\dot{I}_{BC}$、$\dot{I}_{CA}$ 的正方向与每相电压的正方向相同，如图 3-10 所示。

(1) 一般情况

显然，负载作三角形连接时，负载的相电压就是电源的线电压，即 $U_p = U_1$。由于电源线电压是对称的，所以负载的相电压也是对称的。

每相中电流与电压的关系与单相电路相同，即

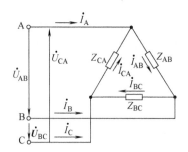

图 3-10　负载的三角形连接

$$\dot I_{AB}=\frac{\dot U_{AB}}{Z_{AB}};\ \dot I_{BC}=\frac{\dot U_{BC}}{Z_{BC}};\ \dot I_{CA}=\frac{\dot U_{CA}}{Z_{CA}} \tag{3-11}$$

各相电压与电流之间的相位差分别为

$$\varphi_{AB}=\arctan\frac{X_{AB}}{R_{AB}};\ \varphi_{BC}=\arctan\frac{X_{BC}}{R_{BC}};\ \varphi_{CA}=\arctan\frac{X_{CA}}{R_{CA}} \tag{3-12}$$

式中，X_{AB}、R_{AB}，X_{BC}、R_{BC}，X_{CA}、R_{CA} 分别为各相的电抗和电阻。

根据基尔霍夫电流定律可得

$$i_A=i_{AB}-i_{CA};\ i_B=i_{BC}-i_{AB};\ i_C=i_{CA}-i_{BC} \tag{3-13}$$

或　　　　　　　　　　$$\dot I_A=\dot I_{AB}-\dot I_{CA};\ \dot I_B=\dot I_{BC}-\dot I_{AB};\ \dot I_C=\dot I_{CA}-\dot I_{CB} \tag{3-14}$$

各电压与电流的相量图如图 3-11 所示。

将式（3-13）中三式相加可得 $i_A+i_B+i_C=0$。

这表明，不论各相负载如何，三角形接法中每一瞬间线电流的代数和等于零。

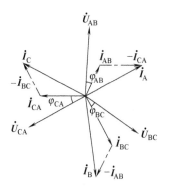

图 3-11　三角形连接负载的电压与电流的相量图

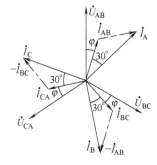

图 3-12　电压与电流的相量图

（2）负载对称

当各相负载对称时，由式（3-11）和式（3-12）可知三个相电流对称。对称感性负载作三角形连接时的相量图如图 3-12 所示。从图中可以看出三个线电流也对称。

由相量图可得　　　　　　　　　　$I_A=2I_{AB}\cos30°$

所以　　　　　　　　　　　　　　$I_A=\sqrt3 I_{AB}$

同理　　　　　　　　　　　　　　$I_B=\sqrt3 I_{BC}$

　　　　　　　　　　　　　　　　$I_C=\sqrt3 I_{CA}$

写成一般形式则为　　　　　　　　$I_l=\sqrt3 I_p \tag{3-15}$

且线电流滞后于对应的相电流 30°。

综上可知，对称负载作三角形连接时，相电流和线电流都是对称的，在数值上线电流等于相电流的 $\sqrt{3}$ 倍，在相位上滞后于对应的相电流 $30°$。

【例 3-3】 $127V/100W$ 的三组灯泡作三角形连接，接于线电压为 $127V$ 的三相电源上。当所接灯泡数使各相电阻分别为 $R_{AB}=26.9\Omega$，$R_{BC}=53.8\Omega$，$R_{CA}=32.3\Omega$ 时，求各相电流和线电流。

解 设以 $\dot{U}_{AB}$ 为参考相量，则各相电流为

$$\dot{I}_{AB}=\frac{\dot{U}_{AB}}{R_{AB}}=\frac{127\angle 0°}{26.9}=4.72A$$

$$\dot{I}_{BC}=\frac{\dot{U}_{BC}}{R_{BC}}=\frac{127\angle -120°}{53.8}=2.36\angle -120°A$$

$$\dot{I}_{CA}=\frac{\dot{U}_{CA}}{R_{CA}}=\frac{127\angle 120°}{32.3}=3.93\angle 120°A$$

各线电流为

$$\dot{I}_A=\dot{I}_{AB}-\dot{I}_{CA}=4.72-3.93\angle 120°=6.69-j3.4=7.5\angle -26.9°A$$

$$\dot{I}_B=\dot{I}_{BC}-\dot{I}_{AB}=2.36\angle -120°-4.72=-5.9-j2.04=6.24\angle -161°A$$

$$\dot{I}_C=\dot{I}_{CA}-\dot{I}_{BC}=3.93\angle 120°-2.36\angle -120°=-0.785+j5.45=5.5\angle 98°A$$

【例 3-4】 有一三角形连接的对称负载，已知每相电阻 $R=6\Omega$，每相电抗 $X_L=8\Omega$，电源线电压 $u_{AB}=220\sqrt{2}\sin\omega t$ V。试求：① 各相电流 I_p 和各线电流 I_l 以及各相的相位差 φ；② 写出各线电流的瞬时值表示式。

解 ①

$$I_p=\frac{U_p}{Z}=\frac{220}{\sqrt{6^2+8^2}}=22A$$

$$I_l=\sqrt{3}I_p=\sqrt{3}\times 22=38A$$

$$\varphi=\arctan\frac{X_L}{R}=\arctan\frac{8}{6}=53°$$

各相电流滞后于对应的相电压 $53°$。

② 线电流 i_A 滞后相电流 i_{AB} $30°$，又 i_{AB} 滞后于 u_{AB} $53°$，所以

$$i_A=38\sqrt{2}\sin(\omega t-30°-53°)=38\sqrt{2}\sin(\omega t-83°)A$$

由于线电流对称，则

$$i_B=38\sqrt{2}\sin(\omega t-83°-120°)=38\sqrt{2}\sin(\omega t+157°)A$$

$$i_C=38\sqrt{2}\sin(\omega t-83°-240°)=38\sqrt{2}\sin(\omega t+37°)A$$

3.3 三相电功率

3.3.1 三相电功率

任何接法的三相负载，其每相功率均可按单相电路的方法计算。

三相负载总的有功功率等于各相有功功率之和，即

$$P=P_A+P_B+P_C$$

当负载对称时，各相功率相等，故

$$P=3P_p=3U_pI_p\cos\varphi \tag{3-16}$$

式中，φ 为相电压与相电流之间的相位差。

当对称负载 Y 接时

$$U_1=\sqrt{3}U_p,\ I_1=I_p$$

当对称负载△接时

$$U_1=U_p,\ I_1=\sqrt{3}I_p$$

不论对称负载是 Y 接或△接，如将上述关系代入式(3-16)，则得

$$P=\sqrt{3}U_1I_1\cos\varphi \tag{3-17}$$

注意，上式中的 φ 角仍为相电压与相电流之间的相位差角。

由于线电压和线电流容易测出，所以通常多应用式(3-17)来计算三相有功功率。
同理，可得出三相对称负载的无功功率和视在功率

$$Q=3U_pI_p\sin\varphi \tag{3-18}$$

$$S=3U_pI_p=\sqrt{3}U_1I_1 \tag{3-19}$$

3.3.2 三相交流电路的计算举例

【例 3-5】 某三相感性对称负载，每组阻抗为 $R=40\Omega$，$X_1=30\Omega$，额定电压为 220V。试求在下列三种情况下负载的相电流、线电流及功率，并比较所得结果。

① 负载连成三角形，接于线电压为 220V 的三相电源上；

② 负载连成星形，接于线电压为 380V 的三相电源上；

③ 若负载作三角接，错接在线电压为 380V 的三相电源上。

解 每相阻抗和功率因数分别为

$$Z=\sqrt{R^2+X_1^2}=\sqrt{40^2+30^2}=50\Omega$$

$$\cos\varphi=\frac{R}{Z}=\frac{40}{50}=0.8$$

① 负载△接 $\qquad\qquad U_1=220\text{V}$

$$I_p=\frac{U_p}{Z}=\frac{220}{50}=4.4\text{A}$$

$$I_1=\sqrt{3}I_p=\sqrt{3}\times4.4=7.62\text{A}$$

$$P=\sqrt{3}U_1I_1\cos\varphi=\sqrt{3}\times220\times7.62\times0.8\text{W}=2.32\text{kW}$$

② 负载 Y 接 $\qquad\qquad U_1=380\text{V}$

$$I_p=\frac{U_p}{Z}=\frac{380/\sqrt{3}}{50}=4.4\text{A}$$

$$I_1=I_p=4.4\text{A}$$

$$P=\sqrt{3}U_1I_1\cos\varphi=\sqrt{3}\times380\times4.4\times0.8=2.32\text{kW}$$

③ 负载△接，错接于 $U_1=380\text{V}$

$$I_p=\frac{U_p}{Z}=\frac{380}{50}=7.6\text{A}$$

$$I_1=\sqrt{3}I_p=\sqrt{3}\times7.6=13.2\text{A}$$

$$P=\sqrt{3}U_1I_1\cos\varphi=\sqrt{3}\times380\times13.2\times0.8=6.96\text{kW}$$

比较②、③的结果：在电源电压（线电压）相同的条件下，负载从星形连接改为三角形连接后，相电压和相电流都增加为原来的 $\sqrt{3}$ 倍，线电流和功率都增加为原来的 3 倍。这对一般负载是很危险的。而对于像电动机、变压器这样一些设备，由于磁饱和的现象，则电流增长的倍数将远大于上述情况。当然，把负载错接在电压过低的电源上，也不能正常工作。因

此在实际工作中，一定要注意负载的正确连接，即应该使每相所承受的电压等于负载的额定相电压。

【例 3-6】 三相电源可以 Y 接或△接，而负载也可 Y 接或△接，因此，电源和负载之间的连接共分 Y-Y、Y-△、△-Y 和△-△四种形式。

设一个三相发电机的相电压 $U_p=220\text{V}$，如按以上四种连接方式与一对称负载相连接。求各种情况下负载两端的相电压 U'_p。

解 Y-Y 连接 $\qquad\qquad\qquad U'_p=U_p=220\text{V}$

Y-△连接 $\qquad\qquad U'_p=U_1=\sqrt{3}U_p=\sqrt{3}\times 220=380\text{V}$

△-Y 连接 $\qquad\qquad U'_p=\dfrac{U_1}{\sqrt{3}}=\dfrac{U_p}{\sqrt{3}}=\dfrac{220}{\sqrt{3}}=127\text{V}$

△-△连接 $\qquad\qquad U'_p=U_1=U_p=220\text{V}$

实训：三相交流电路的安装与测试

（1）实训目的

① 学会三相交流负载的星形和三角形安装及连接方法，掌握这两种接法的线电压和相电压、线电流和相电流的测量方法。

② 观察分析在三相四线制星形连接的电路中负载对称和不对称时中线的作用。

③ 学会三相负载功率的测量方法。

（2）实训设备与器件（见表 3-1）

表 3-1　实训设备与器件

序号	名称	规格型号	数量
1	交流电压表	0～500V	1个
2	交流电流表	0～2A	1个
3	交流功率表	D26	1个
4	三相照明灯组板	40W/220V×6 个	1块

（3）实训步骤与要求

1）三相负载星形安装连接

将三相照明灯组板按图 3-13 所示的实训线路安装与接线，并接到三相电源上（此时 K 均合上）

① 有中线时，在负载对称及负载不对称的情况下测量各线电压 U_1、线电流 I_1、相电压 U_p 和相电流 I_p 的数值，填入表 3-2 中。

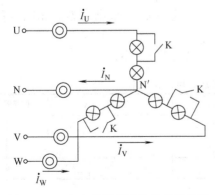

图 3-13　三相负载星形连接的实训线路

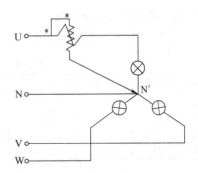

图 3-14　三瓦计法测量三相功率

② 断开中线后,测量负载对称及不对称时各线电压 U_1、线电流 I_1、相电压 U_p 和相电流 I_p 数值,填入表 3-2 中。

③ 观察负载不对称无中线时,各相灯泡的亮暗现象,测量电源中点与负载中点之间的电压并填入表 3-2 中。

④ 用三瓦计法测量三相有功功率,如图 3-14 所示,各相负载均接一块有功功率表,并将结果填入表 3-2 中。

表 3-2 负载星形连接的电压、电流和功率

测量值 项　目		线电压 U_1/V			相电压 U_p/V			相(线)电流/mA			中线 电流	中线 电压	功率/W		
		U_{UV}	U_{VW}	U_{WU}	U_U	U_V	U_W	I_U	I_V	I_W	I_N	$U_{NN'}$	P_U	P_V	P_W
负载对称	有中线														
	无中线														
负载不对称	有中线														
	无中线														

观察灯泡亮度变化情况

2) 三相负载三角形安装连接

将三相照明灯组板按图 3-15 所示的实验线路接线,并接入三相交流电源。

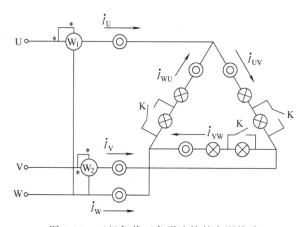

图 3-15 三相负载三角形连接的实训线路

① 测量三相负载对称时(各开关 K 都断开)各线电压 U_1、线电流 I_1、相电压 U_p 和相电流 I_p,把数据填入表 3-3 中。

② 用二瓦计法测量三相负载的功率,并将数据填入表 3-3 中。

表 3-3 负载△连接的电压、电流和功率

测量值 项　目	相(线)电压/V			线电流/mA			相电流/mA			三相负载功率/W	
	U_{UV}	U_{VW}	U_{WU}	I_U	I_V	I_W	I_{UW}	I_{VW}	I_{WU}	P_1	P_2
负载对称											
负载不对称											

(4) 实训报告与分析

① 对实训数据进行分析，在负载作三相四线制星形连接时（负载对称与不对称），线电压与相电压的关系是否满足 $U_1 = \sqrt{3}U_p$；当负载作三角形连接时（负载对称与不对称），线电流与相电流之间的关系是否满足 $I_1 = \sqrt{3}I_p$。

② 根据星形连接实训结果与观察到的现象，说明中线的作用。

③ 画出三相对称负载在作星形与三角形连接时的电压、电流相量图。

练　习　题

3-1　什么是对称三相电动势？它是怎样产生的？试写出它们的函数式，画出曲线和相量图。

3-2　什么是三相负载、单相负载和单相负载的三相连接，请各举一个例子。

3-3　图 3-16 所示为星接四线制电路，电源线电压为 380V，负载为电阻（如白炽灯），其阻值 $R_A = 11\Omega$，$R_B = R_C = 22\Omega$。试求负载相电压、相电流及中线电流，并作出它们的相量图。

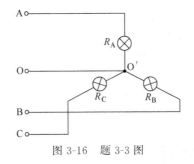

图 3-16　题 3-3 图

3-4　三幢同样规格的住宅楼，用电设备均为额定电压 220V 的单相负载，接在 380/220V 三相四线制电源上，应该怎样连接？实际使用时负载对称吗？

3-5　在题 3-3 中去掉中线，再重新求出各项，并比较所得结果。

3-6　星接三相负载在什么情况下采用三线制？什么情况采用四线制？中线起什么作用？为什么中线上不准装保险和开关？

3-7　三相负载应该根据什么原则接于电源上？

3-8　对称三相电源线电压为 380V，供电给一组三角接对称负载，设每相阻抗为 $R = 16\Omega$，$X_1 = 12\Omega$。试求相电流、线电流、每相电压与电流的相位差，并绘出相量图。

3-9　有一个三相对称负载，其每相阻抗 $R = 8\Omega$，$X_1 = 6\Omega$，在下列三种情况下，试求相电压、相电流、线电流及负载功率。①负载星接于线电压 $U_1 = 380V$ 的三相电源上；②负载角接于线电压 $U_1 = 220V$ 的三相电源上，并比较①、②所得结果；③负载星接于线电压 $U_1 = 220V$ 的三相电源上，并比较②、③所得结果。

3-10　如图 3-17 所示电路，负载为阻抗 $Z = (15 + j20)\Omega$ 的对称星形负载，经过相线阻抗 $Z_1 = (1 + j2)\Omega$ 与对称三相电源相连接，电源线电压有效值是 380V，试求星形负载各相的电压相量。

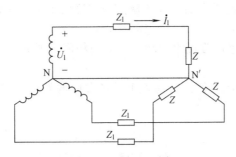

图 3-17　题 3-10 图

4 磁路与变压器

【知识目标】 ［1］理解磁场与磁路的基本概念与基本物理量；
　　　　　　　［2］理解铁磁材料的磁性能；
　　　　　　　［3］理解磁路欧姆定律的特点与计算方法；
　　　　　　　［4］理解变压器的特点与计算方法；
　　　　　　　［5］理解其他变压器的特性。
【能力目标】 ［1］掌握磁场与磁路的基本概念与基本物理量；
　　　　　　　［2］掌握磁路欧姆定律的分析计算方法；
　　　　　　　［3］熟练掌握变压器的原理与特性；
　　　　　　　［4］掌握其他变压器的特性；
　　　　　　　［5］掌握小型变压器的制作方法。

4.1 磁场的基本物理量

在电工技术中不仅要讨论电路问题，还将讨论磁路问题。因为很多电工设备与电路和磁路都有关系，如电动机、变压器、电磁铁及电工测量仪表等。磁路问题与磁场有关，与磁介质有关，但磁场往往与电流相关联，所以本章将首先介绍磁路和电路的关系，然后学习变压器的工作原理和基本特性。

（1）磁感应强度

磁感应强度 B 是表示磁场内某点的磁场强弱和方向的物理量，它是一个矢量。磁感应强度 B 与电流 I 之间的方向关系可用右手螺旋定则来确定。其大小可用下式表示：

$$B = \frac{F}{IL} \tag{4-1}$$

式中，F 为通过电流的导体在磁场中所受的电磁力；I 为导体中通过的电流；L 为导体在磁场中的有效长度，即与磁场垂直的长度。

在国际单位制中，磁感应强度 B 的单位是特［斯拉］（T），在工程计算中，有时由于特斯拉单位太大，也常采用高斯（Gs）作为磁感应强度的单位。两者关系是

$$1T = 10^4 Gs$$

如果磁场内各点的磁感应强度大小相等、方向相同，则称为均匀磁场。

（2）磁通

在匀强磁场中，磁感应强度 B 与垂直于磁场方向的面积 S 的乘积，称为通过该面积的磁通 Φ，即

$$\Phi = BS$$

或

$$B = \frac{\Phi}{S} \tag{4-2}$$

由式（4-2）可见，磁感应强度在数值上可以看成为与磁场方向垂直的单位面积所通过的

磁通，故磁感应强度又称为磁通密度。如果用磁感线来描述磁场，使用磁感线的疏密反映磁感应强度的大小，则磁通的大小又可以理解为通过某面积的磁感线的总数。

在国际单位制中，磁通的单位是韦伯（Wb）。在工程计算中，有时由于 Wb 这一单位太大，也常采用麦克斯韦（Mx）作为磁通的单位。两者的关系是

$$1Wb = 10^8 Mx$$

（3）磁导率

处在磁场中的任何物质均会或多或少地影响磁场的强弱，而影响程度则与该物质的导磁性能有关。磁导率 μ 就是用来衡量物质导磁性能的物理量。它的单位是亨/米（H/m）。经测定，真空磁导率为 $\mu_0 = 4\pi \times 10^{-7} H/m$，是一常数。

为了便于比较物质导磁能力的高低，通常用相对磁导率 μ_r 表示，即某材料的磁导率 μ 和真空磁导率的比值来表示：

$$\mu_r = \frac{\mu}{\mu_0} \tag{4-3}$$

凡 $\mu_r \approx 1$ 的物质，它们的导磁能力都和真空差不多，统称为非磁性材料；$\mu_r \gg 1$ 的物质，如钢、铁、镍、钴及其合金，它们对磁场强弱影响很大，称为磁性材料。

（4）磁场强度

磁场强度 H 是计算磁场时常用的物理量，也是矢量。它与磁感应强度的关系为

$$H = \frac{B}{\mu} \tag{4-4}$$

工程上常根据安培环路定律来确定磁场强度与电流的关系：

$$\oint_l H \cdot dl = \sum I \tag{4-5}$$

上式左侧为磁场强度沿闭合回线的线积分；右侧是穿过由闭合回线所围面积的电流的代数和。

电流的符号规定为：闭合回线的围绕方向与电流成右旋系时为正，反之为负。

以环形线圈为例，如图 4-1 所示，计算线圈内的磁场强度。线圈内为均匀媒质，取磁力线作为闭合回线，且以磁场强度的方向为回线的绕行方向。于是

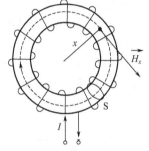

图 4-1　计算环形线圈内的磁场强度

$$\oint_l H \cdot dl = H_x l_x = 2\pi x \cdot H_x = NI$$

$$H_x = \frac{NI}{2\pi x}$$

其中，N 为线圈的匝数；H_x 是半径为 x 处的磁场强度。

此式表明磁场内某点的磁场强度 H 只与电流大小 I、线圈匝数 N 及该点的位置有关，而与该点处介质的磁导率 μ 无关。

可见引入了磁场强度 H 这个物理量，可方便磁路的计算。磁场强度 H 的单位是安/米（A/m）。

4.2　磁性材料的主要特性

铁、镍、钴及其合金等是常用的磁性材料，它们是制造电机、变压器和电器等铁芯的主要材料。其主要的磁性能如下。

（1）高导磁性

磁性材料具有很强的导磁能力，其相对磁导率可达 $10^2 \sim 10^5$ 量级。这是因为在它的内部，由于分子中电子的绕核运动和自转形成分子电流，分子电流产生磁场，形成了很多具有磁性的小区域，这些小区域称为磁畴。在没有外磁场作用时，各磁畴是混乱排列的，磁场互相抵消，如图 4-2(a) 所示；当在外磁场作用下，磁畴就逐渐转到与外磁场一致的方向上，即产生了一个与外磁场方向一致的磁化磁场，从而磁性物质内的磁感应强度大大增加——物质被强烈地磁化了，如图 4-2(b) 所示。

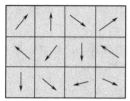
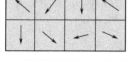

(a) 无外磁场磁畴取向杂乱无章　　　(b) 在外磁场作用下磁畴取向趋于一致

图 4-2　磁性物质的磁化示意图

因此，各种变压器、电动机、电磁铁等设备中线圈中的铁芯几乎都由磁性材料构成。利用其高导磁性，使得在较小的电流情况下得到尽可能大的磁感应强度和磁通。而对于非磁性材料由于没有磁畴的结构，所以不具有磁化特性。

（2）磁饱和性

磁性物质因磁化产生的磁场是不会无限制增加的，当外磁场（或激励磁场的电流）增大到一定程度时，全部磁畴都会转向与外磁场方向一致，这时的磁感应强度将达到饱和值。如变压器铁芯线圈在励磁电流的作用下，铁芯受到磁化，产生磁场，其 B 与 H 关系曲线，即磁化曲线如图 4-3 所示。

其中，B_0 是真空情况下的磁感应强度；B_j 是磁化产生的磁感应强度；B 是介质中的总磁感应强度。

由磁化曲线可知，磁性材料的 B 与 H 不成正比，因此磁导率 μ 不是常数，其大小随 H 变化曲线如图 4-4 所示。

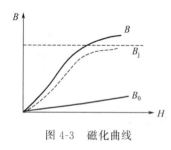　　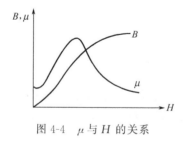　　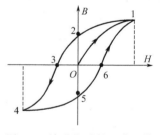

图 4-3　磁化曲线　　　图 4-4　μ 与 H 的关系　　　图 4-5　铁磁物质的磁滞回线

（3）磁滞性

当铁芯线圈通有交变电流时，铁芯将受到交变磁化。但当 H 减少为零时，B 并未回到零值（如图 4-5 所示中"2"和"5"点），出现剩磁 B_r。这是因为外磁场的不断变向，使得磁畴分子也将跟着转向，由于分子热运动的存在会阻止磁畴的转向，因而出现磁畴分子的转动变向跟不上外磁场变化的现象，即磁感应强度滞后于磁场强度的变化，此性质称为磁滞性。图 4-5 为磁性物质的磁滞回线。要使剩磁消失，通常需进行反向磁化。将 $B=0$ 时的 H 值称为矫顽磁力 H_c（如图 4-5 中"3"和"6"所对应的）。

不同的磁性物质有不同的矫顽力和剩磁，因此它们的磁滞回线也不同。根据磁滞回线的形状常把磁性材料分为以下几种。

① 软磁材料：这种材料的矫顽力、剩磁都较小，磁滞回线较窄。如图 4-6 所示。硅钢、坡莫合金、软磁铁氧体等属于软磁材料。这种材料磁导率高，矫顽力小，容易磁化，也容易退磁。计算机中的磁芯、磁盘以及录音机的磁带所采用的材料都是铁氧体。

② 硬磁材料：这类材料的矫顽力、剩磁都较大，磁滞回线较宽，如图 4-7 所示。这类材料不易退磁，很适合于制造永久磁铁。常用的有碳钢、钴钢及铁镍铝钴合金等。

③ 矩磁材料：这种材料两个方向上的剩磁都很大，接近饱和。但矫顽力却很小，在很小的外磁场作用下就能使它正向或反向饱和磁化，即易于"翻转"；去掉外磁场后，与饱和磁化时方向相同的剩磁稳定地保持下去，即它具有记忆性，如图 4-8 所示。因此在计算机和控制系统中可用作记忆元件、开关元件和逻辑元件。常用的有镁锰铁氧体及 1J51 型铁镍合金等。

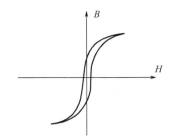
图 4-6 软磁性材料的磁滞回线

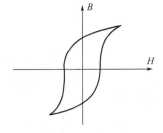
图 4-7 硬磁性材料的磁滞回线

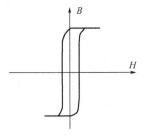
图 4-8 矩磁材料的磁滞回线

4.3 磁路与磁路欧姆定律

（1）磁路

为了使励磁电流产生尽可能大的磁通，在电磁设备或电磁元件中要放置一定形状的铁芯，将线圈绕在铁芯上。当线圈中通入电流时，铁芯即被磁化，使得其中的磁场大大增强，由于铁磁材料的导磁性能远远大于周围空气或其他物质，因此，线圈电流磁场的大部分磁通集中经过铁芯而闭合，称为主磁通，用"Φ"表示；电流磁场的极少部分磁通经空气而闭合，称漏磁通，用"Φ_σ"表示。由于 $\Phi \gg \Phi_\sigma$，所以工程上分析计算时常常将 Φ_σ 忽略不计。

所谓磁路指的是主磁通经过的闭合回路。图 4-9 所示是几种常见电气设备的磁路。图 4-9（a）是单相变压器的一种磁路，它由同一种铁磁材料组成，且各段铁芯的横截面积相等，这样的磁路称为均匀磁路。图 4-9（b）是直流电动机的磁路，图 4-9（c）是电磁型继电器的磁路。后两种磁路常由几种不同的材料构成，而且磁路中常常有很短的空气隙存在（空气隙简称气隙），各段磁路的横截面积也不一定相等，这种磁路称为不均匀磁路。图 4-9（a）、（c）

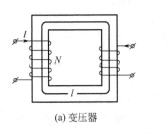
(a) 变压器

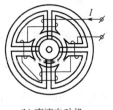
(b) 直流电动机

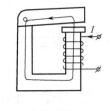
(c) 继电器

图 4-9 几种电气设备的磁路

是无分支磁路，图 4-9（b）为有分支磁路。

（2）磁路欧姆定律

磁路欧姆定律是分析、计算磁路时应用到的最基本的定律。

某均匀无分支磁路，如图 4-9（a）所示，铁芯磁导率为 μ，截面积为 S，沿磁路各点的 B 和 H 均相同，取铁芯中心磁力线为积分路径，长度为 l，线圈匝数为 N，电流有效值为 I。由式（4-5）可知

$$\oint_l H \cdot \mathrm{d}l = \sum I \Rightarrow Hl = NI \Rightarrow H = \frac{NI}{l}$$

那么铁芯磁通

$$\Phi = BS = \mu HS = \frac{NI}{\dfrac{l}{\mu S}} \tag{4-6}$$

令 $F_\mathrm{m} = NI$，$R_\mathrm{m} = \dfrac{l}{\mu S}$，则有磁路欧姆定律表达式为

$$\Phi = \frac{F_\mathrm{m}}{R_\mathrm{m}} \tag{4-7}$$

式中，Φ 为磁通，Wb；F_m 称为磁动势，A，它是磁路中产生磁通的根源；R_m 称为磁阻，它表示磁路对磁通有阻碍作用，其大小由铁芯材料及其形状尺寸决定。

磁路欧姆定律和电路欧姆定律非常相似，两者之间的对照关系见表 4-1。

表 4-1　磁路与电路对照

电　路	磁　路
电动势 E 电流 I 电阻 $R = \rho \dfrac{l}{S}$ 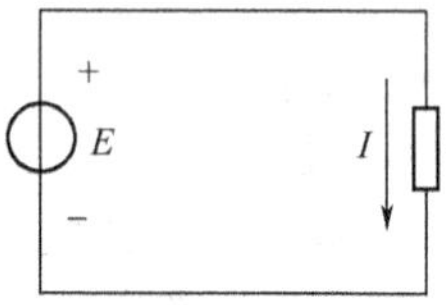 $I = \dfrac{E}{R} = \dfrac{E}{\rho \dfrac{l}{S}}$	磁动势 F_m 磁通 Φ 磁阻 $R_\mathrm{m} = \dfrac{l}{\mu S}$ 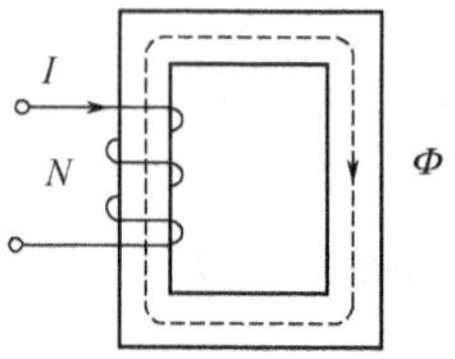 $\Phi = \dfrac{F_\mathrm{m}}{R_\mathrm{m}} = \dfrac{F_\mathrm{m}}{\dfrac{l}{\mu S}}$

如果磁路是均匀磁路，则可用式（4-6）计算求得。

如果磁路是由不同的材料或不同长度和截面积的几段组成的，则可认为磁路是由磁阻不同的几段串联而成，其总磁动势和总磁阻分别表示为

$$F_\mathrm{m} = NI = H_1 l_1 + H_2 l_2 + \cdots = \sum H_k l_k$$

$$R_\mathrm{m} = R_{\mathrm{m}1} + R_{\mathrm{m}2} + \cdots = R_{\mathrm{m}k}$$

磁路中如果含有空气隙，那么空气隙的磁阻计算式为

$$R_{\mathrm{mo}} = \frac{l_\mathrm{o}}{\mu_\mathrm{o} S_\mathrm{o}} = \frac{l_\mathrm{o}}{4\pi \times 10^{-7} S_\mathrm{o}}$$

由上式可以看出，如果磁路中含有空气隙，那么磁阻将明显增大。

【例 4-1】　已知有一铁芯线圈，线圈的匝数为 1000 匝，磁路平均长度为 60cm，其中含有 0.2cm 的空气隙，若要使铁芯中的磁感应强度为 1.0T，问需要多大的励磁电流？（假定

该铁芯材料，磁感应强度为 1.0T 时，对应的磁场强度为 600A/m)

解　铁芯中的磁动势为

$$H_1 l_1 = 600 \times (0.6 - 0.002) = 358.8A$$

空气隙中的磁动势为

$$H_o l_o = \frac{B_o}{\mu_o} l_o = \frac{1.0 \times 0.002}{4\pi \times 10^{-7}} = 1592.3A$$

总磁动势为

$$F_m = NI = H_1 l_1 + H_o l_o \approx 1951A$$

已知线圈的匝数 $N = 1000$，则励磁电流 I 为

$$I = \frac{1951}{1000} \approx 1.95A$$

此例说明，当磁路中含有空气隙时，不仅使磁路中的磁阻加大，而且磁动势几乎全部用于空气隙。如果 F_m 一定，磁阻的增大，会使铁芯中的磁通大大降低；如果要保证铁芯中的磁通量，在线圈匝数一定时，磁路中的空气隙愈长，所需的励磁电流也会愈大。

4.4　变压器

变压器是一种常见的电气设备，它具有变换电压、变换电流、变换阻抗及隔离电源的作用，因此在电工技术、电子技术、自动控制等诸多领域中获得了广泛的应用。

变压器种类很多，按其用途不同，有电源变压器、控制变压器、电焊变压器、自耦变压器、仪用互感器等。变压器种类虽多，但基本结构和工作原理是一样的。

4.4.1　变压器的基本结构

变压器由套在一个闭合铁芯上的两个或多个绕组构成。铁芯和绕组是变压器的基本组成部分。

变压器铁芯的作用是为了构成磁路。为了减少磁通变化时所引起的涡流损失，变压器的铁芯要用厚度为 0.35～0.5mm 的硅钢片叠成。片间用绝缘漆隔开。

变压器绕组的作用是构成电路。绕组一般由铜或铝导线绕制而成。变压器一般有两个或两个以上的绕组，和电源相连的绕组称为原绕组（或一次绕组、初级绕组），和负载相连的绕组称为副绕组（或二次绕组、次级绕组）。绕组与绕组及绕组与铁芯之间都是互相绝缘的。

根据铁芯与绕组结构的不同，变压器可分为心式变压器和壳式变压器。图 4-10 为心式变压器，其特点是绕组包围铁芯，多用于容量较大的变压器。图 4-11 为壳式变压器，它的部分绕组被铁芯所包围，可以不要专门的变压器外壳，适用于容量较小的变压器，如电子线路中用的变压器。图 4-12 是单相变压器的电路符号。

(a) 外形　　(b) 剖面

图 4-10　心式变压器

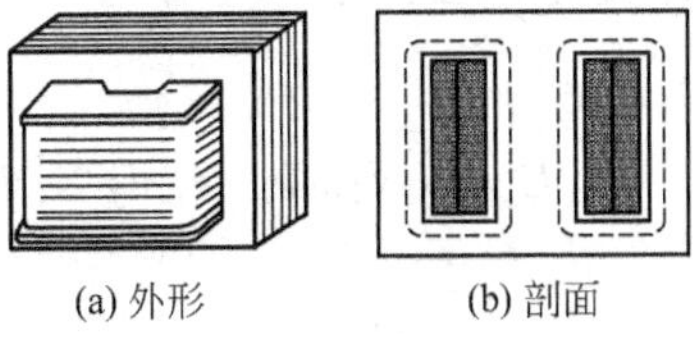

(a) 外形　　(b) 剖面

图 4-11　壳式变压器

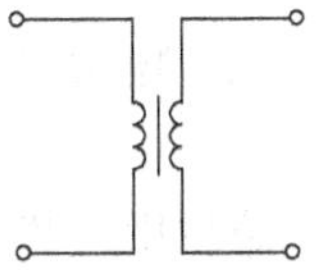

图 4-12　单相变压器符号

变压器在工作时铁芯和绕组都会发热，小容量变压器采用自冷式，即将其放置在空气中自然冷却；中容量电力变压器采用油冷式，将其放置在有散热管（片）的油箱中；大容量变压器还要用油泵使冷却液在油箱与散热管（片）中作强制循环。

4.4.2 变压器的工作原理

（1）电磁关系

为了便于分析，将双绕组变压器的原、副绕组分别画在心式铁芯的两个铁芯柱上，变压器的工作原理图如图 4-13 所示。原绕组的匝数为 N_1，相应的物理量用 u_1、i_1、e_1 表示；副绕组的匝数为 N_2，相应的物理量用 u_2、i_2、e_2 表示，图中还标明了它们的参考方向。

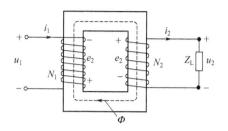

图 4-13　变压器原理图

当原绕组接上交流电压 u_1 时，绕组中产生电流 i_1，磁动势 $N_1 i_1$ 产生铁芯磁通 Φ_1，磁通耦合副绕组产生感应电动势。若副绕组与负载接通，构成闭合回路，那么副绕组上通过电流 i_2，磁动势 $N_2 i_2$ 也将产生磁通 Φ_2 并经过铁芯闭合，Φ_1 与 Φ_2 合成形成铁芯主磁通 Φ。Φ 随着电源的交变，使原、副绕组产生主磁感应电动势 e_1、e_2；另外，原、副绕组的磁动势还产生了漏磁通及漏磁通感应电动势，分别为 $\Phi_{\sigma 1}$、$\Phi_{\sigma 2}$、$e_{\sigma 1}$ 和 $e_{\sigma 2}$。它们的关系可表示如下：

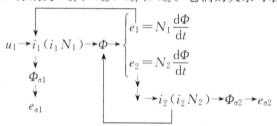

（2）变压器的空载运行

变压器原绕组接上额定的交变电压，副绕组开路不接负载，称为空载运行，如图 4-14 所示。

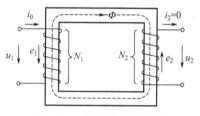

图 4-14　变压器空载运行

在外加正弦电压 u_1 的作用下，线圈内有交变电流 i_0 流过。这时原线圈内的电流，称作变压器的空载电流，又称励磁电流。由于变压器铁芯由硅钢片叠成，而且是闭合的，即气隙很小，因此建立主磁通 Φ 所需的励磁电流 i_0 并不大，其有效值 I_0 约为原绕组额定电流的 2.5%～10%。

设主磁通按正弦规律变化，即

$$\Phi = \Phi_{\mathrm{m}} \sin \omega t$$

则原绕组中的感应电动势为

$$e_1 = -N_1 \frac{\mathrm{d}\Phi}{\mathrm{d}t} = -N_1 \omega \Phi_{\mathrm{m}} \cos \omega t = N_1 \omega \Phi_{\mathrm{m}} \sin\left(\omega t - \frac{\pi}{2}\right)$$

上式表明，e_1 按正弦规律变化，且在相位上滞后于主磁通 $\dfrac{\pi}{2}$。

感应电动势最大值

$$E_{1\mathrm{m}} = N_1 \omega \Phi_{\mathrm{m}} = 2\pi f N_1 \Phi_{\mathrm{m}}$$

感应电动势有效值

$$E_1 = \frac{E_{1\mathrm{m}}}{\sqrt{2}} \approx 4.44 f N_1 \Phi_{\mathrm{m}}$$

同理，副线圈中感应电动势的有效值为

$$E_2 \approx 4.44 f N_2 \Phi_{\mathrm{m}}$$

因此

$$\frac{E_1}{E_2} = \frac{N_1}{N_2}$$

空载时变压器的原绕组电路是一个含有铁芯线圈的交流电路,在工程计算中常忽略原绕组中的阻抗和漏磁通。所以原绕组一侧的电压平衡方程可简化为

$$u_1 \approx -e_1$$

这说明,在变压器原线圈中,自感电动势和电源电压几乎相等,但相位相反。由此可得 u_1 的有效值为

$$U_1 \approx E_1 = 4.44 f N_1 \Phi_m \tag{4-8}$$

此式表明:当电源频率和原线圈匝数一定时,铁芯中主磁通的大小基本上由电源电压决定。因此,当电源电压不变时,变压器铁芯中的主磁通基本上是个常数。

由于空载时变压器副线圈是开路的,$i_2 = 0$,副线圈的端电压为

$$u_2 = e_2$$

有效值为

$$U_2 \approx E_2 = 4.44 f N_2 \Phi_m \tag{4-9}$$

从式(4-8)、式(4-9) 可以得到

$$\frac{U_1}{U_2} \approx \frac{E_1}{E_2} = \frac{N_1}{N_2} = k \tag{4-10}$$

k 称为变压器的变比。式(4-10) 表明:原绕组和副绕组的电压比等于匝数比。只要改变原、副绕组的匝数比,就可以进行电压变换,哪个绕组的匝数多,其电压就高。

(3) 变压器的负载运行

变压器原绕组接上额定的交变电压,副绕组接上负载 Z_L 时,称为变压器的负载运行,如图 4-13 所示。

由于变压器接通负载,感应电动势 e_2 将在副绕组中产生电流 i_2,原绕组中的电流由 i_0 变化为 i_1。因此负载运行时,变压器铁芯中的主磁通 Φ 由磁动势 $N_1 i_1$ 和 $N_2 i_2$ 共同作用产生。根据式(4-8),由于有载和空载时原电压 u_1 和 f 不变,因此铁芯中主磁通的最大值 Φ_m 不变,故由 $N_1 i_1$ 和 $N_2 i_2$ 共同作用下产生的磁通,它应与变压器空载时的磁动势 $N_1 i_0$ 所产生的磁通相等,所以各磁动势的相量关系如下:

$$N_1 \dot{I}_1 + N_2 \dot{I}_2 = N_1 \dot{I}_0$$

此方程式也称为磁动势平衡方程式。

因为 I_0 很小,当变压器在满载(额定负载)或接近于满载的情况下运行时,$N_1 I_0$ 比 $N_1 I_1$ 或 $N_2 I_2$ 小得多,可以忽略不计。故可简化为

$$N_1 \dot{I}_1 + N_2 \dot{I}_2 \approx 0$$

或者

$$N_1 \dot{I}_1 \approx -N_2 \dot{I}_2$$

式中的负号表明,变压器负载运行时,副绕组电流 $\dot{I}_2$ 产生的磁通 Φ_2 的实际方向与原绕组电流 $\dot{I}_1$ 产生的磁通 Φ_1 方向相反,即起去磁作用,这才使主磁通的最大值基本不变。若只考虑其量值,可得

$$N_1 I_1 \approx N_2 I_2$$

$$\frac{I_1}{I_2} = \frac{N_2}{N_1} = \frac{1}{k} \tag{4-11}$$

此式表明原、副绕组内的电流大小与线圈匝数成反比。

【例 4-2】 某变压器的电压为 220/36V,副绕组接有一盏 36V、100W 的白炽灯。①若变压器原绕组的匝数是 825 匝,求副绕组的匝数是多少?②副绕组侧白炽灯点亮时,变压器

原、副绕组中的电流各是多少?

解 ①由式(4-10)得副绕组的匝数 N_2 为

$$N_2 = N_1 \frac{U_2}{U_1} = 825 \times \frac{36}{220} = 135 \text{ 匝}$$

② 白炽灯点亮时,变压器副绕组电流

$$I_2 = \frac{P}{U_2} = \frac{100}{36} = 2.78 \text{A}$$

由式(4-11)计算原绕组电流

$$I_1 = I_2 \frac{N_2}{N_1} = 2.78 \times \frac{135}{825} = 0.455 \text{A}$$

(4)变压器的阻抗变换作用

变压器除有变压和变流作用之外,还可用来实现阻抗的变换。若在变压器副边接一电阻 R,如图 4-15 所示。

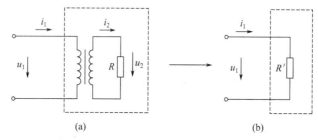

图 4-15 变压器的阻抗变换作用

那么从原边两端来看,等效电阻计算如下。

因为

$$\frac{U_2}{I_2} = R$$

所以

$$R' = \frac{U_1}{I_1} = \frac{\dfrac{U_2 N_1}{N_2}}{\dfrac{I_2 N_2}{N_1}} = \left(\frac{N_1}{N_2}\right)^2 \frac{U_2}{I_2}$$

$$R' = \left(\frac{N_1}{N_2}\right)^2 R \tag{4-12}$$

R' 称为折算电阻。式(4-12)表明折算电阻是原电阻 R 的 $(N_1/N_2)^2$ 倍,说明变压器起到了阻抗变换作用。

在电子技术中,经常利用变压器的阻抗变换关系来实现阻抗匹配,以使负载能获取最大功率。其方法就是在电子线路的功率输出级和负载之间接入一个输出变压器,选择适当的变比,以满足负载吸收最大功率的需要。

【例 4-3】 某交流信号源 $U_S = 80\text{V}$,内阻 $R_0 = 400\Omega$,负载电阻 $R_L = 4\Omega$,试回答:

① 负载直接接入信号源时,负载获取的功率 P_L;②在信号源与负载之间接入一个输出变压器,要使负载上获得最大功率,那么变压器的变比应取多少?负载获取的最大功率 P_{Lmax} 是多少?

解 ①负载直接接入信号源时,电路电流

$$I = \frac{U_S}{R_0 + R_L} = \frac{80}{400 + 4} = 0.198 \text{A}$$

负载吸取的功率

$$P_L = I^2 R_L = 0.198^2 \times 4 = 0.1568\text{W}$$

② 由最大功率传递定理可知，要使负载获得最大功率，必须使负载电阻等于信号源内阻。当信号源接入输出变压器后，只要保证变压器负载折算到原边的等效电阻等于信号源内阻，即可实现负载上取得最大功率的要求，也就是存在 $R'_L = R_0 = 400\Omega$。

负载电阻 $R_L = 4\Omega$，由阻抗变换关系式(4-12)，可求得变压器的变比 k 为

$$k = \sqrt{\frac{R'_L}{R_L}} = \sqrt{\frac{400}{4}} = 10$$

此时信号源输出的电流为

$$I = \frac{U_S}{R_0 + R'_L} = \frac{80}{400 + 400} = 0.1\text{A}$$

那么负载获得最大功率，且为

$$P_{L\max} = I^2 R'_L = 0.1^2 \times 400 = 4\text{W}$$

比较上例的①、②两种情况，明显看出，信号源与负载之间加入输出变压器，只要变比选得合适，使其实现阻抗匹配，就可以使负载获取最大功率。

4.4.3 变压器的特性和额定值

（1）变压器的外特性

变压器原绕组电压为额定电压时，$U_2 = f(I_2)$ 的关系曲线称为变压器的外特性，如图 4-16 所示。图中，U_{20} 是空载时的副绕组输出电压，其大小等于主磁通在副绕组中产生的感应电动势 E_2；φ_2 为 U_2 与 I_2 的相位差。分析表明，当负载 Z_L 为电阻或电感性时，二次绕组电压 U_2 将随电流 I_2 的增加而降低，这是由于二次绕组的线圈电阻压降和漏磁通感应电动势随着 I_2 的增加而增大造成的。

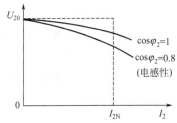

图 4-16 变压器的外特性曲线

由于二次绕组电阻压降和漏磁通感应电动势较小，U_2 的变化一般不大，其变化大小常用电压变化率 $\Delta U\%$ 表示。电力变压器的电压变化率为

$$\Delta U\% = \frac{U_{20} - U_2}{U_{20}} \times 100\%$$

$\Delta U\%$ 大约为 3%～6%。式中，U_{20} 和 U_2 分别为空载和额定负载时的副绕组电压。

（2）变压器的损耗和效率

变压器输入与输出功率之差是变压器本身消耗的功率，称为变压器的功率损耗，简称损耗。它包括两部分。

① 铜损耗 P_{Cu} 由于原、副绕组具有电阻 R_1、R_2。当电流 I_1、I_2 通过时，有一部分电能变成热能，其值为

$$P_{Cu} = I_1^2 R_1 + I_2^2 R_2$$

铜损与电流有关，随负载而变化，因而也称可变损耗。

② 铁损耗 P_{Fe} 它是铁芯中的涡流损耗 P_e 与磁滞损耗 P_h 之和，即

$$P_{Fe} = P_e + P_h$$

频率一定时，铁损与铁芯中交变磁通的幅值 Φ_m 有关。而当电源电压 U_1 一定时，Φ_m 基本不变，因而铁损耗与变压器的负载大小无关。所以铁损耗也称固定损耗。

输出功率和输入功率之比值就是变压器的效率，记作 η，即

$$\eta = \frac{P_2}{P_1} \times 100\% = \frac{P_2}{P_2 + P_{Cu} + P_{Fe}} \times 100\%$$

变压器没有转动部分，也就没有机械摩擦损耗，因此它的效率很高，大容量变压器可达98%～99%。

4.5 其他变压器

4.5.1 三相变压器

电力系统一般均采用三相制供电，所以电力变压器均系三相变压器。三相变压器的工作原理与单相变压器相同。从三相变压器的结构图可以看出，其中高压绕组分别用 U_1U_2、V_1V_2、W_1W_2 表示。各相低压绕组分别用 u_1u_2、v_1v_2、w_1w_2 表示。

三相变压器的高压绕组和低压绕组均可以连成星形（Y）或三角形（△），若星形接法中性点引出中线时，用符号"Y_0"表示。因此，三相变压器有△/△，△/Y，Y/△，Y/Y 4 种基本接法，符号中的分子表示高压绕组的接法，分母表示低压绕组的接法。当绕组接成星形时，每相绕组的相电流等于线电流，相电压只有线电压的 $1/\sqrt{3}$ 倍，相电压较低有利于降低绕组绝缘强度的要求，因此变压器高压侧多采用"Y"接法。当绕组接成三角形时，每相绕组的相电压等于线电压，但相电流只有线电流的 $1/\sqrt{3}$ 倍。这样在输送相同的线电流时，绕组导线的截面积可以减小，故"△"接法多用于变压器低压侧（低压侧电流较大）。目前我国生产的三相电力变压器，通常采用 Y/Y_0，$Y/\triangle$，$Y_0/\triangle$ 三种接法。三相变压器绕组的接法通常标明在它的铭牌上。

三相变压器原、副边线电压的比值，不仅与原、副绕组每相的匝数比有关，而且与原、副绕组的连接方式有关。

当原、副边三相绕组为星形连接时：

$$\frac{U_{l1}}{U_{l2}}=\frac{\sqrt{3}U_{p1}}{\sqrt{3}U_{p2}}=\frac{U_{p1}}{U_{p2}}=\frac{N_1}{N_2}=k$$

当原边三相绕组为星形连接，副边三相绕组为三角形连接时：

$$\frac{U_{l1}}{U_{l2}}=\frac{\sqrt{3}U_{p1}}{U_{p2}}=\frac{\sqrt{3}U_{p1}}{U_{p2}}=\frac{\sqrt{3}N_1}{N_2}=\sqrt{3}k$$

上两式中，U_{l1}、U_{l2} 分别为原、副绕组的线电压，而 U_{p1}、U_{p2} 则分别为原、副绕组的相电压。

4.5.2 自耦变压器

自耦变压器的原边电路与副边电路共用一部分线圈，如图 4-17 所示。原、副边之间除了有磁的联系外，还有直接的电的联系。这是自耦变压器区别于一般变压器的特点。

自耦变压器的工作原理与普通变压器一样，原边和副边的电压、电流与匝数的关系仍为

$$\frac{U_1}{U_2}=\frac{N_1}{N_2}=k \quad 及 \quad \frac{I_1}{I_2}=\frac{N_2}{N_1}=\frac{1}{k}$$

适当选用匝数 N_2，副边就可以得到所需的电压。

自耦变压器的优点是：结构简单，节省材料，效率高。但这些优点只有在变压器变比不大的情况下才有意义。它的缺点是副线圈和原线圈有电的联系，不能用于变比较大的场合（一般不大于 2）。这是因为当副线圈断开时，高电压就窜入低压网络，容易发生事故。

实验室常用的调压器，就是一种副线圈匝数可变的自耦变

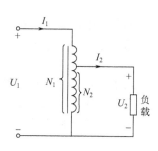

图 4-17 自耦变压器原理图

压器，如图 4-18 所示。这种调压器端点可以滑动，所以能均匀地调节电压。其铁芯制成环形，靠手柄转动滑动触点移动来调压。

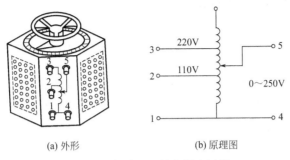

(a) 外形　　　　　　(b) 原理图

图 4-18　实验室用的自耦变压器

使用自耦变压器时，应注意以下几点。

第一，不要把输入、输出端搞错，即不能将电源接在输出端的滑动触头侧，若错接可能把变压器烧坏。

第二，电源的输入端一般有三个接头，如图 4-18(b) 所示，它可用于 220V 和 110V 的供电线路，若错接就会把变压器烧坏。

第三，接通电源前，应将滑动触头旋至零位，然后接通电源，逐渐转动手柄，将电压调至所需的数值。

第四，在图 4-18(b) 中的"1"端接电源中线，"3"端接电源相线，如接反会造成输出端在输出电压为零时也会带有相线上的 220V 电压，造成事故。

4.5.3　仪用互感器

在电工测量中经常要测量高电压或大电流，为了保证测量者的安全及按标准规格生产测量仪表，必须将待测电压或电流按一定比例降低，以便于测量，用于测量的变压器称为仪用互感器，按用途可分为电压互感器和电流互感器。

（1）电压互感器

电压互感器的原绕组并联在被测的高压电路上，副绕组和电压表相连接，如图 4-19 所示，其工作原理为

$$U_2 = U_1 \frac{N_2}{N_1}$$

为了降低电压，需要使 $N_2 < N_1$。通常规定电压互感器副绕组的额定电压设计成标准值 100V。由于电压互感器的副边短路电流很大，因此副绕组不允许短路。

（2）电流互感器

电流互感器的原绕组串联在待测电路中，副绕组和电流表相连接，如图 4-20 所示，其工作原理为

$$I_2 = I_1 \frac{N_1}{N_2}$$

为了减小电流，需要使 $N_2 > N_1$。通常规定电流互感器一次绕组的额定电流设计成标准值 5A。由于电流互感器的原绕组匝数较少，而副绕组匝数较多，这将在副绕组中产生很高的感应电动势，因此电流互感器的副边绝不允许开路。

在实际工作中经常使用钳形电流表，它的铁芯如同一个钳

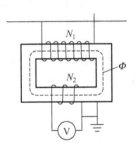

图 4-19　电压互感器原理图

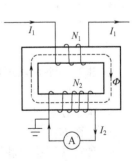

图 4-20　电流互感器原理图

子，用弹簧压紧。如图 4-21 所示，测量时将钳口打开套入被测导线。这时该导线就是一次绕组，二次绕组绕在铁芯上并与电流表接通，于是可从电流表直接读出待测电流值。

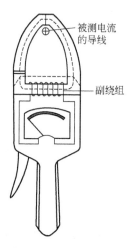

图 4-21　钳形电流表

4.5.4　多绕组变压器

多绕组变压器有几个副绕组，可分别提供几种不同的电压。因此它可以代替几个变压器。

多绕组变压器可提高效率、节省材料。而且体积小，便于装置，因而应用很广。例如，工业电子技术中常用多绕组变压器来供给电子线路所需要的各种不同的电压。

4.5.5　电焊变压器

电弧焊接是在焊条与焊条之间燃起电弧，用电弧的高温使金属熔化进行焊接。电焊变压器就是为了满足电弧焊接的需要而设计制造的特殊变压器。

为了起弧较容易，电焊变压器的输出空载电压一般为 60～80V，当电弧起燃后，焊接电流通过电抗器产生电压降，调节电抗器上的旋柄可改变电抗的大小以控制焊接电流及焊接电压。维持电弧工作电压一般为 25～30V。

实训：小型变压器的制作

（1）训练目的

① 掌握单相小型变压器的简易计算方法；

② 熟悉小型变压器的制作工艺；

③ 掌握成品变压器的测试和合格标准。

（2）工具器材

旋具（螺丝刀）、钢丝钳、尖嘴钳、电工刀、剪刀、试电笔、木榔头等常用电工工具、绕线机、兆欧表、万用表、牛皮纸、胶木板、砂纸、E 形铁芯片、胶水、漆包线、油漆、金属箔、绝缘带等。

（3）训练步骤与内容

要制作的变压器原理电路如图 4-22 所示。副边为两个相同绕组，要求电流、电压数据如下：$U_1=220V$；$U_2=50V$；$I_2=1A$。要求变压器的效率 $\eta \geqslant 80\%$。

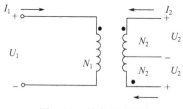

图 4-22　技能训练图

① 设计一个单相小型变压器，要求：

a. 计算容量 P_{S1}、P_{S2} 和总容量 P_S；

b. 确定铁芯尺寸；

c. 计算 N_1、N_2；

d. 计算线圈层数和厚度。

② 将单相小型变压器绕制好，进行如下测试：

a. 绝缘电阻 R 的测试；

b. 空载电压 U_{20} 的测试；

c. 空载电流 I_{10} 的测试。

将设计、测试有关数据记入表 4-2 中。

表 4-2 单相小型变压器设计、测试数据

						铁芯		线圈	
设计数据	原边输入 P_{S1}/V·A	副边输出 P_{S2}/V·A	总功率 P_S/V·A	N_1/匝	N_2/匝	芯柱截面积 /cm²	窗口面积 /cm²	层数	厚度

	绝缘电阻 R/MΩ			空载电压 U_{20}/V	空载电流 I_{10}/mA
测试数据	原、副边	原边与铁芯	副边与铁芯		

练 习 题

4-1 简述磁性材料的磁性能。

4-2 什么是磁性材料的磁滞性？它是怎样形成的？

4-3 一环形线圈的铁芯是硅钢材料制成的，磁路的平均长度为 40cm，线圈匝数为 560 匝，通入电流 0.5A，已知线圈中心线上各点的磁感应强度为 8.8T。试求此硅钢材料的相对磁导率 μ_r。

4-4 某闭合的均匀铁芯线圈，匝数为 300 匝，铁芯中磁感应强度为 0.9T，磁路的平均长度为 45cm，试求：①铁芯材料为铸铁时线圈中的电流；②铁芯材料为硅钢时线圈中的电流。（已知磁感应强度为 0.9T 时，铸铁的磁场强度为 9000A/m，硅钢的磁场强度为 260A/m）

4-5 有一环形铁芯线圈，内径为 10cm，外径为 15cm，铁芯材料为铸钢，磁路中含有一段长度为 0.2cm 的空气隙，设线圈中电流为 1A，若要在铁芯中得到 0.9T 的磁感应强度，那么线圈应绕多少匝？（已知磁感应强度为 0.9T 时，铸钢的磁场强度为 500A/m）

4-6 接在 220V 交流电源上的单相变压器，其副绕组电压为 110V，若副绕组的匝数为 350 匝，求原绕组匝数 N_1 为多少？

4-7 一台单相变压器，原绕组电压 $U_1=3000V$，副绕组电压 $U_2=220V$，若副绕组接一台 220V、25kW 的电阻炉，试求变压器原、副绕组的电流各为多少？

4-8 把电阻 R＝8Ω 的扬声器接于输出变压器的副边，设变压器的原绕组 $N_1=500$ 匝，副绕组 $N_2=100$ 匝。①试求扬声器折合到原边的等效电阻；②如果变压器的原边接上电动势 $E=10V$、内阻 $R_0=250Ω$ 的信号源，求输出到扬声器的功率；③若不经过变压器，直接把扬声器接到 $E=10V$、内阻 $R_0=250Ω$ 的信号源上，求输出到扬声器的功率。

4-9 使用电压比为 6000/100 的电压互感器和电流比为 100/5 的电流互感器来测量电路时，电压表的读数为 96V，电流表的读数为 3.5A，求被测电路实际电压和电流各为多少？

4-10 Y/△ 连接的三相变压器，各相电压的变比 $k=2$，如原绕组线电压为 380V，问副绕组线电压是多少？

4-11 有一台 2kV·A 的单相自耦变压器，输入电压为 220V，输出电压为 250V 时，绕组各部分的电流是多少？如果输出电压改为 140V，求绕组各部分的电流是多少？

5 三相异步电动机

【知识目标】 ［1］理解三相交流旋转磁场的基本概念；
　　　　　　［2］理解三相异步电动机的转动原理；
　　　　　　［3］理解三相异步电动机的电磁转矩与机械特性；
　　　　　　［4］理解三相异步电动机的铭牌与参数意义；
　　　　　　［5］理解三相异步电动机的启动、调速与制动方法。
【能力目标】 ［1］掌握三相异步电动机的转动原理；
　　　　　　［2］掌握三相异步电动机的电磁转矩与机械特性；
　　　　　　［3］熟练掌握三相异步电动机的铭牌与参数意义；
　　　　　　［4］熟练掌握三相异步电动机的启动、调速与制动方法；
　　　　　　［5］掌握三相异步电动机的测试方法。

5.1 三相交流旋转磁场

电机是用来实现电能与机械能之间相互转换的设备。从产生和消耗电能的角度出发，电机主要可分为发电机和电动机两大类。

电动机在各种生产机械和设备中得到广泛应用，常作为拖动机械设备的原动机。电动机种类繁多，使用场合也各不相同。一般而言，电动机可作如下分类。

① 按电动机所用电源的种类分，有交流电动机和直流电动机。交流电动机有三相交流电动机和单相交流电动机之分。

② 按电动机外壳尺寸或功率的大小分，有大、中、小型和微型电动机。大型电动机功率为 1000kW 以上，中型电动机功率为 100～1000kW，小型电动机功率为 0.6～100kW，微型电动机功率为数百毫瓦到数百瓦。

除此以外，电动机还可以按结构、功能、用途等分类。尽管电动机类别很多，性能各异，但它们所遵循的电磁规律都是一样的，工作原理、工作特性也大致相同。

在生产实际中，应用最多的是三相异步电动机，机床、起重机、锻压机、鼓风机、水泵，大多数生产机械都用它来驱动。三相异步电动机结构简单、运行可靠、坚固耐用、使用方便。

5.1.1 三相异步电动机的构造

三相异步电动机又称三相感应电动机，俗称马达，它由两个基本部分组成：定子和转子，其结构如图 5-1 所示。

（1）定子

定子主要由机座、定子铁芯、定子绕组等组成。定子铁芯是电动机磁路的一部分，它由互相绝缘的硅钢片叠成圆筒形，装在机座内壁上。在定子铁芯的内圆周表面均匀冲有槽孔，用以嵌放定子绕组，见图 5-2。定子绕组是用绝缘铜线或铝线绕制而成，对称三相定子绕组

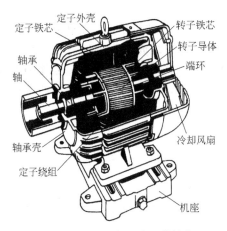

图 5-1 三相异步电动机的结构

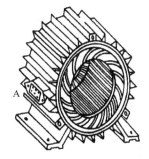

图 5-2 三相异步电动机的定子

U_1-U_2，V_1-V_2，W_1-W_2 按一定规律嵌放在定子槽中，其六个接线端都引到机座外的接线盒中，以便将其作星形或三角形连接，如图 5-3 所示。

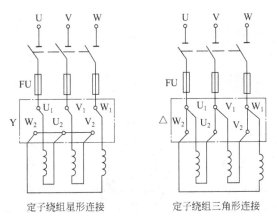

图 5-3 定子绕组的接线方式

（2）转子

转子主要由转轴、转子铁芯和转子绕组等组成。转轴上压装着由硅钢片叠成的圆柱形转子铁芯，转子铁芯也是电动机磁路的一部分，在转子铁芯的外圆周表面均匀冲有槽孔，槽内嵌放转子绕组。按转子绕组结构不同，转子分为笼型转子和绕线型转子两种。

笼型转子电动机构造简单、价格低廉、工作可靠、维修方便。绕线型转子电动机构造比较复杂，成本较高，但它具有较好的启动和调速性能，一般用在有特殊需要的场合，如起重、运输、提升等设备。这里主要讨论笼型转子电动机。

笼型转子的结构如图 5-4 所示。在转子铁芯的槽内放置铜条，铜条的两端用铜环短接。由铜条和铜环所构成的转子绕组，其形状与笼子相似，因此称作为笼型电动机。

图 5-4 笼型转子

5.1.2 旋转磁场

在静止的三相定子绕组中通入三相正弦交流电,它将在电动机中产生旋转磁场。

三相异步电动机定子绕组是由空间相隔 120°的三个绕组组成的,将这三个绕组按要求连接成星形或三角形后接入三相电源,如图 5-5 所示,绕组内通入三相电流,电流的参考方向如图中箭头所示,电流的波形如图 5-6 所示。三相绕组通入三相电流后产生旋转磁场可以通过图 5-7 来说明。

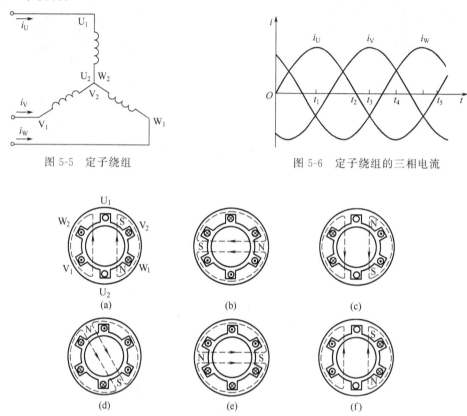

图 5-5　定子绕组　　　　　　　　　　图 5-6　定子绕组的三相电流

图 5-7　三相电流产生的旋转磁场

在 $t=0$ 时,定子各绕组中电流的方向如图 5-7(a) 所示,电流 $i_U=0$, i_V 为负值,即 i_V 的实际方向与正方向相反,i_V 从 V_2 端流入(用符号⊕表示电流流入),从 V_1 端流出(用符号⊙表示电流流出)。电流 i_W 为正,即自 W_1 流入,从 W_2 流出。绕组中通入电流后,应用右手螺旋定则,可以知道在三个绕组中通电后瞬间所产生的合成磁场形成一对磁极,磁极的位置为上端 S 极下端 N 极。

在 $t=t_1$ 时,从三相电流波形图上可以看出,电流 i_U 为正,i_V、i_W 均为负。电流 i_U 从 U_1 端流入,从 U_2 端流出。电流 i_V 从 V_2 端流入,V_1 端流出。电流 i_W 从 W_2 端流入,W_1 端流出。这时三相绕组的电流所产生的合成磁场仍形成一对磁极,如图 5-7(b) 所示。但是这时一对磁极在空间的位置与 $t=0$ 那个时刻不同了,从 $t=0$ 到 $t=t_1$ 这段时间内磁场在电动机里转了一个角度。

当 $t=t_2$ 时,$i_U=0$,i_V 为正,i_W 为负,此时三个电流所产生的磁场仍是一对磁极,但是它在电动机里的位置又转过了一个角度,如图 5-7(c) 所示。

按同样的道理,可以画出 $t=t_3$,$t=t_4$,$t=t_5$ 等各时刻定子三相绕组电流产生的合成磁场的情况,如图 5-7(d)、(e)、(f) 所示。当三相电流变化一个周期时,三相电流所产生的合成磁场在电动机里也正好转了一圈。因此，电流不断地变化，电动机里的 N、S 极的位置就不断旋转，即产生了旋转磁场。

三相异步电动机定子绕组按图 5-7 所示情况通电，产生的旋转磁场是逆时针方向旋转。如果将三相电动机定子绕组接至电源的三根导线中的任意两根对调，此时三相绕组通入电流后产生的旋转磁场的旋转方向就会改变，变为顺时针方向旋转。

5.2　三相异步电动机的基本原理

当三相异步电动机的定子绕组接入三相对称交流电时，在定子空间中产生旋转磁场。假定旋转磁场以同步转速 n_0 按顺时针方向旋转，则转子与旋转磁场之间就发生了相对运动，旋转磁场将切割转子导体。也可以认为磁场静止不动，则转子相对于磁场作逆时针切割磁力线的旋转运动。

转子导体作切割磁力线运动就要产生感应电动势和感应电流。根据右手定则可以判定，转子上半部导体的感应电流的方向是穿出纸面的，下半部导体的感应电流的方向是进入纸面的。于是转子在磁场中要受到磁场力的作用。根据左手定则可以判定，转子上半部分导体所受磁场力方向向右；下半部分导体所受磁场力方向向左。这两个力对于转轴形成一电磁转矩，使转子随着旋转磁场的转向，以转速 n 旋转。图 5-8 所示为三相异步电动机工作原理示意图。

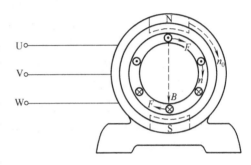

图 5-8　三相异步电动机工作原理

不难看出，转子的转速 n 将始终低于旋转磁场的转速 n_0，这是因为如果转子的转速一旦达到了旋转磁场的转速 n_0 时，转子导体与旋转磁场之间就没有相对运动，转子将不切割磁力线，其电磁转矩也将为零，此时转子的转速必将降低下来。于是转子和旋转磁场之间又有了相对运动，又可以产生电磁转矩，使转子继续旋转。由此可见，转子总是以 $n<n_0$ 的转速，与旋转磁场沿同一方向旋转，因此，这种电动机称为异步电动机。

显然，旋转磁场的转速与转子转速的差值 (n_0-n) 是异步电动机运行的必要条件。此差值与同步转速之比，称为转差率，用 s 表示，即

$$s=(n_0-n)/n_0 \tag{5-1}$$

转差率是分析电动机运行情况的一个重要参数。在电动机启动瞬间，$n=0$，$s=1$；随着 n 的上升，s 不断下降；当电动机在额定负载下运行，电动机的额定转速 n_N 接近同步转速 n_0，它的额定转差率 s_N 很小，一般为 1%～8%。式(5-1) 也可以写为

$$n=(1-s)n_0=(1-s)60f/p \tag{5-2}$$

其中，f 为电源频率，p 为旋转磁场磁极对数。

通过以上分析可知，异步电动机的转动方向与旋转磁场的转动方向是一致的，如果旋转磁场的方向变了，转子的转动方向也要随着改变，而旋转磁场的旋转方向又由三相电源的相序决定。因此，要改变电动机的转动方向，只需改变三相电源的相序，把接到定子绕组首端上的任意两根电源线对调即可。

5.3　三相异步电动机的电磁转矩与机械特性

了解异步电动机的电磁转矩和机械特性，对正确使用电动机是非常重要的。

5.3.1 电磁转矩

电动机能转动是由于电磁转矩驱动转子转动的结果，电磁转矩决定了电动机拖动生产机械的能力。

（1）电磁转矩

由上面转动原理分析可知，异步电动机转子导体中的电流，在旋转磁场磁通的作用下产生电磁力，电磁力对转轴形成电磁转矩 T。因此，电磁转矩的大小与电磁力的大小直接相关。而电磁力的大小与转子电流 I_2、转子电路的功率因数 $\cos\varphi_2$、旋转磁场每极磁通 Φ 成正比，故异步电动机的电磁转矩为

$$T = K_T \Phi I_2 \cos\varphi_2 \tag{5-3}$$

式中，k_T 是一个取决于电动机结构的常数。在磁通 Φ 值保持不变的条件下（只要电源电压保持不变），电磁转矩仅与 $I_2\cos\varphi_2$ 成正比。

（2）转矩特性

异步电动机的转矩特性是指在电源电压为定值时，电动机的电磁转矩与转差率之间的关系，其关系可用 $T=f(s)$ 转矩特性曲线来表示，如图 5-9 所示。从曲线可以看出，s 在 0 与 1 之间。当电动机接通电源，转子尚未转动的瞬间，$s=1$，其对应的转矩 T 称为启动转矩 T_{st}。如果启动转矩大于负载转矩，则电动机转子将升速，转差率 s 随之减小。当 $s=s_m$ 时，电动机可产生一个最大转矩 T_m。当 s 继续减小，直到 $T=T_L$，电动机稳速运行。

据分析可知，电磁转矩 T 与定子绕组电压的平方成正比，故电源电压的波动对电动机转矩影响较大。电源电压的降低，可能造成电动机不能正常启动和正常运转，甚至可能烧毁绕组。故大型异步电动机设有欠电压保护，防止电源电压过低而造成不良影响。

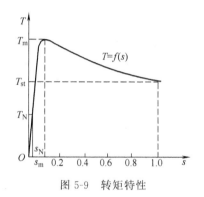

图 5-9 转矩特性

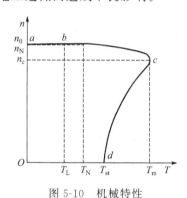

图 5-10 机械特性

5.3.2 机械特性

当负载变动时，电动机的电磁转矩与转速之间有一定的关系，这一关系即为电动机的机械特性。机械特性是指在电源电压不变的情况下，电磁转矩 T 与转速 n 之间的变化关系，即 $n=f(T)$ 曲线，如图 5-10 所示。

为了正确使用异步电动机，应注意 $n=f(T)$ 曲线上的两个区域和三个重要转矩。

（1）稳定区和不稳定区

以最大转矩 T_m 为界，机械特性分为稳定运行区（ac 段）和不稳定区（cd 段）。

当电动机工作在稳定区上某一点（如 b 点）时，电磁转矩 T 与轴上的负载转矩 T_L 相平衡而保持匀速转动。如果负载转矩 T_L 变化，电磁转矩 T 将自动适应随之变化达到新的平衡而稳定运行。

例如，由于某种原因引起负载转矩突然增加（如切削机床的进刀量加大），则在该瞬间 $T<T_L$，于是转速 n 下降，工作点将沿机械特性曲线下移，电磁转矩自动增大，直到增大到

$T=T_L$ 时，n 不再降低，电动机便在较低的转速下达到新的平衡。其过程可表示为

$$T_L \uparrow (T<T_L) \rightarrow n \downarrow \rightarrow T \uparrow \rightarrow T=T_L$$

反之，若负载转矩由于某种原因突然减小，将有如下过程：

$$T_L \downarrow (T>T_L) \rightarrow n \uparrow \rightarrow T \downarrow \rightarrow T=T_L$$

电动机将在较高的转速下稳定运行。

可见，在稳定区无论负载怎样变化，在 T_L 不超过 T_m 的情况下，电动机轴上输出转矩必定随负载而变化，最后达到转矩平衡并稳定运行。这说明电动机具有适应负载变化的能力。

异步电动机机械特性的稳定区比较平坦，当负载在空载与额定值之间变化时，转速变化不大，一般为 2%～8%。这样的机械特性称为硬特性，这种硬特性很适合用于金属切削机床等工作机械的需要。

如果电动机工作在不稳定区，则电磁转矩不能自动适应负载转矩的变化，因而不能稳定运行。例如负载转矩 T_L 增加使转速 n 降低时，工作点将沿特性曲线下移，电磁转矩反而减小，会使电动机的转速越来越低，直到停转（堵转）；当负载转矩 T_L 减小时，电动机转速又会越来越高，直到进入稳定区运行。

（2）三个重要转矩

① 额定转矩 T_N　额定转矩是电动机在额定电压下，以额定转速运行，输出额定功率时，其轴上输出的转矩。因电动机转轴上的功率等于角频率 ω 和转矩 T 的乘积，即 $P=\omega T$，故

$$T_N = \frac{P_N}{\omega_N} = \frac{P_N \times 10^3}{2\pi \frac{n_N}{60}} = 9550 \frac{P_N}{n_N} \tag{5-4}$$

式中，ω 的单位为 rad/s，P_N 的单位为 kW，n 的单位为 r/min，T_N 的单位为 N·m。

异步电动机的额定工作点通常大约在机械特性稳定区的中部。为了避免电动机出现过热现象，一般不允许电动机在超过额定转矩的情况下长期运行，但可以短期过载运行。

【例 5-1】　有 Y160M-4 及 Y108L-8 型三相异步电动机各一台，额定功率都是 11kW，前者额定转速为 1460r/min，后者额定转速为 730r/min，分别求它们的额定输出转矩。

解　对 Y160M-4 型电动机而言

$$T_N = \frac{P_N}{\omega_N} = \frac{P_N \times 10^3}{2\pi \frac{n_N}{60}} = 9550 \frac{P_N}{n_N} = 9550 \times \frac{11}{1460} \text{N·m} = 71.95 \text{N·m}$$

对 Y108L-8 型电动机而言

$$T_N = \frac{P_N}{\omega_N} = \frac{P_N \times 10^3}{2\pi \frac{n_N}{60}} = 9550 \frac{P_N}{n_N} = 9550 \times \frac{11}{730} \text{N·m} = 143.9 \text{N·m}$$

由此可见，输出功率相同的异步电动机如极数多，则转速就低，输出转矩就大；极数少，转速高，则输出转矩就小。在选用电动机时必须了解这一点。

② 最大转矩 T_m　最大转矩 T_m 是电动机能够提供的极限转矩。由于它是机械特性上稳定区和不稳定区的分界点，故电动机运行中的机械负载不可超过最大转矩，否则电动机的转速将越来越低，迅速导致堵转。异步电动机堵转时的电流，一般达到额定电流的 4～7 倍，这样大的电流如果长时间通过定子绕组，会使电动机过热，甚至烧毁。因此，异步电动机在运行中应注意避免出现堵转，一旦出现堵转应立即切断电源，并卸掉过重的负载。

为了描述电动机允许的瞬时过载能力，通常用最大转矩与额定转矩的比值 T_m/T_N 来表

示，称为过载能力 λ_m，即

$$\lambda_m = \frac{T_m}{T_N} \tag{5-5}$$

一般三相异步电动机的过载能力为 1.8～2.2。

③ 启动转矩 T_{st}　电动机在接通电源被启动的最初瞬间，$n=0$，$s=1$，这时的转矩称为启动转矩（亦即堵转转矩）T_{st}。如果启动转矩小于负载转矩，即 $T_{st} < T_L$，则电动机不能启动。这时与堵转情况一样，电动机的电流达到 $(4\sim7)I_N$，容易过热。因此当发现电动机不能启动时，应立即断开电源停止启动，在减轻负载或排除故障以后再重新启动。

如果启动转矩大于负载转矩，即 $T_{st} > T_L$，则电动机的工作点会沿着 $n=f(T)$ 曲线从底部上升，电磁转矩 T 逐渐增大，转速 n 越来越高，很快越过最大转矩 T_m 点，然后随着 n 的升高，电流降低，T 又逐渐减小，直到 $T=T_L$ 时，电动机就以某一转速稳定运行，此时，定子电流值由负载转矩 T_L 决定。由此可见，只要异步电动机的启动转矩大于负载转矩，一经启动，便迅速进入机械特性的稳定区运行。

异步电动机的启动能力通常用启动转矩与额定转矩的比值 T_{st}/T_N 来表示，称为启动能力 λ_{st}，即

$$\lambda_{st} = \frac{T_{st}}{T_N} \tag{5-6}$$

一般三相异步电动机的启动能力不大，λ_{st} 约为 1.0～2.2。

【例 5-2】　有一台三相笼型异步电动机，额定功率为 30kW，额定转速为 1470r/min，$\lambda_{st} = 1.2$，$\lambda_m = 2$，求额定转矩 T_N、最大转矩 T_m 及额定输入功率 P_{IN}。

解　由式(5-4)可知，电动机的额定转矩为

$$T_N = \frac{P_N}{\omega_N} = \frac{P_N \times 10^3}{2\pi \frac{n_N}{60}} = 9550 \frac{P_N}{n_N} = 9550 \times \frac{30}{1470} \text{N} \cdot \text{m} = 194.9 \text{N} \cdot \text{m}$$

启动转矩为

$$T_{st} = 1.2 T_N = 1.2 \times 194.9 \text{N} \cdot \text{m} = 233.9 \text{N} \cdot \text{m}$$

最大转矩为

$$T_m = 2 T_N = 2 \times 194.9 \text{N} \cdot \text{m} = 389.8 \text{N} \cdot \text{m}$$

5.4　三相异步电动机的铭牌与参数

5.4.1　铭牌与参数

铭牌是电动机使用和维修的依据。必须按铭牌上所标明的额定值和要求去使用和维修。通常电动机铭牌上要标出电动机型号、额定功率、额定电压、额定电流、额定频率、额定效率、额定转速、额定功率因素、转子电压、转子电流、绝缘等级、温升等，除此之外，还要标出标准编号、工作制或定额、出厂编号、出厂单位、出厂日期等。下图是某厂的三相异步电动机铭牌：

三相异步电动机					
型号	Y112M-4	功率	4kW	频率	50Hz
电压	380V	电流	8.6A	接法	△
转速	1440r/min	功率因素	0.85	工作方式	连续
绝缘等级	E	质量	59kg	温升	60℃
出厂编号			出厂日期		
××电机厂					

现将铭牌额定数据解释如下。

（1）型号

（2）额定功率和效率

额定功率是指电动机在铭牌规定条件下正常工作时电动机转轴上的额定输出机械功率，也称容量，通常用 P_N 表示，单位为瓦（W）或千瓦（kW）。电动机从电源取用的电功率称为输入功率 P_{IN}，P_N 与 P_{IN} 之比为电动机的效率，用 η_N 表示，即

$$\eta_N = \frac{P_N}{P_{IN}} \tag{5-7}$$

【例 5-3】 Y 112 M-4 型电动机的参数如上铭牌数据所列，求此电动机的效率。

解 输入功率 $P_{IN} = \sqrt{3} U_{IN} I_{IN} \cos\varphi = \sqrt{3} \times 380 \times 8.6 \times 0.85 W = 4.8 kW$

输出功率 $\qquad\qquad\qquad P_N = 4 kW$

效率 $\qquad\qquad\qquad \eta_N = \frac{P_N}{P_{IN}} = \frac{4}{4.8} = 83\%$

（3）额定电压

额定电压是电动机在额定状态下运行时加到定子绕组上的线电压。有时铭牌上标有分子和分母两个电压值时，定子绕组的连接方式为△/Y，如 220/380V，表示当电源的线电压为 220V 时，电动机连接成△接；当电源的线电压为 380V 时，电动机连接成 Y 接。

（4）额定电流

额定电流是电动机在额定电压下轴上输出额定功率时定子绕组的线电流。如铭牌上标有分子和分母两个电流值时，定子绕组的连接方式为△/Y，对应于定子绕组采用△接和 Y 接时的线电流。

（5）额定转速

额定转速是电动机在额定状态下运行时转子的速度。

（6）额定频率

我国的工频为 50Hz，额定频率是指加在电动机定子绕组上的电源频率。

（7）功率因数

功率因数是指电动机输出额定功率时定子绕组相电压与相电流之间相位差的余弦。三相异步电动机的功率因数比较低，在额定负载时为 0.7～0.9，而在轻载或空载时更低，空载时只有 0.2～0.3。因此，必须正确选择电动机的容量，防止"大马拉小车"，并尽量避免电动机在轻载或空载的情况下运行。

（8）接法

指电动机三相绕组六个接线端的连接方法。将三相绕组首端 U_1、V_1、W_1 接电源，尾端 U_2、V_2、W_2 连接在一起，叫作星形（Y）连接。若将 U_1 接 W_2、V_1 接 U_2、W_1 接 V_2，再将这三个交点接在三相电源上，叫作三角形（△）连接。

（9）温升

电动机运行中，部分电能转换成热能，使电动机温度升高，经过一定时间，电能转换的热能与机身散发的热能平衡，机身温度达到稳定。在稳定状态下，电动机绕组平均温度与环境温度之差，规定为电动机温升。而环境温度规定为 40℃，如果温升为 60℃，表明电动机绕组平均温度（用电阻法测量）不能超过 100℃。

（10）绝缘等级

指电动机绕组所用绝缘材料按它的允许耐热程度规定的等级。常用绝缘材料等级及其最高容许温度如表 5-1 所示。

表 5-1　绝缘材料等级及其最高容许温度

绝缘等级	A 级	E 级	B 级	F 级	H 级
最高容许温度/℃	105	120	130	155	180

（11）工作方式

电动机的工作方式分为以下三种。

连续工作方式：可以按铭牌上规定的功率长期连续使用。

短时工作方式：每次只允许在规定的时间内按额定功率运行，如果连续使用，会使电动机过热。

断续工作方式：电动机以间歇方式运行。

5.4.2　电动机的选择

在生产上，三相异步电动机应用最广泛。为了保证生产过程的顺利进行，并获得良好的经济技术指标，应根据生产机械的需要和工作条件合理地选用电动机的种类、结构形式、电压和转速、功率。选择电动机的原则是可靠、经济与安全。

（1）种类的选择

电动机的种类选择，应使它既能满足生产设备的要求，又要力求节约。

三相笼型异步电动机具有构造简单、价格便宜、运行可靠、硬机械特性、有一定过载能力、维护及控制方便等优点。因此，凡额定功率小于 100kW，而且不要求调速的生产机械，如水泵、风机、运输机、压缩机、金属切削机床等设备，都广泛使用三相笼型异步电动机。

（2）结构形式的选择

生产机械的种类繁多，它们的工作环境也各不相同。如果电动机在潮湿或含有酸性气体的环境中工作，则绕组的绝缘很快受到侵蚀。如果在灰尘很多的环境中工作，则电动机很容易脏污，致使散热条件恶化。因此，电动机外形结构的选择，一方面要保证安全可靠地工作，另一方面要考虑经济节约。

（3）电压和转速的选择

电动机电压等级的选择，要根据电动机类型、功率以及使用地点的电源电压来决定。功率小于 100kW 的 Y 系列笼型电动机的额定电压只有 380V 一个等级，只有大于 100kW 的才可在允许的条件下选用 3kV、6kV 或 10kV 的高压电动机。

三相异步电动机同步转速有 3000r/min、1500r/min、1000r/min、750r/min、600r/min 等，功率相同的电动机，同步转速愈高，极对数愈少，体积就愈小，价格也愈便宜。因此，转速高的电动机具有较高的经济指标。一般选用 1500r/min 较多，即四极异步电动机。若生产机械要求低速，选用低速电动机可直接传动，省去减速装置，简化传动设备，降低总设备投资，仍是适宜的。

（4）功率（容量）的选择

选择电动机，首先要考虑的是电动机的功率（容量）的选择。合理选择电动机的功率具有重大的经济意义。

功率的选择，应注意到使电动机的功率能得到充分利用，并能降低投资，减少运行费用。如果电动机的功率选大了，虽然能保证正常运行，但不经济。因为这不仅使设备投资增加和电动机未被充分利用，而且由于电动机经常不是在满载下运行，它的效率和功率因数也都不高。如果电动机的功率选小了，就不能保证电动机和生产机械正常运行，不能充分发挥生产机械的功能，并使电动机由于过载而过早地损坏。因此，电动机的功率选得等于或略大于负载功率，才能获得较高的经济效益。

正确选择电动机功率除应满足生产机械的转矩及转速的要求外，还必须符合下列三点选择准则：

① 电动机工作时，其发热应接近许可的温升，不得超过；

② 电动机必须具有一定的过载能力，以保证短时过载时能正常运行；

③ 电动机应具有生产机械所需要的启动转矩。

在一般情况下，电动机的功率选择以发热问题最为重要，而发热情况又与电动机的运行方式有关，具体的电动机功率的计算可参考有关手册。

5.4.3 维护与使用

做好电动机的维护工作，对保证电动机的正常运行具有重要意义。平时应注意使电动机保持清洁。电动机上的污垢要用干布擦净；内外的灰尘可用压缩空气或手风箱来清除。电动机应放在通风干燥处，不要使它受潮。电动机在运行前要注意检查以下几点。

① 电动机的紧固螺钉是否齐全，电动机的固定情况是否良好。

② 电动机的传动机构运转是否灵活，工作是否可靠。

③ 绕线型异步电动机的电刷与滑环之间是否清洁，有无灼伤痕迹。

④ 电动机和电源引入线的接头处有无松散和灼伤现象。

⑤ 电动机金属外壳上的接地线是否牢固。

⑥ 检查电动机各绕组之间、绕组与机壳（大地）之间的绝缘电阻。低压电动机的绝缘电阻通常要求在 $0.5M\Omega$ 以上，若绝缘电阻达不到要求，应将电动机烘干再用。维护时测量绝缘电阻一般应该使用电压等级为 $500V$ 的兆欧表。

⑦ 电动机运行中的监测：电动机在运行中，应注意它的各部分温度是否超过允许值，有无不正常的振动和噪声，有无绝缘漆被烧焦的气味。如发现有故障，应停止运行，及时检查修理。运行中的电动机，也可通过对电流的测量，掌握其运行情况。交流电动机可以用钳形电流表测量，有的电动机则在控制屏上装有电流表。电流的大小可以反映出电动机的带负载的重或轻，电流超过了额定值则说明已经过载，三相电流严重不对称说明定子绕组可能有断路或局部短路故障。

5.5 其他用途的电动机

其他用途的电动机种类很多，本节主要介绍生产实践中经常应用的单相异步电动机、交流伺服电动机、交流测速发电机、步进电动机和直线电动机。

5.5.1 单相异步电动机

单相异步电动机与三相异步电动机相比，其单位容量的体积大，且效率和功率因数均较低，过载能力也较差。因此，单相异步电动机由单相电源供电，被广泛用于家用电器、医疗器械及轻工设备中。

（1）单相异步电动机的结构

图 5-11 所示为单相异步电动机的基本结构示意图。

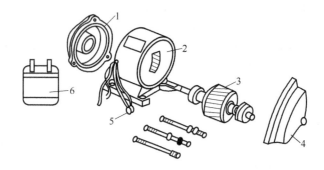

图 5-11　单相异步电动机基本结构示意图

1,4—端盖；2—定子；3—转子；5—电源接线；6—电容器

（2）单相异步电动机的主要类型

为了使单相异步电动机能够产生启动转矩，关键是如何在启动时在电动机内部形成一个旋转磁场，如图 5-12 所示。根据获得旋转磁场方式的不同，单相异步电动机可分为分相电动机和罩极电动机两大类型。

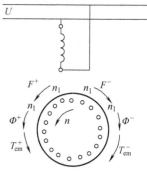

1）分相电动机　从电机旋转理论可知，只要在空间不同相的绕组中通入时间上不同相的电流，就能产生一旋转磁场，分相启动电动机就是根据这一原理设计的。

分相启动电动机包括电容启动电动机、电容电动机和电阻启动电动机。

① 电容启动电动机　定子上有两个绕组：一个称为主绕组（或称为工作绕组），用 1 表示；另一个称为辅助绕组（或称为启动绕组），用 2 表示。两绕组在空间相差 90°。在启动绕组回路中串接启动电容 C，作电流分相用，并通过离心开关 S 或继电器触点 S 与工作绕组并联在同一单相电源上，如图

图 5-12　单相异步电动机的磁场和转矩

5-13（a）所示。因工作绕组呈阻感性，$\dot{I}_1$ 滞后于 $\dot{U}$。若适当选择电容 C，使流过启动绕组的电流 $\dot{I}_{st}$ 超前 $\dot{I}_1$ 90°，如图 5-13（b）所示，这就相当于在时间相位上互差 90°的两相电流流入在空间相差 90°的两相绕组中，便在气隙中产生旋转磁场，并在该磁场作用下产生电磁转矩，使电动机转动。

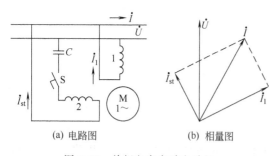

图 5-13　单相电容启动电动机

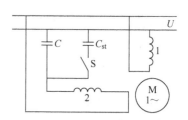

图 5-14　单相电容电动机

这种电动机的启动绕组是按短时工作设计的，所以当电动机转速达 70%～85% 同步转速时，启动绕组和启动电容器 C 就在离心开关 S 作用下自动退出工作，这时电动机就在工作绕组单独作用下运行。

欲改变电容启动电动机的转向，只需将工作绕组或启动绕组的两个接线端对调，也就是改变启动时旋转磁场的旋转方向即可。

② 电容电动机 在启动绕组中串入电容后，不仅能产生较大的启动转矩，而且运行时还能改善电动机的功率因数和提高过载能力。为了改善单相异步电动机的运行性能，电动机启动后，可不切除串有电容器的启动绕组，这种电动机称为电容电动机，如图 5-14 所示。

电容电动机实质上是一台两相异步电动机，启动绕组应按长期工作方式设计。由于电动机工作时比启动时所需的电容小，因此在电动机启动后，必须利用离心开关 S 把启动电容 C_{st} 切除，工作电容 C 便与工作绕组及启动绕组一起参与运行。

电容电动机反转的方法与电容启动电动机相同，即把工作绕组或启动绕组的两个接线端对调就可以了。

③ 电阻启动电动机 如果电动机的启动绕组采用较细的导线绕制，则它与工作绕组的电阻值不相等，两套绕组的阻抗值也就不等，流经这两套绕组的电流也就存在着一定的相位差，从而达到分相启动的目的。其启动转矩较小，只适用于空载或轻载启动场合。

欲使电阻启动的电机反转，只要将任意一套绕组的两个接线端对调即可。

2) 罩极电动机 罩极电动机的定子一般都采用凸极式的，工作绕组集中绕制，套在定子磁极上。在极靴表面的 $1/4 \sim 1/3$ 处开有一个小槽，并用短路铜环把这部分磁极罩起来，短路铜环起了启动绕组的作用，称为启动绕组。罩极电动机的转子仍做成鼠笼式。

如图 5-15 所示，在工作绕组中通入单相交流电流后，将产生脉动磁通，其中一部分磁通 Φ_1 不穿过短路铜环，另一部分磁通 Φ_2 则穿过短路铜环。由于 Φ_1 与 Φ_2 都是由工作绕组中的电流产生的，故 Φ_1 与 Φ_2 同相位并且 $\Phi_1 > \Phi_2$。由脉动磁通 Φ_2 在短路环中产生感应电动势 E_2，它滞后 $\Phi_2 90°$。由于短路铜环闭合，在短路铜环中就有滞后于 $E_2 \varphi$ 角的电流 I_2 产生，它又产生与 I_2 同相的磁通 Φ_2'，它也穿链于短路环，因此罩极部分穿链的总磁通为 $\Phi_3 = \Phi_2 + \Phi_2'$，如图 5-15(b) 所示。由此可见，未穿过罩极部分磁通 Φ_1 与穿过罩极部分磁通 Φ_3 不仅在空间上，而且在时间上均有相位差，因此它们的合成磁场将是一个由超前相转向滞后相的旋转磁场（即由未罩极部分转向罩极部分），由此产生电磁转矩。

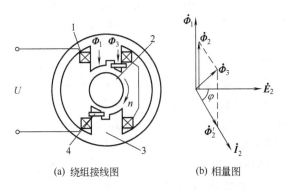

(a) 绕组接线图 (b) 相量图

图 5-15 罩极电动机
1—定子绕组；2—转子；3—凸极式铁芯；4—短路环

5.5.2 交流伺服电动机

交流伺服电动机又称为执行电机，可把输入的电压信号变换成电机轴上的角位移和角速度等机械信号输出。它广泛应用于自动控制系统中。

对伺服电动机的要求：反应要灵敏，可控性好，稳定运行区域宽。接收信号后能立即快速动作，因此要求它的转动惯量必须很小；信号消失后又能立即停止；同时还要求在 $s=0\sim1$ 范围内能稳定运行。

（1）基本结构

伺服电动机与单相异步电动机相似，在定子上有两相绕组，它们在空间互差 90°，励磁绕组接到电源上，用来产生磁通，控制绕组用来接收控制信号 U_k，如图 5-16 所示。

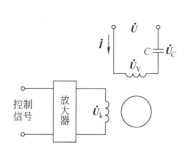
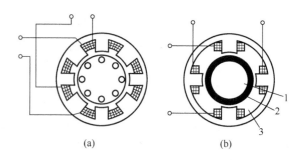

图 5-16　交流伺服电动机接线图

图 5-17　交流伺服电动机结构图
1—内定子；2—杯形转子；3—外定子

它的转子有两种形式：一种是普通笼式，为减少转动惯量，外形设计得细而长；另一种是空心杯形转子（如图 5-17 所示）。定子由内定子和外定子构成，外定子上有励磁绕组。空心杯形转子由铝合金或铜合金制成空心薄壁圆筒，以便减小转动惯量，无噪声，反应灵敏。此外，空心杯形转子内放置固定的内定子，目的是减小磁路的磁阻。但由于它不导磁，因此使气隙增大，励磁电流大，功率因数和效率均低，且体积大。

（2）工作原理及控制方式

当励磁绕组和控制绕组都有电流流过时，形成一旋转磁场，使转子转动起来。如控制绕组无电流，只有励磁绕组产生的脉动磁场，则无电磁转矩产生，电机不会转动。由于两相绕组中流过的电流并不一定满足对称（大小相等、相位差 90°电角度）条件，因此伺服电动机实际上处于不对称运行状态，电机中存在着正向旋转和反向旋转磁场，只要改变控制电压的大小和相位，就可以改变正向和反向两个旋转磁场的比值，从而改变正向电磁转矩和反向电磁转矩的比值，以达到最终改变伺服电动机合成转矩及转速的目的。具体的控制方法有三种。

① 幅值控制：仅改变控制电压 U_k 振幅的大小，而 U_k 相位保持不变。

② 相位控制：仅改变控制电压 U_k 的相位，而 U_k 幅值不变。

③ 幅相控制：同时改变控制电压 U_k 的大小和相位。

励磁绕组串接电容，同单相异步电动机分相原理相同，用于产生两相旋转磁场。

（3）交流伺服电动机的机械特性

交流伺服电动机的机械特性曲线如图 5-18 所示。由图可见，在一定负载转矩 T_L 下，控制电压 U_k 越大，则转速 n 也越高；在一定控制电压下，负载转矩加大，转速下降。另外，特性曲线的斜率也随控制电压的大小不同而变化，表现为机械特性较软。这一点对以交流伺服电动机为执行元件的控制系统的稳定是不利的。交流伺服电动机的输出功率一般在 0.1～

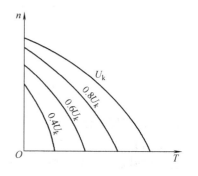

图 5-18　交流伺服电动机的机械特性

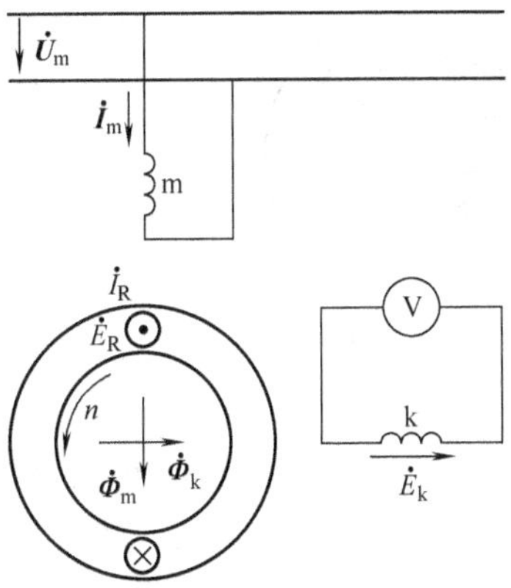

100W 之间，电源频率有 50Hz 和 400Hz 之分。

5.5.3 交流测速发电机

交流测速发电机广泛应用于自动控制系统中，用以检测转速信号，便于自动控制。其结构与两相伺服电机相同。目前应用较多的是空心杯形转子测速发电机，它的定子绕组也是两相的，即励磁绕组 m 和输出绕组 k，它们在空间互差 90°，如图 5-19 所示。

工作原理如下。

当 $n=0$ 时，即转子不动时，如果在励磁绕组上施加一频率为 f_1 的交流电压 $\dot{U}_m$，励磁绕组中便有电流 $\dot{i}_m$ 流过，并产生脉动磁场 $\dot{\Phi}_m$，$\dot{\Phi}_m$ 的轴线与 m 绕组轴线重合，与 k 绕组轴线垂直，当 $\dot{\Phi}_m$ 交变时，输出绕组 k 并不会产生变压器电势，故测速发电机无输出。

图 5-19　测速发电机的接线图和工作原理

当转子以转速 n 旋转时，转子导体就要切割磁通 $\dot{\Phi}_m$，感应出运动电势 $\dot{E}_R$，在图 5-19 所示的转向及磁通方向下，转子导体感应电势的方向上半圆为 ⊙，下半圆为 ⊗，由于转子是闭合绕组，便有电流产生，其方向与电势方向一致。转子电流产生的磁通按右手螺旋定则确定，如图中 $\dot{\Phi}_k$ 箭头所示，$\dot{\Phi}_k$ 方向与 k 绕组轴线相重合，且 $\dot{\Phi}_k$ 是交变的，故在绕组 k 中感应产生电势 $\dot{E}_k$，$\dot{E}_k$ 的大小与电机转速 n 呈线性关系。因为产生 $\dot{E}_k$ 的磁通 $\dot{\Phi}_k$ 的大小是与 $\dot{i}_R$ 的大小成正比的，$\dot{i}_R$ 的大小又取决于 $\dot{E}_R$ 的大小，而 $\dot{E}_R$ 的大小与转速 n 成正比，所以 $\dot{E}_k$ 的大小与转速 n 成正比，即测速发电机的输出电压与电机转速呈直线关系，可从电压表读数直观地反映电机的转速。

5.5.4 步进电动机

步进电动机又称脉冲马达，是将电脉冲信号转换为线位移或角位移的电动机。近年来，随着电力电子技术和计算机控制技术的迅速发展，步进电动机的应用日益广泛。例如，数控机床、绘图机、自动记录仪表和数/模变换装置中，都使用了步进电动机，尤其在数字控制系统中，步进电动机的应用日益广泛。

（1）步进电动机的分类和结构

步进电动机分为永磁式、感应永磁式和反应式步进电动机。目前应用最多的是反应式步进电动机。

六极反应式步进电动机的结构如图 5-20 所示。它分为定子和转子两部分。它的定子具有分布均匀的六个磁极，磁极上装有绕组，两个相对的磁极组成一相，绕组的连接如图 5-20 所示。转子具有均匀分布的四个齿。

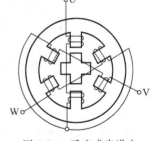

图 5-20　反应式步进电动机结构示意图

反应式步进电动机定子相数用 m 表示，一般定子相数可以有 $m=2$，3，4，5，6，则定子磁极的个数就为 $2m$，每两个相对的磁极套着该相绕组。转子齿数用 Z_r 表示。图 5-20 中转子齿数为 $Z_r=4$。

（2）步进电动机的工作原理

下面以三相六极反应式步进电动机为例，介绍其工作原理。

反应式步进电动机按其相电流通电的顺序不同使它作旋转运动，有三种工作方式，即单三拍、单双六拍和双三拍工作方式。

(a) U相通电　　　　　(b) V相通电　　　　　(c) W相通电

图 5-21　单三拍方式时转子的位置

① 单三拍方式　如图 5-21 所示，设三相步进电动机 U 相首先通电，V、W 相不通电，则产生 AA′轴线方向的磁通，并通过转子形成闭合回路，形成 AA′极的电磁铁。在磁场作用下，由矩角特性可知，转子力图使转子齿与 AA′轴线的角 θ 为零，即转到转子齿与 AA′轴线对齐的位置。接着 V 相通电，U、W 两相不通电，转子便顺时针转过 30°，使 2、4 齿与 BB′极对齐。随后 W 相通电，U、V 相不通电，转子又顺时针转过 30°，又使 3、1 齿与 CC′极对齐。当电脉冲信号以一定频率，按 U-V-W-U 的顺序轮流通电时，不难理解，电动机转子便顺时针方向一步一步地转动起来。每步的转角为 30°。（称为步距角 θ_b），相电流换接三次，磁场旋转一周，转子前进了一个步距角，即 $3×30°=90°$。步进电动机的步距角可按下式计算：

$$\theta_b = \frac{360°}{mZ_rC}$$

式中，m 为步进电动机的相数；Z_r 为步进电动机转子的齿数；单拍或双拍方式工作时 $C=1$，单、双拍混合方式工作时 $C=2$。

如果三相电流脉冲的通电顺序改为 U-W-V-U，则电动机转子便逆时针方向转动。

② 双三拍方式　上面讨论的是三相六极步进电动机单三拍方式。每改变一次通电方式叫一拍，三拍是指改变三次通电方式为一个通电循环。"单"是指每拍只有一相定子绕组通电。双三拍方式是指每拍有两相绕组通电，通电顺序为 UV-VW-WU-UV 或 UW-WV-VU-UW，三拍为一个通电循环。双三拍工作方式时转子的位置如图 5-22 所示。

(a) U、V相通电　　　　(b) V、W相通电　　　　(c) W、U相通电

图 5-22　三相双三拍工作方式时转子的位置

双三拍方式步距角 $\theta_b=360°/(3×4)=30°$，与单三拍方式相同。但是，双三拍的每一步的平衡点，转子受到两个相反方向的转矩而平衡，因而其稳定性优于单三拍方式。

③ 三相单双六拍工作方式　单双六拍工作方式也称六拍方式。设 U 相首先通电，转子齿 1、3 稳定于 AA′磁极轴线，见图 5-23(a)，然后在 U 相继续通电的情况下，接通 V 相。这时定子 BB′磁极对转子齿 2、4 产生拉力，使转子顺时针转动，但此时 AA′极继续拉住齿 1、3，转子转到两个磁拉力平衡为止，转子位置如图 5-23(b) 所示。从图中可以看到，转子从 A 位置顺时针转过了 15°角。接着，U 相断电，V 相继续通电，这时转子齿 2、4 又和 BB′磁极对齐而平衡，转子从图 5-23(b) 位置又转过了 15°角，如图 5-23(c) 所示。在 V 相通电的情况下，W 相又通电，这时 BB′和 CC′共同作用使转子又转过了 15°角，其位置如图

(a) U相通电　　　(b) UV相通电　　　(c) V相通电　　　(d) VW相通电

图 5-23　三相单、双六拍工作方式时转子的位置

5-23(d) 所示。依此规律，按 U-UV-V-VW-W-WU-U 的顺序循环通电，则转子便顺时针一步一步地转动。电流换接六次，磁场旋转一周，其步距角 $\theta_b=15°$。如果按 U-UW-W-WV-V-VU-U 的顺序通电，则电机逆时针方向转动。六拍方式的步距角 $\theta_b=15°$，其运行稳定性比前两种方式更好。

（3）步进电动机的转速

步进电动机的转速可以通过下式计算：

$$n=\frac{60f}{mZ_rC} \tag{5-8}$$

式中，f 为步进电动机的通电脉冲频率；m 为步进电动机的相数；Z_r 为步进电动机转子的齿数；单拍或双拍方式工作时 $C=1$，单双拍混合方式工作时 $C=2$。

实际的步进电动机，步距角做得很小。国内常见的反应式步进电动机步距角有 1.2°/0.6°、1.5°/0.75°、1.8°/0.9°、2°/1°、3°/1.5°、4.5°/2.25°等。步进电动机一般采用专用驱动电源进行调速控制，驱动电源主要由脉冲分配器和脉冲功率放大器两部分组成。

5.5.5　直线电动机

直线电动机就是把电能转换成直线运动的机械能的电动机。对于作直线运动的生产机械，使用直线电动机可以省却一套将旋转运动转换成直线运动的连杆转换机构，因而使系统结构简单，运行效率和传动精度均较高。

与旋转电动机相对应，直线电动机也可分为直线异步电动机、直线同步电动机、直线直流电动机和特种直线电动机。其中以直线异步电动机应用最广泛，在此，主要介绍直线异步电动机。

（1）直线异步电动机的分类和结构

直线异步电动机主要有平板型、圆筒型和圆盘型三种形式。

① 平板型直线异步电动机　平板型直线电动机可以看成是从旋转电动机演变而来的。可以设想，有一极数很多的三相异步电动机，其定子半径相当大，定子内表面的某一段可以认为是直线，则这一段便是直线电动机。也可以认为把旋转电动机的定子和转子沿径向剖开，并展成平面，就得到最简单的平板型直线电动机，如图 5-24 所示。

旋转电动机的定子和转子，在直线电动机中称为初级和次级。直线电动机的运行方式可

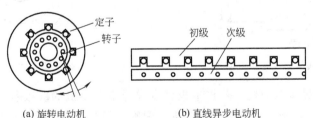

(a) 旋转电动机　　　　　(b) 直线异步电动机

图 5-24　直线电动机的形成

以是固定初级，让次级运动，此时称为动次级；相反，也可以固定次级而让初级运动，则称为动初级。为了在运动过程中始终保持初级和次级耦合，初级和次级的长度不应相同，可以使初级长于次级，称为短次级；也可以使次级长于初级，称为短初级。如图5-25所示。由于短初级结构比较简单，制造和运行成本较低，故一般常用短初级。

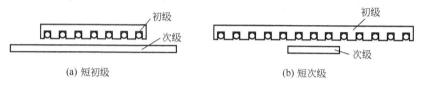

(a) 短初级　　　　　　　　　　　　(b) 短次级

图 5-25　平板型直线异步电动机（单边型）

图5-25所示的平板型直线电动机仅在次级的一边具有初级，这种结构形式称为单边型。

单边型除了产生切向力外，还会在初、次级间产生较大的法向力，这在某些应用中是不希望的。为了更充分地利用次级和消除法向力，可以在次级的两侧都装上初级，这种结构称为双边型，如图5-26所示。

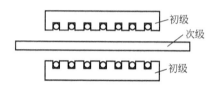

图 5-26　双边型直线电动机

平板型直线电动机的初级铁芯由硅钢片叠成，表面开有齿槽，槽中安放着三相、两相或单相绕组。它的次级形式较多，有类似笼式转子的结构，即在钢板上（或铁芯叠片里）开槽，槽中放入铜条或铝条，然后用铜带或铝带在两侧端部短接。但由于其工艺和结构较复杂，因此在短初级直线电动机中很少采用。最常用的次级有三种：第一种用整块钢板制成，称为钢次级或磁性次级，这时，钢既起导磁作用，又起导电作用；第二种为钢板上覆合一层铜板或铝板，称为覆合次级，钢主要用于导磁，而铜或铝用于导电；第三种是单纯的铜板或铝板，称为铜（铝）次级或非磁性次级，这种次级一般用于双边型电动机中。

② 圆筒型（或称管型）直线异步电动机　若将平板型直线异步电动机沿着与移动方向相垂直的方向卷成圆筒，即成为圆筒型直线异步电动机，如图5-27所示。

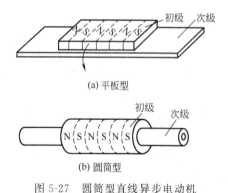

(a) 平板型

(b) 圆筒型

图 5-27　圆筒型直线异步电动机

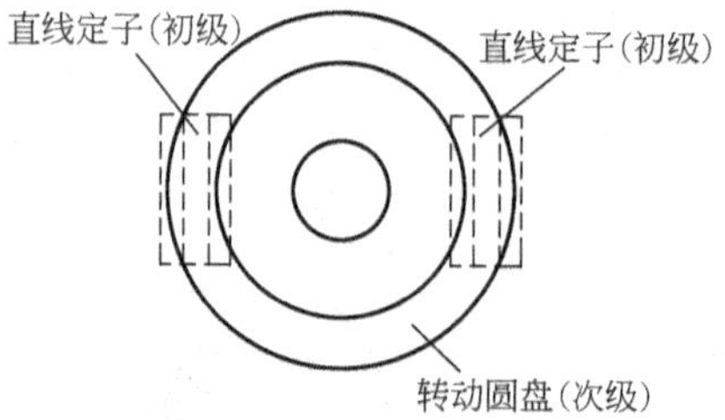

图 5-28　圆盘型直线异步电动机

③ 圆盘型直线异步电动机　若将平板型直线异步电动机的次级制成圆盘形结构，并能绕经过圆心的轴自由转动，使初级放在圆盘的两侧，使圆盘在电磁力作用下自由转动，便成为圆盘型直线电动机，如图5-28所示。

（2）直线异步电动机的工作原理

由上所述，直线电动机是由旋转电动机演变而来的，因而在初级的多相绕组中通入多相电流后，也会产生一个气隙基波磁场，但这个磁场不是旋转的，而是沿直线移动的，称为行波磁场。行波磁场在空间作正弦分布，如图5-29所示。它的移动速度为

$$v_1 = 2p\tau \frac{n_1}{60} = 2\tau \frac{pn_1}{60} = 2\tau f_1 \text{（cm/s）} \tag{5-9}$$

式中，τ 为极距，cm；f_1 为电源频率，Hz。

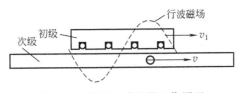

图 5-29　直线电动机的工作原理

行波磁场切割次级导条，将在其中感应出电动势并产生电流，该感应电流与行波磁场相互作用，产生电磁力，使次级跟随行波磁场移动。若次级的运动速度为 v，则直线异步电动机的转差率为

$$s = \frac{v_1 - v}{v_1} \tag{5-10}$$

将式（5-10）代入式（5-9），则得

$$v = 2\tau f_1(1-s) \tag{5-11}$$

由上式可知，改变极距 τ 和电源频率 f_1，均可改变次级的移动速度。

（3）直线异步电动机的应用

直线异步电动机主要应用在各种工业直线传动的电力拖动系统中，如自动搬运装置、传送带、带锯、直线打桩机及磁悬浮高速列车等，也用于自控系统中，如液态金属电磁泵、门阀、开关自动关闭装置及自动生产线机械手等。

直线异步电动机与磁悬浮技术相结合应用于高速列车上，可使列车达到高速而无振动噪声行驶，成为一种最先进的地面交通工具。

5.6　三相异步电动机的启动、调速与制动

5.6.1　三相异步电动机的启动

电动机接通电源以后，转速由零增加到稳定转速的过程叫启动过程。根据加在定子绕组上启动电压的不同，可分为全压启动和降压启动。

（1）全压启动

如果加在电动机定子绕组的启动电压是电动机的额定电压，这样的启动就叫全压启动（也叫直接启动）。

① 全压启动的缺点　在电动机刚刚接通电源的瞬间，旋转磁场已经产生，但是转子还来不及转动。此刻磁场以同步转速 n_1 作切割转子导体的运动，必然在转子导体中产生很强的感应电流。由于互感的作用，在定子绕组中产生很强的互感电流。通常全压启动时的启动电流可达电动机额定电流的4～7倍。

启动电流过大，供电线路上的电压降也随之增大，使电动机两端的电压减小。这样不仅使电动机本身的启动转矩减小，还将使同一供电线路上的其他用电设备不能正常工作。

启动电流过大，还会使电动机绕组散发出大量的热。当启动时间过长或频繁启动时，电动机散发出的热会影响电动机的使用寿命。长期使用，会使电动机内部绝缘老化，甚至烧毁电动机。

② 全压启动的应用　在一般情况下，当电动机的容量小于10kW或其容量不超过电源变压器容量的15%～20%时，启动电流不会影响同一供电线路上的其他用电设备的正常工作，可允许全压启动，如图5-30所示。

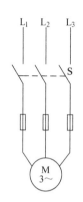

图 5-30　全压启动

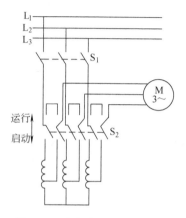

图 5-31　自耦变压器启动电路

全压启动的优点是启动设备简单可靠，在条件允许时可采用全压启动。

（2）降压启动

大、中型电动机不允许全压启动，应采取降压启动来减小启动电流。启动时用降低加在定子绕组上电压的方法来减小启动电流，当启动过程结束后，再使电压恢复到额定值运行，这种启动方法叫降压启动。降压启动的方法很多，这里介绍自耦变压器降压启动和星形-三角形换接降压启动。

① 自耦变压器降压启动　自耦变压器降压启动是利用三相自耦变压器降低加在电动机定子绕组上的启动电压，从而完成启动过程，其原理图如图5-31所示。启动时，先将开关 S_1 闭合，然后再将开关 S_2 置于"启动"位置上，线电压经自耦变压器降压后加到电动机的定子绕组上，这时电动机在低于额定电压下运行，启动电流较小。当电动机转速上升到一定程度时，将转换开关 S_2 的手柄从"启动"位置迅速倒向"运行"位置。使自耦变压器脱离电源和电动机，电动机在电源电压（额定电压）下正常运行。

通常把启动用的自耦变压器叫启动补偿器。一般功率在75kW以下的笼型异步电动机，比较广泛地应用自耦变压器降压启动。

② 星形-三角形换接降压启动　在同一个对称三相电源的作用下，对称三相负载作星形连接时的线电流是其接成三角形时的1/3；对称三相负载接成星形时的相电压是其接成三角形时相电压的 $1/\sqrt{3}$，这就是星形-三角形换接降压启动的原理。这种方法只适用于正常运行时定子绕组为三角形连接的电动机。星形-三角形换接启动的原理图如图5-32所示。

启动时先将开关 S_1 闭合，然后将开关 S_2 操作手柄投向"启动"位置，使定子绕组连接成星形，这样加在每相绕组上

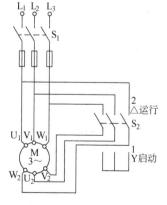

图 5-32　星形-三角形
换接启动电路

的电压为额定电压的 $1/\sqrt{3}$，实现了降压启动。

启动过程结束，迅速将开关 S_2 的操作手柄投向"运行"位置，使定子绕组连接成三角形，每相绕组上的电压为电动机正常工作时的额定电压，电动机正常运行。

星形-三角形换接降压启动的启动转矩较小，适用于空载或轻载启动。

5.6.2 三相异步电动机的调速

为了保证产品质量和提高生产效率，绝大多数生产机械（各种机床、轧钢机、造纸机、纺织机械等）要求在不同的情况下有不同的工作速度，即要求它们的速度能根据生产的需要而改变，这种改变速度的方法称为调速。

调速时，需要人为地改变电机的电气参数，从而在某一负载下得到不同的转速。而负载变化所引起的转速变化则是自然进行的，这时电气参数没有变化。

根据转差率的公式，三相异步电动机的转速为

$$n = \frac{60f}{p}(1-s) \tag{5-12}$$

由式(5-12) 可知，要实现三相异步电动机速度的调节有三种方法：

① 改变供电电源的频率 f 进行变频调速；

② 改变定子极对数进行变极调速；

③ 改变电动机的转差率进行调速。

（1）变极调速

改变电动机定子磁极对数，是靠改变定子绕组接线而实现的。图 5-33 是三相绕组中某一相的示意图，每相绕组可看成是由两个线圈 U_1、U_2 和 U_1'、U_2' 组成。图 5-33(a) 表示两个线圈顺向串联，对应的极数 $2p=4$。若将两个线圈接成如图 (b) 所示，此时两个线圈反向并联，得到的极数为 $2p=2$。由此可见，改变接法，即一个线圈中的电流不变，而另一个线圈中的电流流向改变时，电机的极对数会成倍地变化，同步转速也会成倍地变化，所以这种调速属于有级调速。

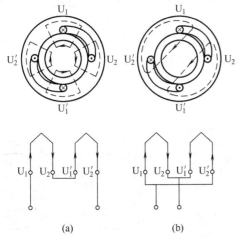

图 5-33 改变磁极对数原理图

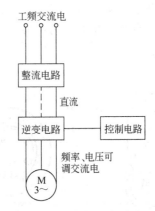

图 5-34 变频调速原理

一般三相异步电动机制造后，其磁极对数是不能随意改变的。可以改变磁极对数的笼型电动机是专门制造的，有双速或多速电动机的单独系列，但同样功率的电动机体积较大。

（2）变频调速

变频调速具有调速范围大，稳定性好，运行效率高的特点，是异步电动机最有发展前途

的调速方法。

变频调速的工作原理如图 5-34 所示。首先将 50Hz 的交流电通过整流器转换成直流电，再通过逆变器将直流电变换为频率可调、电压可调的交流电，供给异步电动机。频率和电压的改变是通过控制电路实现的。

（3）改变转差率调速

当降低定子电压时，在同一负载转矩下，转速将降低。这种调速方法称为降低定子电压调速。

转子电阻改变，机械特性曲线的位置将改变，因此在同一负载转矩下就有不同的转速。只要在绕线转子异步电动机的转子电路中外串不同电阻就能得到不同的转速。这种调速方法简单，设备投资不高，但只适用于绕线转子异步电动机，并且能耗较大，经济性较差。

当定子电压降低或转子串电阻时，旋转磁场的同步转速 n_1 没有变化，而转速发生变化，由 $s=(n_1-n)/n_1$ 可知，转差率 s 变化了，所以这两种调速方法属于改变转差率调速。

5.6.3 三相异步电动机的制动

三相异步电动机的运行状态除了电动运行状态以外，还有制动运行状态。

制动运行状态的特点是电磁转矩与转子转速的实际方向总是相反，这时，电动机的电磁转矩属于制动性质的转矩。

电动机的制动运行应用于使系统停车过程加快，如果仅将电动机从电源断开，则制动转矩很小（空载转矩），停车较慢，但是如果电动机处于制动状态，则电动机的电磁转矩作为制动转矩，可使电动机尽快地停车或由高速迅速转为低速运行。

三相异步电动机的制动方法有能耗制动、反接制动和回馈制动几种。

（1）能耗制动

这种制动方式就是将电动机定子绕组从三相交流电源上断开后，立即接通直流电源，如图 5-35 所示，定子绕组中的电流是直流电流（串接电阻 R 是为了控制直流电流的大小），于是电机内的磁场变为恒定磁场。转子由于惯性而仍在旋转，转子导体切割此恒定磁场，从而产生感应电动势和电流，根据右手定则和左手定则可以判定，这时由转子电流和恒定磁场作用所产生的电磁转矩的方向与转子转动方向相反，为一制动转矩，如图 5-35（b）所示，使转速下降。当 $n=0$ 时，转子电势和电流均为 0，电磁转矩也为 0，制动过程结束。这种方法是将转子的动能转变为电能，消耗在转子电阻上，所以称为能耗制动。

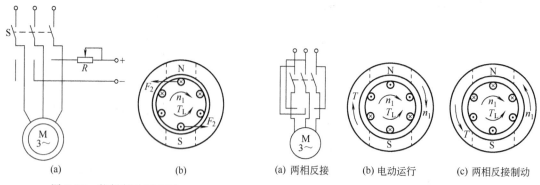

| (a) | (b) | (a) 两相反接 | (b) 电动运行 | (c) 两相反接制动 |

图 5-35　能耗制动原理图　　　　　　　图 5-36　定子两相反接制动图

制动转矩的大小与直流电流的大小有关，一般把直流电流的大小控制在电动机额定电流的 0.5～1.0 倍。

（2）反接制动

所谓反接制动，就是转子旋转方向和定子旋转磁场方向相反的工作状态。

制动时将接到电源的三相导线中的任意两根对调，故这种制动称为定子两相反接制动。当定子两相反接时，旋转磁场反向旋转，而转子由于惯性仍在原方向转动，这时转子感应电流所产生的电磁转矩与转子转动方向相反，起制动作用，如图 5-36 所示。在制动转矩的作用下，转子转速迅速下降。若要停车，则在转速接近零时，利用速度继电器将电源自动切断，否则电动机会自动反向启动。

在反接制动时，由于旋转磁场是反向旋转，其同步转速 n_1 为负值，所以此时的转差率为

$$s = \frac{-n_1 - n}{-n_1} > 1$$

旋转磁场与转子的相对转速（$n_1 + n$）较大，转子感应电流也会很大，因此在功率较大的三相异步电动机进行反接制动时，定子绕组（对于笼型电动机）或转子电路（对于绕线转子电动机）中要串入电阻，来限制制动时的电流。

实训：三相异步电动机的测试

（1）实训目的

① 进一步了解三相异步电动机的结构和铭牌数据的意义。

② 学会测试三相异步电动机定子绕组的绝缘电阻。

③ 学会测试三相异步电动机的启动电流和空载电流。

（2）实训设备与器件

① 三相笼型异步电动机 Y2-802-4，0.75kW，2A，1390r/min，1 台（1.1kW 及以下功率的 Y 或 Y2 系列三相异步电动机，提供的实训器材型号仅供参考，下同）。

② 万用电表 500 型或 MF-47 型，1 只。

③ 钳形交流电流表 T30-A 型或 MG24 型，1 只。

④ 兆欧表 ZC11-8 型 500V，0～100MΩ，1 只。

⑤ 三极刀开关、熔断器、接线板、绝缘导线、接线工具等。

（3）实训原理

1）观察并记录三相异步电动机的结构和铭牌数据。

2）了解兆欧表的基本结构，学习使用兆欧表测量电动机绝缘电阻的方法。

兆欧表主要由一台小容量、输出高电压的手摇直流发电机和一只磁电系比率表及测量线路组成，因此又称为摇表，其外形如图 5-37 所示。

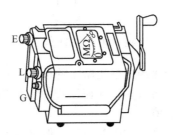

图 5-37　兆欧表的外形

使用兆欧表测量电动机绝缘电阻的方法如下。

① 测量前，需使被测设备与电源脱离，禁止在设备带电的状态下测量。

② 使用前应先对兆欧表进行检查，方法是：将兆欧表水平放置。"线（L）"与"保护

环"或"屏蔽（G）"端子开路时，表针应在自由状态。然后将"线（L）"与"地（E）"端子短接，按规定的方向缓慢摇动手柄，观察指针是否指向"0"刻度。若不能，则兆欧表有故障，不能用于测量。

③ 测量前要将被测端短路放电，以防止测试前设备电容储能在测量时放电，对操作者或兆欧表造成损害。

④ 测量时一般只使用兆欧表的"线（L）"和"地（E）"两个接线端接被测对象，测量电路如图 5-38 所示。

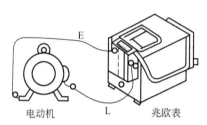

图 5-38　使用兆欧表测量电动机绝缘电阻的示意图

⑤ 连接兆欧表与被测对象宜使用单股导线，不要使用双股绞线或双股并行线，并注意不要让两根测量线缠绕在一起，以免影响读数的准确。

⑥ 手柄摇动的速度尽量保持在 120r/min，待指针稳定 1min 后进行读数。

⑦ 测试完毕，先降低手柄摇动的速度，并将"线（L）"端子与被测对象断开，然后停止摇动手柄，以防止设备的电容对兆欧表造成损害。注意此时手勿接触导电部分。

小型电动机维修常用的兆欧表如 ZC11-8 型（500V，0～100MΩ）。

3）了解钳形交流电流表的结构，学习其使用方法。

钳形交流电流表又简称为钳表或卡表，外形如图 5-39 所示，用于测量交流电流。

图 5-39　钳形电流表

测量时，先将转换开关置于比预测电流略大的量程上，然后手握胶木手柄扳动铁芯开关将钳口张开，将被测的导线放入钳口中，并松开开关使铁芯闭合，利用互感器的原理，就能从电表中读出被测导线中的电流值。

用钳形电流表测量交流电流虽然准确度不高，但可以不用断开被测电路，使用方便，因而得到广泛应用。使用钳形电流表测量时应注意以下几项。

① 使用前，应检查钳形电流表的外观是否完好，绝缘有无破损，钳口铁芯的表面有无污垢和锈蚀。

② 为使读数准确，钳口铁芯两表面应紧密闭合。如铁芯有杂声，可将钳口重新开合一

次；如仍有杂声，就要将钳口铁芯两表面上的污垢擦拭干净再测量。

③ 在测量小电流时，若指针的偏转角很小，读数不准确，可将被测导线在钳口上绕几圈以增大读数，此时实际测量值应为表头的读数除以所绕的匝数。

④ 钳形电流表一般用于测量低压电流，而不能用于测量高压电流。在测量时，为保证安全，应戴上绝缘手套，身体各部位应与带电体保持不小于 0.1m 的安全距离。为防止造成短路事故，一般不得用于测量裸导线，也不准将钳口套在开关的闸嘴上或套在保险管上进行测量。

⑤ 在测量中不准带电转换量程挡位，应将被测导线退出钳口或张开钳口后再换挡。使用完毕，应将钳形电流表的量程挡位开关置于最大量程挡。

小型电动机维修常使用互感式的钳形交流电流表，型号如 MG-27 型（0～10～50～250A，0～300～600V，0～300Ω）。

（4）实训步骤与要求

1）观察三相异步电动机的铭牌数据。

观察实训室提供的三相异步电动机的铭牌，记录于表 5-2 中。

表 5-2 三相异步电动机铭牌数据记录表

型号		额定功率	
接法		额定电压	
额定电流		额定转速	
额定频率		功率因数	
温升			

2）测量电动机定子绕组的绝缘电阻。

打开三相异步电动机的接线盒，拆开定子各相绕组之间的连接片，使定子各相绕组各自独立，互不相连。

① 测量 U、V、W 三个接线端对地的绝缘电阻；

② 测量 U、V、W 三个接线端之间的绝缘电阻。

测量结果均记录于表 5-3 中。

表 5-3 三相异步电动机绕组绝缘电阻测量记录表

U-地	V-地	W-地
U-V	V-W	W-U

建议：可由实训室提供给各实训组好的和坏的电动机各一台，让学生分别检查、判别。

3）测量三相异步电动机的启动电流和空载电流，按图 5-30 接线。

① 合上电源开关 S，用钳形电流表测量电动机的启动电流；

② 待电动机的转速稳定后，测量电动机空载运行电流。

测量结果均记录于表 5-4 中。

表 5-4 三相异步电动机启动电流和空载电流测量记录表

启动电流	空载电流

（5）实训总结与分析

① 实训记录（表 5-2、表 5-3、表 5-4）。

② 试述三相异步电动机铭牌数据的含义。

③ 比较三相异步电动机启动电流和空载电流的大小并进行分析。

④ 本次实训的认识和收获。

练 习 题

5-1 电动机的功能是什么？按所用电源、结构的不同可分哪几类？

5-2 旋转磁场的转速和旋转方向取决于什么？如何改变旋转磁场的旋转方向？

5-3 求旋转磁场转速分别为 1000r/min 和 600r/min 的电动机磁极对数。

5-4 一台三相异步电动机的转速为 720r/min，电源频率为 50Hz，试求此时的转差率。

5-5 异步电动机为什么称"异步"？

5-6 什么叫三相异步电动机的启动转矩 T_{st}？什么叫额定转矩 T_N？只当启动转矩大于额定转矩时电动机才能启动，这句话对吗？为什么？

5-7 某台三相笼型异步电动机，额定功率 $P_N = 20kW$，额定转速 $n_N = 970r/min$，过载系数 $\lambda_m = 2.0$，启动系数 $\lambda_{st} = 1.8$，求该电动机的额定转矩 T_N、最大转矩 T_m 和启动转矩 T_{st}。

5-8 今有 Y180M-2 和 Y225M-8 型三相异步电动机各一台，额定功率 P_N 都是 22kW，前者额定转速为 2940r/min，后者额定转速为 730r/min，试比较它们的额定转矩，并由此说明电动机的极数、转速及转矩三者之间的大小关系。

5-9 已知一台 Y132S-4 型三相异步电动机的额定数据如下：$P_N = 5.5kW$，$n_N = 1440r/min$，$U_N = 380V$，△接法，$\eta = 85.5\%$，$\cos\varphi = 0.84$，$I_{st}/I_N = 7.0$，$T_{st}/T_N = 1.2$，$T_m/T_N = 2.2$，$f_1 = 50Hz$。试求：①额定转差率 s_N；②额定电流 I_N；③额定转矩 T_N、启动转矩 T_{st} 和最大转矩 T_m。

5-10 异步电动机的额定电压是 220/380V，当三相电源的线电压分别是 220V 和 380V 时，问：①电动机的定子绕组作何种连接？②在这两种接法下，加在电动机每相绕组中的相电流是否相同？③在轴上负载相同的情况下，电动机每相绕组中流过的电流是否相同？④电动机的额定功率是否变化？

5-11 单相异步电动机可分为哪几种不同的类型？你所见到的家用电器中，有哪些电器是用单相异步电动机作动力的？

5-12 在自动装置中，伺服电动机起什么作用？对它的性能有什么要求？

5-13 步进电动机的作用是什么？主要应用于哪些场合？

6 低压电器及电动机控制线路

【知识目标】 [1] 理解常用低压电器的基本概念与基本物理量；
　　　　　　 [2] 理解常用低压电器的原理与使用方法；
　　　　　　 [3] 理解常用低压电器的特性与选用方法；
　　　　　　 [4] 理解三相异步电动机控制电路的工作原理；
　　　　　　 [5] 理解三相异步电动机控制电路的分析方法。

【能力目标】 [1] 掌握常用低压电器的基本概念；
　　　　　　 [2] 掌握常用低压电器的原理与使用方法；
　　　　　　 [3] 熟练掌握常用低压电器的特性与选用方法；
　　　　　　 [4] 熟练掌握三相异步电动机控制电路的分析方法；
　　　　　　 [5] 熟练掌握电动机正反转控制线路的安装与调试方法。

6.1 常用低压电器

电器是接通和断开电路或调节、控制和保护电路及电气设备用的电工器具。

电器的功能多，用途广，品种规格繁多，为了系统地掌握，必须加以分类。

（1）按工作电压等级分类

① 高压电器：用于交流电压 1200V、直流电压 1500V 及以上电路中的电器，例如高压断路器、高压隔离开关、高压熔断器等。

② 低压电器：用于交流 50Hz 或（60Hz）额定电压为 1200V 以下、直流额定电压为 1500V 及以下的电路内起通断、保护、控制或调节作用的电器（简称电器），例如接触器、继电器等。

（2）按动作原理分类

① 手动电器：人手操作发出动作指令的电器，例如刀开关、按钮等。

② 自动电器：产生电磁吸力而自动完成动作指令的电器，例如接触器、继电器等。

（3）按用途分类

① 控制电器：用于各种控制电路和控制系统的电器，例如接触器、继电器、电动机启动器等。

② 配电电器：用于电能的输送和分配的电器，例如中间继电器。

③ 主令电器：用于自动控制系统中发送动作指令的电器，例如按钮、转换开关等。

④ 保护电路：用于保护电路及用电设备的电器，例如熔断器、热继电器等。

⑤ 执行电器：用于完成某种动作或传送功能的电器，例如电磁铁等。

6.1.1 熔断器

熔断器是低压电路及电动机控制线路中，用作过载和短路保护的电器。熔断器串联在线路中，当线路或电气设备发生短路或严重过载时，熔断器首先熔断，使线路或电气设备脱离电源，起到保护作用。熔断器是一种保护电器，具有结构简单、价格便宜，使用、维护方便，体积小、重量轻等优点，故得到广泛的应用。

熔断器主要由熔体和安装熔体的绝缘底座（熔座）或绝缘管（熔管）两部分组成。熔体是熔断器的主要部分，熔体呈片状或丝状，用易熔金属材料如锡、铅、锌、铜、银及其他合金等制成。熔体的熔点一般在 200～300℃。熔管是装熔体的外壳，由陶瓷、绝缘钢纸或玻璃纤维制成，在熔体熔断时兼有灭弧作用。

每一种规格的熔体都有额定电流和熔断电流两个参数。通过熔体的电流小于其额定电流时，熔体不会熔断，只有在超过其额定电流并达到熔断电流时，熔体才会发热熔断。通过熔体的电流越大，熔体熔断越快，一般规定通过熔体的电流为额定电流的 1.3 倍时，应在 1h 以上熔断；通过额定电流的 1.6 倍时，应在 1h 内熔断；通过电流达到两倍额定电流时，熔体在 30～40s 后熔断；当电流达到 8～10 倍额定电流时，熔体应瞬时熔断。熔断器对于过载时是很不灵敏的，当电气设备轻度过载时，熔断器时间延迟很长，甚至不熔断。因此熔断器在机床电路中不作为过载保护，只作为短路保护，而在照明电路中作短路保护和严重过载保护。

熔断电流一般是熔体额定电流的 2 倍。

熔断器有 3 个参数：额定工作电压、额定工作电流和断流能力。

断熔器的工作电压大于额定工作电压，会出现当熔体熔断时有可能发生电弧不能熄灭的危险。熔管内所装熔体的额定电流必须小于或等于熔管的额定电流；熔断能力是表示熔断器断开网络故障所能切断的最大电流。

（1）常用的熔断器

① 瓷插式熔断器　瓷插式熔断器是由瓷盖、瓷底、动触头、静触头及熔丝五部分组成，常用 RCIA 系列瓷插式熔断器的外形及结构如图 6-1 所示。

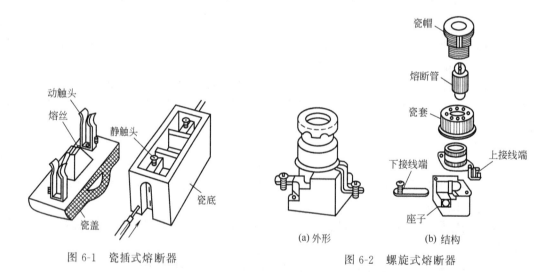

图 6-1　瓷插式熔断器　　　　图 6-2　螺旋式熔断器

瓷盖和瓷底均用电工瓷制成，电源线和负载线可分别接在瓷底两端的静触头上。瓷底座中间有一个空腔，与瓷盖突出的部分构成灭弧室。容量较大的熔断器在灭弧室中还垫有熄弧用的编织石棉。

RCIA 系列瓷插式熔断器的额定电压为 380V，额定电流有 5A、10A、15A、30A、60A、100A 及 200A 等。

RCIA 系列瓷插式熔断器价格便宜，更换方便，广泛用作照明和小容量电动机的短路保护。

② 螺旋式熔断器　螺旋式熔断器主要由瓷帽、熔断管、瓷套、上接线端、下接线端及座子六部分组成。常用 RL1 系列螺旋式熔断器的结构如图 6-2 所示。

RL1 系列螺旋式熔断器的熔断管内，除了装熔丝外，在熔丝周围填满石英砂，作为熄灭电弧用。熔断管的上端有一小红点，熔丝熔断后小红点自动脱落，显示熔丝已熔断。使用时将熔断管有红点的一端插入瓷帽，瓷帽上有螺纹，将螺母和熔管一同拧进磁底座，熔丝便接通电路。

在装接时，用电设备的连接线接到连接金属螺纹壳的上接线端，电源线接到瓷底座上的下接线端，这样在更换熔丝时，旋出瓷帽后，螺纹壳上不会带电，很安全。

RL1 系列螺旋式熔断器的额定电压为 500V，额定电流有 15A、60A、100A 及 200A 等。

RL1 系列螺旋式熔断器的断流能力大，体积小，安装面积小，更换熔丝方便，安全可靠，并且熔丝熔断后有显示。在额定电压为 500V，额定电流为 200A 以下的交流电路或电动机控制电路中作为过载或短路保护。

③ 封闭管式熔断器　封闭管式熔断器分为无填料、有填料和快速三种。RM7、RM10 系列为无填料封闭管式熔断器，用作低压电力网络和成套配电设备中作短路保护和连续过载保护。无填料封闭管式熔断器如图 6-3 所示。R70 系列为有填料封闭管式熔断器，它是一种具有大分断能力的熔断器，广泛应用于供电线路中和要求分断能力高的场合（如变电所主回路、成套配电装置）。有填料封闭管式熔断器如图 6-4 所示。RS0 系列为快速熔断器，它主要用于半导体整流元件或整流装置的短路保护。由于半导体元件的过载能力低，只能在极短时间内承受较大的过载电流，因此要求短路保护具有快速熔断能力。

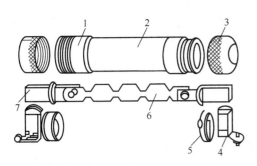

图 6-3　无填料封闭管式熔断器

1—钢圈；2—熔断器；3—管帽；4—插座；
5—特殊垫圈；6—熔体；7—熔片

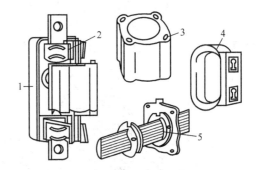

图 6-4　有填料封闭管式熔断器

1—磁底座；2—弹簧片；3—管体；
4—绝缘手柄；5—熔体

④ 自复熔断器　自复熔断器采用金属钠作熔体，在常温下具有高电导率。当电路发生短路故障时，短路电流产生高温使钠迅速汽化，气态钠呈现高阻态，从而限制了短路电流。当短路电流消失后，温度下降，金属钠恢复原来的良好导电性能。自复熔断器只能限制短路电流，不能真正分断电路。其优点是不必更换熔体，能重复使用。

（2）熔断器的选用

熔断器用于不同性质的负载，其熔体额定电流的选用方法也不同。

① 熔断器类型选择　其类型应根据线路的要求、使用场合和安装条件来选择。

② 熔断器额定电压的选择　其额定电压应大于或等于线路的工作电压。

③ 熔断器额定电流的选择　其额定电流必须大于或等于所装熔体的额定电流。

④ 熔体额定电流的选择

a. 对于电炉、照明等电阻性负载的短路保护，熔体的额定电流必须等于或稍大于电路的工作电流。

b. 在配电系统中，通常有多级熔断器保护，发生短路故障时，远离电源端的前级熔断器应先熔断。所以一般后一级熔体的额定电流比前一级熔体的额定电流至少大一个等级，以防止熔断器越级熔断而扩大停电范围。

c. 保护单台电动机时，考虑到电动机受启动电流的冲击，熔断器的额定电流应按下式计算：

$$I_{RN} \geq (1.5 \sim 2.5) I_N$$

式中，I_{RN} 为熔体的额定电流；I_N 为电动机的额定电流，轻载启动或启动时间短时，系数可取近 1.5，带重载启动或启动时间长时，系数可取 2.5。

d. 保护多台电动机，熔断器的额定电流可按下式计算：

$$I_{RN} \geq (1.5 \sim 2.5) I_{Nmax} + \sum I_N$$

式中，I_{Nmax} 为容量最大的一台电动机的额定电流；$\sum I_N$ 为其余电动机额定电流之和。

e. 快速熔断器的选用。快速熔断器接在交流侧或直流侧电路中时，额定电流可按下式计算：

$$I_{RN} \geq k_1 I$$

式中，k_1 为与整流电路形式有关的系数；I 为最大整流电流。

6.1.2 刀开关的原理与使用方法

开关通常是指用手来操纵、对电路进行接通或断开的一种控制电器。

（1）闸刀开关

它是最简单的一种刀开关，刀极数目有二极和三极两种。

如图 6-5 所示为闸刀开关的结构。在瓷底座上装有静插座、接熔丝的接头和带瓷手柄的闸刀等。图示为合闸位置，闸刀已推入静插座。胶盖为防护盖。

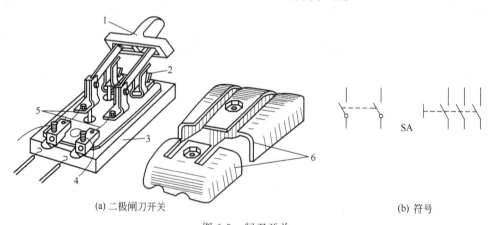

(a) 二极闸刀开关　　　　　　　　　　　　　　　　(b) 符号

图 6-5　闸刀开关

1—带瓷手柄的闸刀；2—静插座；3—瓷底座；4—出线端；5—熔丝；6—胶缝

安装闸刀开关时应将电源进线接在静插座上，将用电器接在闸刀开关的出线端。这样在分闸时，闸刀和熔丝上不会带电，可以保证装换熔丝和维修用电器时的人身安全。

闸刀开关的符号见图 6-5(b)，左侧为开关的一般符号，在开关的一般符号上加上手动控制的一般符号，即成为手动开关的一般符号，见右侧。在开关的一般符号中，上部竖线代表电源进线端，下部竖线代表电源的出线端，圆圈"○"代表活动连接（省去即为简化画法），中部的斜线代表闸刀，虚线表示机械连接，闸刀能联动。闸刀开关的文字符号为 SA。

常用闸刀开关有 HK1、HK2 系列胶盖瓷底闸刀开关，它们的额定电压为 380V，额定电流有 15A、30A 和 60A 三种。

（2）铁壳开关

如图 6-6 所示，铁壳开关主要由刀开关、瓷插式断熔器、操作机构和钢板（或铸铁）外壳等组成。在内部装有速断弹簧，用钩子钩在手柄转轴和底座间，闸刀为 U 形双刀片，可以分流；当手柄转轴转到一定角度时，速断弹簧的拉力增大，就使 U 形双刀片快速地从静插座拉开，电弧被迅速拉长而熄灭。为了保证用电安全，铁壳上装有机械联锁装置，当箱盖打开时，手柄不能操纵开关合闸；当闸刀合闸后，箱盖不能打开。安装时，铁壳应可靠接地，以防意外的漏电引起操作者触电。

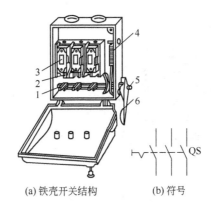

(a) 铁壳开关结构　　　(b) 符号

图 6-6　铁壳开关

1—闸刀；2—夹端；3—熔断器；4—速断弹簧；5—转轴；6—手柄

铁壳开关的符号如图 6-6 所示，文字符号为 QS，三极铁壳开关既可用作工作机械的电源隔离开关，也可用作负荷开关，直接启动电动机。

（3）组合开关

组合开关是另一种形式的开关，它的特点是使用动触片的左右旋转来代替闸刀的推合和拉开，结构较为紧凑。

图 6-7 所示为 HZ10-25/3 型三极组合开关，三极组合开关共有六个静触头和三个动触头，静触头的一端固定在胶木边框内，另一端则伸出盒外，并附有接线螺钉，以便和电源及用电器相连接。从图中可见，三个动触片与静触片保持接合或分断。在开关的顶部还装有扭簧储能机构，使开关能快速闭合或分断。

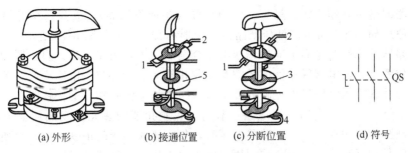

(a) 外形　　　(b) 接通位置　　　(c) 分断位置　　　(d) 符号

图 6-7　HZ10-25/3 型三极组合开关

1—电源；2—负载；3—动触头；4—静触头；5—绝缘垫板

组合开关是螺旋操作开关，它的符号见图 6-7，文字符号为 QS。

组合开关由于安装地方小，操作方便，被广泛地作用电源隔离开关（通常不带负载时操作）。有时也用作负荷开关，接通和断开小电流电路，例如直接启动冷却液泵电动机、控制机床照明等。

（4）倒顺开关

倒顺开关又称可逆转换开关。它是一种特殊类型的组合开关，可用来控制电动机的正反转。其常用型号有 H23-132 和 H23-133。

如图 6-8 所示，倒顺开关的手柄有"倒"、"停"、"顺"三个工作位置。移去罩壳，可以看到两旁各装有三个静触头，右边标字母 L_1、L_2 和 W，左边标字母 U、V 和 L_3。L_1、L_2 和 L_3 的静触头和三相电源连接，U、V 和 W 的静触头与电动机的接线端连接。有关的动触头则固定在装有手柄的开关转轴上。

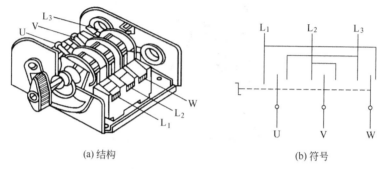

(a)结构   (b)符号

图 6-8 倒顺开关

图 6-8（b）为倒顺开关的符号。上部竖线代表静触头，下部竖线代表动触头。图 6-8 中的动触头在中间位置时，动、静触头不接触，这时手柄放在"停"的位置。当动触头和左面的静触头相接触，即手柄放在"顺"的位置时，电路按 L_1-U、L_2-V、L_3-W 接通。当动触头和右面的静触头相接触，即手柄放在"倒"的位置时，电路按 L_1-W、L_2-V、L_3-U 接通。由于在"倒"、"顺"两个位置时，接入电动机的电源相序不同，因此可使电动机作正转和反转。

6.1.3 断路器的原理与选用

低压断路器多用于不频繁地转换及启动电动机，对线路、电气设备及电动机实行保护，当它们发生严重过载、短路及欠电压等故障时能自动切断电路，因此，低压断路器是低压配电网中的一种重要的保护电器。

低压断路器具有多种保护功能（过载、短路、欠电压保护等）、动作值可调、分断能力高、操作方便、安全可靠等优点，所以目前被广泛应用。

（1）结构和工作原理

低压断路器是由操作机构、触头、保护装置（各种脱扣器）、灭弧系统等组成。低压断路器的工作原理如图 6-9 所示。低压断路器的图形和文字符号如图 6-10 所示。

低压断路器的主触头是靠手动操作或电动合闸的。主触头闭合后，自由脱扣机构将主触头锁在合闸位置上，过电流脱扣器的线圈和热脱扣器的热元件与主电路串联，欠电压脱扣器的线圈和电源并联。当电路发生短路或严重过载时，过电流脱扣器的衔铁吸合，使自由脱扣机构动作，主触头断开主电路。当电路过载时，热脱扣器的热元件发热使双金属片向上弯曲，推动自动脱扣机构动作。当电路欠电压时，欠电压脱扣器的衔铁释放，也使自由脱扣机构动作。分励脱扣器则作为远距离控制用，在正常工作时，其线圈是断电的，在需要远距离控制时，按下启动按钮，使线圈通电，衔铁带动自由脱扣机构动作，使主触头断开。

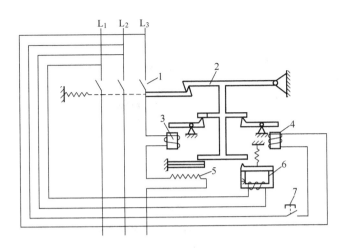

图 6-9　低压断路器的工作原理　　　　　　图 6-10　低压断路器的
1—主触头；2—自由脱扣机构；3—过电流脱扣器；4—分　　　　　图形和文字符号
励脱扣器；5—热脱扣器；6—欠电压脱扣器；7—启动按钮

（2）低压断路器的类型

① 万能式断路器　具有绝缘衬垫的框架机构底座将所有的构件组装在一起，用于配电网络的保护。主要型号有 DW10 和 DW15 两个系列。

② 塑料外壳式断路器　具有用模压绝缘材料制成封闭型外壳将所有构件组装在一起。用作配电网络的保护和电动机、照明电路及电热器具等的控制开关。主要型号有 DZ5、DZ10 和 DZ20 等系列。

③ 快速断路器　具有快速电磁铁和强有力的灭弧装置，最快动作时间可在 0.02s 之内，用于半导体整流元件和整流装置的保护。主要型号有 DS 系列。

④ 限流断路器　利用短路电流产生的巨大电动斥力，使触头迅速断开，能在交流短路电流尚未达到高峰之前就把故障电路切断，用于短路电流相当大（高达 70kA）的电路中。主要型号有 DWX15 和 DWX10 两个系列。

（3）低压断路器的选用

① 断路器的额定电压和额定电流应大于或等于线路、设备的正常工作电压和工作电流。

② 断路器的极限通断能力大于或等于电路最大短路电流。

③ 欠电压脱扣器的额定电压等于线路的额定电压。

④ 过电流脱扣器的额定电流大于或等于线路的最大负载电流。

6.1.4　接触器的原理与选用

接触器是电力拖动和自动控制系统中使用量大面广的一种低压控制电器，用来频繁地接通和分断交直流主回路和大容量控制电路。主要控制对象是电动机，能实现远距离控制，并具有欠（零）电压保护。

（1）结构和工作原理

接触器主要由电磁系统、触头系统和灭弧装置组成，结构简图如图 6-11 所示，接触器的符号如图 6-12 所示。

① 电磁系统　电磁系统包括动铁芯（衔铁）、静铁芯和电磁线圈三部分组成，其作用是将电磁能转换成机械能，产生电磁力，带动触头动作。

② 触头系统　触头是接触器的执行元件，用来接通或断开被控制电路。

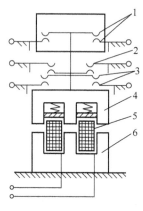

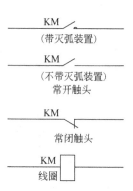

图 6-11 接触器结构简图

1—主触头；2—常闭辅助触头；3—常开辅助触头；
4—动铁芯；5—电磁线圈；6—静铁芯

图 6-12 接触器的符号

触头的结构形式很多，按其所控制的电路可分为主触头和辅助触头。主触头用于接通或断开主电路，允许通过较大的电流；辅助触头用于接通或断开控制电路，只能通过较小的电流。

触头按其原始状态可分为常开触头和常闭触头。原始状态时（即线圈未通电）断开，线圈通电后闭合的触头叫常开触头；原始状态闭合，线圈通电后断开的触头叫常闭触头（线圈断电后所有触头复原）。

③ 灭弧装置 当触头断开瞬间，触头间距离极小，电场强度极大，触头间产生大量的带电粒子，形成炽热的电子流，产生弧光放电现象，成为电弧。电弧的出现，既妨碍电路的正常分断，又会使触头受到严重腐蚀，因此必须采取有效的措施进行灭弧，以保证电路和电器元件的工作安全可靠。要使电弧熄灭，应设法降低电弧的温度和电场强度，常用的灭弧装置有灭弧罩、灭弧栅和磁吹灭弧装置。

④ 接触器的工作原理 掌握了接触器的结构，就容易了解其工作原理。当电磁线圈通电后，线圈电流产生磁场，使静铁芯产生电磁吸力吸引衔铁，并带动触头动作，常开触头闭合，常闭触头端开，两者是联动的。当线圈断电时，电磁吸力消失，衔铁在释放弹簧的作用下释放，使触头复原，常开触头断开，常闭触头闭合。

（2）交流接触器

接触器按其主触头所控制的主电路电流的种类可分为交流接触器和直流接触器两种。

交流接触器线圈通以交流电，主触头接通、分断交流主电路，如图 6-13 所示。

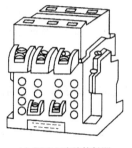

(a) CJ10-40交流接触器

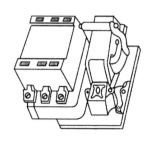

(b) CJ10-60交流接触器

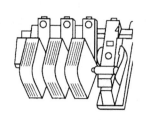

(c) CJ12系列交流接触器

图 6-13 交流接触器

当交变磁通穿过铁芯时，将产生涡流和磁滞损耗，使铁芯发热。为减少铁损，铁芯用硅钢片冲压而成。为便于散热，线圈做成短而粗的圆桶状绕在骨架上。

由于交流接触器铁芯中的磁通是交变的，故当磁通过零时，电磁吸力也为零，吸合后的衔铁在反力弹簧的作用下被拉开，磁通过零后电磁吸力又增大，当吸力大于反力时，衔铁又被吸合。这样，使衔铁产生强烈振动和噪声，甚至使铁芯松散。因此在交流接触器铁芯端面上安装一个铜制的短路环，短路环包围铁芯端面约 2/3 的面积，如图 6-14 所示。

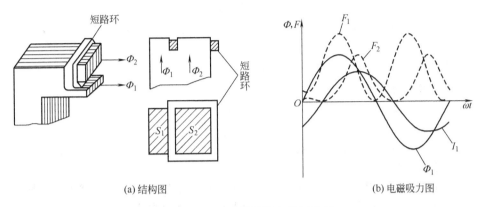

(a) 结构图　　　　　　　　　　(b) 电磁吸力图

图 6-14　交流接触器铁芯的短路环

当交变磁通穿过短路环所包围的截面积 S_2，在环中产生涡流时，根据电磁感应定律，此涡流产生的磁通 Φ_2 在相位上落后于短路环外铁芯截面 S_1 中的磁通 Φ_1，由 Φ_1、Φ_2 产生的电磁力为 F_1、F_2，作用在衔铁上的合成电磁吸力 F_1+F_2，只要此合力始终大于其反力，衔铁就不会产生振动和噪声，如图 6-14(b) 所示。

（3）直流接触器

直流接触器线圈通以直流电流，主触头接通、切断直流主电路，直流接触器外形如图 6-15 所示。

直流接触器的线圈通以直流电，在铁芯中不会产生涡流和磁滞损耗，所以不会发热。为方便加工，铁芯用整块钢块制成。为使线圈散热良好，通常将线圈绕制成长而薄的圆筒状。

（4）接触器的选用原则

① 额定电压　接触器的额定电压是指主触头的额定电压，应等于负载的额定电压。通常电压等级分为交流接触器 380V、660V 及 1140V；直流接触器 220V、440V、660V。

② 额定电流　接触器的额定电流是指主触头的额定电流，应等于或稍大于负载的额定电流（按接触器设计时规定

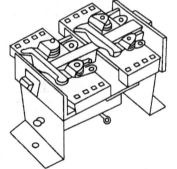

图 6-15　直流接触器外形

的使用类别来确定）。CJ20 系列交流接触器额定电流等级有 10A、16A、32A、55A、80A、125A、200A、315A、400A、630A。CZ18 系列直流接触器额定电流等级有 40A、80A、160A、315A、630A、1000A。

③ 电磁线圈的额定电压　电磁线圈的额定电压等于控制回路的电源电压，通常电压等级分为交流线圈 36V、127V、220V、380V；直流线圈 24V、48V、110V、220V。

④ 触头数目　接触器的触头数目应能满足控制线路的要求。各种类型的接触器触头数目不同。交流接触器的主触头有三对（常开触头），一般有四对辅助触头（两对常开、两对

常闭），最多可达到六对（三对常开、三对常闭）。直流接触器主触头一般有两对（常开触头）；辅助触头有四对（两对常开、两对常闭）。

⑤ 额定操作频率　接触器额定操作频率是指每小时接通次数。通常交流接触器为 600 次/h；直流接触器为 1200 次/h。

6.1.5　继电器的原理与使用

继电器主要用于控制与保护或作信号转换用。当输入量变化达到某一定值时，继电器动作，其触头接通或断开交、直流小容量的控制回路。

随着现代科技的高速发展，继电器的应用越来越广泛。为了满足各种使用要求，人们研制了许多新结构、高性能、高可靠性的继电器。

继电器的种类很多，常用的分类方法有：

按用途分为控制继电器和保护继电器；

按动作原理可分为电磁式继电器、感应式继电器、电动式继电器、电子式继电器和热继电器；

按输入信号的不同分为电压继电器、中间继电器、时间继电器、速度继电器等。

（1）电磁式继电器

电磁式继电器是使用最多的继电器，其基本结构和工作原理与接触器大致相同。但继电器是用于切换小电流的控制和保护电器，其触点种类和数量较多，体积较小，动作灵敏，无需灭弧装置。

① 电流继电器　电流继电器的线圈与被测电路（负载）串联，以反映电路的电流大小。为了不影响电路的工作情况，电流继电器的线圈应匝数少、导线粗、阻抗小。电磁式电流继电器结构如图 6-16(a) 所示。

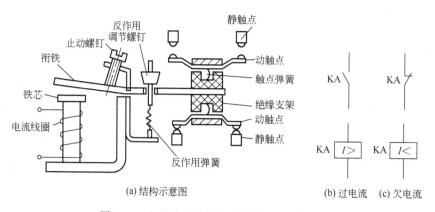

(a) 结构示意图　　(b) 过电流　(c) 欠电流

图 6-16　电磁式电流继电器结构示意图及符号

电流继电器又有过电流继电器和欠电流继电器之分。过电流继电器在电路正常工作时不动作；当负载电流超过某一整定值时，衔铁吸合、触点动作。其电流整定范围通常为 1～1.4 倍的线圈额定电流。过电流继电器的图形符号、文字符号如图 6-16(b) 所示。

欠电流继电器的吸引电流为线圈额定电流的 30%～50%，释放电流为额定电流的 0%～20%。因此，在电路正常工作时衔铁是吸合的；当负载电流降到某一整定值时，继电器释放，输出控制信号。欠电流继电器的文字符号、图形符号如图 6-16(c) 所示。

② 电压继电器　电压继电器的结构与电流继电器相似，不同的是为反映电路电压的变化，电压继电器的线圈是与负载并联的。其线圈的匝数多、导线细、阻抗大。

根据实际使用的要求，电压继电器有过电压、欠电压、零电压继电器等。一般来说，过电压继电器是电压达到 110％～115％ 的额定电压以上时动作，对电路进行过电压保护；而欠电压继电器在电压为 40％～70％ 额定电压时工作，对电路进行欠电压保护。零电压继电器是在电压达到 5％～25％ 的额定电压时动作，对电路进行零电压保护。具体动作值根据需要整定。它们的图形符号、文字符号如图 6-17 所示。

③ 中间继电器　中间继电器实际上是一种电压继电器，但它的触点数量较多，触点容量较大（额定电流 5～10A），动作灵敏（动作时间小于 0.05s），具有中间放大作用。它在电路中常用来扩展触点数量和增大触点容量。JZ7 型中间继电器如图 6-18 所示。

（2）热继电器

热继电器是利用电流的热效应原理工作的电器，广泛应用于三相异步电动机的长期过载保护。热继电器外形如图 6-19 所示。

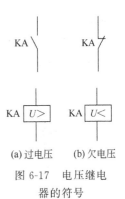

图 6-17　电压继电器的符号

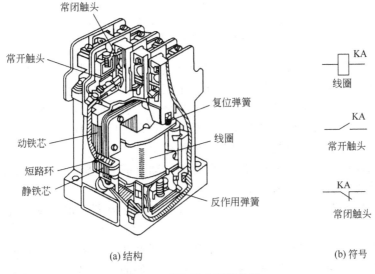

图 6-18　JZ7 型中间继电器

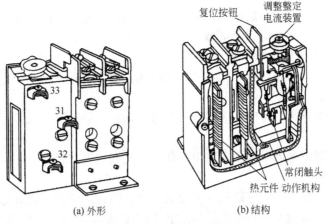

图 6-19　热继电器外形结构

电动机在实际运行中，常会遇到过载情况，但只要过载不严重、时间短、绕组不超过允许的温升，这种过载是允许的。但如果过载情况严重、时间长，则会加速电动机绝缘的老化，甚至烧毁电动机，因此必须对电动机进行长期过载保护。

热继电器主要由热元件、双金属片和触头组成，如图 6-20 所示。

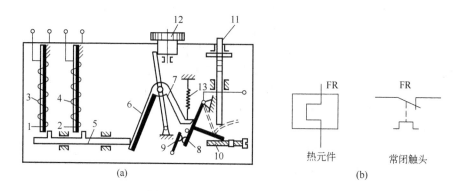

图 6-20 热继电器的原理和符号

1,2—主双金属片；3,4—加热元件；5—导板；6—温度补偿片；7—连杆；8—动触头；
9—静触头；10—螺钉；11—复位按钮；12—凸轮；13—弹簧

热元件由发热电阻丝做成。双金属片由两种热膨胀系数不同的金属碾压而成，当金属片受热时，会出现弯曲变形。使用时，把热元件串接于电动机的主电路中，而常闭触头串接于电动机的控制电路中。当电动机正常运行时，热元件产生的热量虽能使双金属片弯曲，但还不足以使热继电器的触头动作。当电动机过载时，双金属片弯曲位移增大，推动导板使常闭触头断开，从而切断电动机控制电路以起到保护作用。

热继电器动作后，经过一段时间的冷却即能自动或手动复位。热继电器动作电流的调节可以借助旋转凸轮于不同位置来实现。

在三相异步电动机电路中，一般采用两相结构的继电器，即在两相主电路中串接热元件。

如果发生三相电源严重不平衡、电动机绕组内部短路或绝缘不良的故障，使电动机某一相的线电流比其他两相要高，而这一相没有串接热元件的话，热继电器也不能起保护作用，这时需采用三相结构的热继电器。

（3）时间继电器

从得到输入信号（线圈的通电或断电）开始，经过一定的延时后才输出信号（触头的闭合或断开）的继电器，称为时间继电器。

时间继电器的延时方法有两种。

通电延时：接受输入信号后，延迟一定的时间，输出信号才发生变化。当输入信号消失后，输出瞬间复原。

断电延时：接受输入信号时，瞬间产生相应的输出信号；当输入信号消失后，延迟一定的时间，输出才复原。

空气阻尼式时间继电器是利用空气阻尼作用而达到延迟的目的。它由电磁机构、延迟机构和触点组成。

空气阻尼式时间继电器的电磁机构有交流、直流两种。延时方式有通电延时型和断电延时型（改变电磁机构的位置，将电磁机构反转 180°安装）。当动铁芯（衔铁）位于静铁芯和延迟机构之间的位置时为通电延时型；当静铁芯位于动铁芯和延迟机构之间的位置时为断电延时型。JS7-A 系列时间继电器如图 6-21 所示，时间继电器的图形和文字符号如图 6-22 所示。

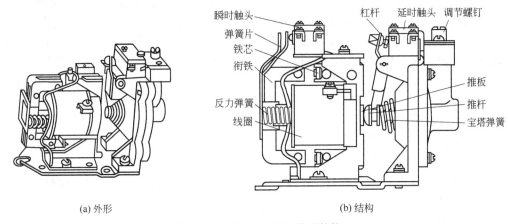

(a) 外形　　　　　　　　　　　　　　(b) 结构

图 6-21　时间继电器的外形结构

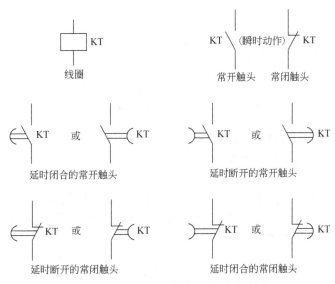

图 6-22　时间继电器的图形和文字符号

　　现以通电延时型时间继电器为例说明其工作原理。当电磁线圈通电后衔铁（动铁芯）吸合，活塞杆在塔形弹簧的作用下带动活塞及橡皮膜向上移动，橡皮膜下方空气室中的空气变得稀薄形成负压，活塞杆只能缓慢移动，其移动速度由进气孔的气隙大小来决定。经一段延时后，活塞杆通过杠杆压动微动开关，使其触点动作，起到通电延时作用。

　　当电磁线圈断电时，衔铁释放，橡皮膜下方空气室中的空气通过活塞肩部所形成的单向阀迅速地排开，使活塞杆、杠杆、微动开关等迅速复位。由电磁线圈通电到触头动作的这一段时间为时间继电器的延时时间，其大小可以通过调节螺钉调节进气孔的气隙大小来改变。

　　断电延时型时间继电器的结构和工作原理与通电延时型时间继电器相似，只是电磁铁安装方向不同，即当衔铁（动铁芯）吸合时推动活塞复位，排出空气。当衔铁（动铁芯）释放时活塞杆在弹簧的作用下使活塞向下移动，实现断电延时。

　　（4）速度继电器

　　速度继电器主要用于笼型异步电动机的反接制动控制，也称反接制动继电器。

速度继电器主要由定子、转子和触头三部分组成。定子的结构与笼型异步电动机相似，是一个笼型空心圆环，用硅钢片冲压而成，并装有笼型绕组。转子是一块永久磁铁。

速度继电器的轴与电动机的轴相连接。转子固定在轴上，定子与轴同心。当电动机转动时，速度继电器的转子随之转动，绕组切割磁场产生感应电动势和电流，此电流和永久磁铁的磁场作用产生转矩，使定子向轴的转动方向偏摆，通过定子柄拨动触头，使常闭触点断开、常开触点闭合。当电动机的转速下降到接近零时，转矩减小，定子柄在弹簧力的作用下恢复原位，触头也复原。

速度继电器的额定工作转速有 300～1000r/min 与 1000～3000r/min 两种。动作转速在 120r/min 左右，复位转速在 100r/min 以下。

速度继电器有两组触头（各有一对常开触点和一对常闭触点），可分别控制电动机正、反转的反接制动。

速度继电器的图形和文字符号如图 6-23 所示。

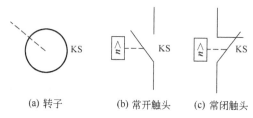

(a) 转子　　　　(b) 常开触头　　　(c) 常闭触头

图 6-23　速度继电器的图形和文字符号

6.1.6　主令电器的原理与使用方法

主令电器主要用来切换控制电路。

（1）按钮开关

按钮在低压控制电路中用于手动发出控制信号。按钮由按钮帽、复位弹簧、桥式触头和外壳等组成，如图 6-24 所示。按照按钮的用途和结构的不同，可分为启动按钮、停止按钮和复合按钮等，按钮的图形和文字符号如图 6-25 所示。

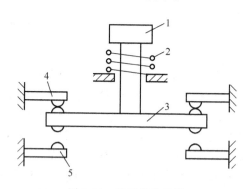

图 6-24　按钮的结构图

1—按钮帽；2—复位弹簧；3—动触头；4—常闭静触头；5—常开静触头

启动按钮带有常开触头，手指按下按钮帽，常开触头闭合；手指松开，常开触头复位。启动按钮的按钮帽采用绿色。停止按钮带有常闭触头，手指按下按钮帽，常闭触头断开；手指松开，常闭触头复位。停止按钮的按钮帽采用红色。复合按钮带有常开触头和常闭触头，手指按下按钮帽，先断开常闭触头，再闭合常开触头；手指松开，常开触头和常闭触头先后复位。

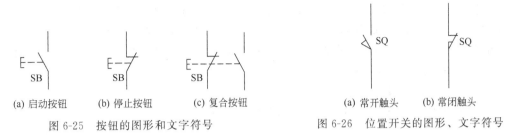

(a) 启动按钮	(b) 停止按钮	(c) 复合按钮

图 6-25　按钮的图形和文字符号

(a) 常开触头	(b) 常闭触头

图 6-26　位置开关的图形、文字符号

（2）位置开关

位置开关是利用运动部件的行程位置实现控制的电器元件。常用于自动往返的生产机械中。按结构不同可分为直动式、滚轮式和微动式。

位置开关的结构、工作原理与按钮相同。区别是位置开关不靠手动而是利用运动部件上的挡块碰压而使触头动作，有自动复位和非自动复位两种。

位置开关的图形、文字符号如图 6-26 所示。

（3）凸轮控制器和主令控制器

① 凸轮控制器　凸轮控制器用于起重设备和其他电力拖动装置，以控制电动机的启动、正反转、调速和制动。凸轮控制器的结构主要由手柄、定位机构、转轴、凸轮和触头等组成，如图 6-27 所示。

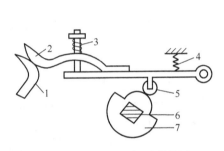

图 6-27　凸轮控制器的结构图

1—静触头；2—动触头；3—触头弹簧；4—弹簧；
5—滚子；6—方轴；7—凸轮

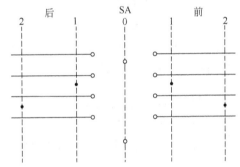

图 6-28　凸轮控制器的图形、文字符号

转动手柄时，转轴带动凸轮一起转动，转到某一位置时，凸轮顶动滚子，克服弹簧压力使动触头顺时针方向转动，脱离静触头而分断电路。在转轴上叠装不同形状的凸轮，可以使若干个触头组按照规定的顺序接通或分断。

凸轮控制器的图形、文字符号如图 6-28 所示。

② 主令控制器　当电动机容量较大，工作繁重，操作频繁，调速性能要求较高时，往往采用主令控制器操作。由主令控制器的触头来控制接触器，再由接触器来控制电动机。这样，触头的容量可以大大减小，操作更为轻便。

主令控制器是按照预定程序转换控制电路的主令电器，其结构和凸轮控制器相似，只是触头的额定电流较小。

6.2　三相异步电动机基本控制线路

三相笼型异步电动机的结构简单，价格便宜，维修和维护都较为方便，所以在生产机械中应用较为广泛。对它的控制方式有直接启动和降压启动两种。直接启动电动机的容量受到一定的限制。一般电动机的额定功率在 10kW 以下，均可采用直接启动。

电器元件在电路中组成基本控制线路，对电动机实施控制。电器元件可以组成不同的控制线路，完成不同的控制功能。

（1）手动正转控制

常用负荷开关或组合开关进行正转控制。它的作用是引入电源或控制小容量电动机的启动和停止。负荷开关正转控制线路如图 6-29 所示，组合开关正转控制线路如图 6-30 所示。

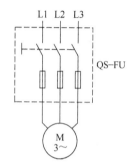

图 6-29　负荷开关正转控制线路

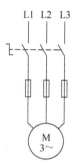

图 6-30　组合开关正转控制线路

（2）点动控制线路

点动控制线路是用按钮和接触器来控制电动机的最简单的控制线路，它只能对电动机进行短时控制，如图 6-31 所示。

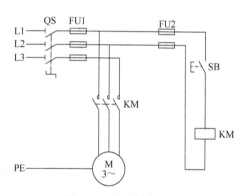

图 6-31　点动控制线路

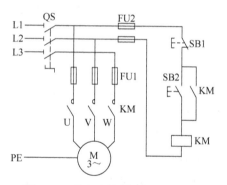

图 6-32　具有自锁的正转控制线路

动作原理如下。

启动：按下按钮 SB，接触器 KM 线圈得电，接触器 KM 主触头（常开触头）闭合，电机 M 正转。

停止：松开按钮 SB，接触器 KM 线圈失电，接触器 KM 主触头（常开触头）断开，电机 M 停转。

在用按钮、接触器组成控制线路中仍需要用转换开关作为电源的隔离开关。用按钮、接触器对线路进行控制称为按钮-接触器系统。

（3）自锁控制线路

① 具有自锁的正转控制线路　直接启动和点动控制线路只能对电动机进行点动控制，如果对电动机进行长期控制（电动机长期运转），即松开按钮，电动机仍能连续运转，则需

要在启动按钮 SB2 的两端并联接触器 KM 的常开辅助触头，同时在控制回路中再串接一个停止按钮 SB1，控制电动机的停转，如图 6-32 所示。

动作原理如下。

合上电源开关 QS。

启动时按下按钮 SB2，接触器 KM 线圈得电，一方面接触器 KM 常开辅助触头闭合，实现自锁；另一方面接触器 KM 常开主触头闭合，电机 M 启动运转。

松开按钮 SB2，由于接触器 KM 常开辅助触头闭合自锁并与 SB2 并联，控制线路仍保持接通，电机 M 继续运转。

停止时按 SB1，接触器 KM 线圈失电，一方面接触器 KM 常开辅助触头端开，失去自锁；另一方面接触器 KM 常开主触头断开，电机 M 停转。

这种松开按钮，控制线路仍能自行保持接通的线路叫作具有自锁（或自保）的控制线路。接触器 KM 常开辅助触头叫作自锁（或自保）触头。

具有自锁的控制线路具有欠电压与失电压（或零电压）保护作用。

② 具有过载保护的正转控制线路　上述线路具有短路、欠电压与失电压保护，但还不够。因为电动机在运行过程中，如长期过载，就可能使电动机的电流超过它的额定值，而熔断器在这种情况下又不能熔断，这将引起电动机绕组过热。若温度升高超过允许值，就会使电动机绕组绝缘损坏，影响电动机使用寿命。严重的甚至烧坏电机。因此，必须对电动机采用过载保护，电路如图 6-33 所示。

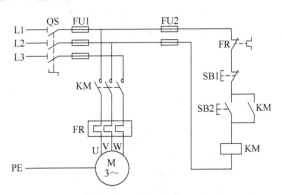

图 6-33　具有过载保护的自锁控制线路

过载保护的工作原理：当电动机电流过大而经过一定的时间时，串接在电动机主回路中的热继电器的电流线圈发热，产生的热量使热继电器的双金属片受热而弯曲，串接在电动机控制回路中的常闭触头断开，断开控制回路，接触器 KM 线圈失电，接触器 KM 主触头（常开触头）断开，电机 M 停转。

具有过载保护的自锁控制线路的动作原理与具有自锁的正转控制线路相同。

6.3　三相异步电动机正反转控制线路

生产机械往往要求运动部件具有正反两个运动方向的功能。例如机床工作台的前进与后退，主轴的正转与反转等，这就要求电动机可以正转和反转。根据电磁场原理可知，三相异步电动机反转可以通过改变电动机三相电源进线的相序来实现。

（1）接触器联锁的正反转控制线路

图 6-34 所示的接触器联锁的正反转控制线路中采用两个接触器，即接触器 KM1 进行正

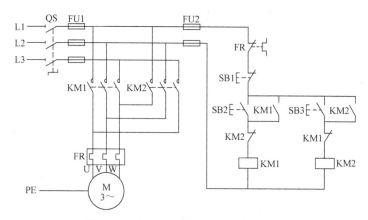

图 6-34 接触器联锁的正反转控制线路

转控制，接触器 KM2 进行反转控制。当接触器 KM1 的常开主触头闭合时，三相交流电源的相序按照 L1-L2-L3 接入电动机，电动机正转；而当接触器 KM2 的常开主触头闭合时，三相交流电源的相序按照 L3-L2-L1 接入电动机，电动机反转。所以，当两个接触器分别工作时，电动机的旋转方向相反。

控制线路要求两个接触器 KM1 和 KM2 的主触头不能同时闭合通电，否则，将造成 L1、L3 两相电源短路。为此在 KM1 和 KM2 线圈的各自支路中，相互串联对方的一组常闭辅助触头，以保证 KM1 和 KM2 不能同时通电。KM1 和 KM2 这两组常闭辅助触头在控制线路中所起的作用称为联锁（或互锁）作用，这两组常闭辅助触头叫作联锁（或互锁）触头。

动作原理如下。

合上电源开关 QS。

正转控制：按正转按钮 SB2，接触器 KM1 线圈得电，一方面接触器 KM1 常开辅助触头闭合，实现自锁；另一方面接触器 KM1 常开主触头闭合，电动机 M 启动正转；再一方面接触器 KM1 常闭辅助触头断开，实现与接触器 KM2 的互锁。

反转控制：先按停止按钮 SB1，接触器 KM1 线圈失电，一方面接触器 KM1 常开辅助触头断开，失去自锁；另一方面接触器 KM1 常开主触头断开，电动机 M 停转；再一方面接触器 KM1 常闭辅助触头闭合，解除与接触器 KM2 的互锁。

再按反转按钮 SB3，接触器 KM2 线圈得电，一方面接触器 KM2 常开辅助触头闭合，实现自锁；另一方面接触器 KM2 常开主触头闭合，电动机 M 启动反转；再一方面接触器 KM2 常闭辅助触头断开，实现与接触器 KM1 的互锁。

这种线路的缺点是操作不方便，因为要改变电动机 M 的转向，必须先按停止按钮 SB1，再按反转按钮 SB3，才能使电动机 M 反转。

（2）按钮和接触器复合联锁的正反转控制线路

为了改进上述电路的缺陷，可采用复合按钮和接触器复合联锁的正反转控制线路，电路如图 6-35 所示。

动作原理如下。

合上电源开关 QS。

正转控制：按正转按钮 SB2，正转按钮 SB2 的常闭触头先断开，确保接触器 KM2 线圈不能得电。正转按钮 SB2 的常开触头后闭合，接触器 KM1 线圈得电，一方面接触器 KM1 常开辅助触头闭合，实现自锁；另一方面接触器 KM1 常开主触头闭合，电动机 M 启动正转；再一方面接触器 KM1 常闭辅助触头断开，实现与接触器 KM2 的互锁。

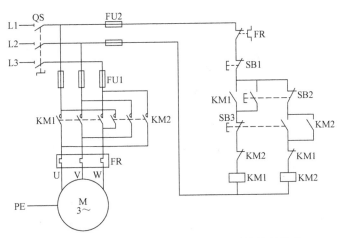

图 6-35 按钮和接触器复合联锁的正反转控制线路

反转控制：按反转按钮 SB3，反转按钮 SB3 的常闭触头先断开，接触器 KM1 线圈失电，一方面接触器 KM1 常开辅助触头断开，失去自锁；另一方面接触器 KM1 常开主触头断开，电动机 M 停转；再一方面接触器 KM1 常闭辅助触头闭合，解除与接触器 KM2 的互锁。

反转按钮 SB3 常开触头后闭合，接触器 KM2 线圈得电，一方面接触器 KM2 常开辅助触头闭合，实现自锁；另一方面接触器 KM2 常开主触头闭合，电动机 M 启动反转；再一方面接触器 KM2 常闭辅助触头断开，实现与接触器 KM1 的互锁。

这种线路操作方便，安全可靠，电力拖动设备中常常采用，例如 Z35 型摇臂钻床立柱松紧电动机的电气控制线路和 X62W 型万能铣床的主轴反接制动控制线路均采用这种双重互锁的控制线路。

6.4 其他类型的三相异步电动机控制线路

在实际生产中，有时需要控制某些生产机械的行程位置，有时需要控制某些生产机械要按一定的顺序动作，有时需要控制某些生产机械的动作时间，有时需要在两个地方或不同的地方对某一机械分别能进行控制等，所以出现了行程控制线路、顺序控制线路、时间控制线路和多地控制线路等。

（1）行程控制线路

在生产机械中，常需要控制某些生产机械的行程位置。例如，铣床的工作台到极限位置时，会自动停止；起重设备上升到一定高度也能自动停下来，等等。行程控制要用到行程开关。利用生产机械运动部件上的挡铁与行程开关碰撞，使其触点动作来接通或断开电路，以达到控制生产机械运动部件位置或行程的控制，称为行程控制（或位置控制，或限位控制）。行程控制是生产过程自动化中应用较为广泛的控制方法之一。

行程控制线路如图 6-36 所示。它是在双重互锁正反转控制线路的基础上，增加了两个行程开关 SQ1 和 SQ2。

电路的工作原理如下：按下正转按钮 SB3，KM1 通电，电动机正转，拖动工作台向左运行。当达到极限位置，挡铁 A 碰撞 SQ1 时，使 SQ1 的常闭触点断开，KM1 线圈断电，电动机因断电自动停止，达到保护的目的。同理，按下反转按钮 SB2，KM2 通电，电动机

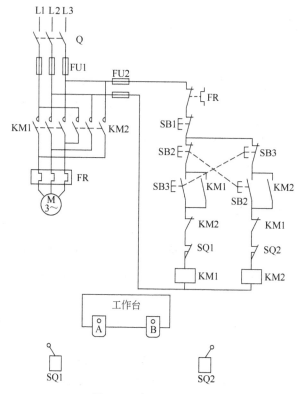

图 6-36　行程控制线路

反转，拖动工作台向右运行。到达极限位置，挡铁 B 碰撞 SQ2 时，使 SQ2 的常闭触点断开，KM2 线圈断电，电动机因断电自动停止。

此电路除了短路、过载、失压、欠压保护外，还具有行程保护的作用。

（2）顺序控制线路

在生产机械中，往往有多台电动机，各电动机的作用不同，需要按一定顺序动作，才能保证整个工作过程的合理性和可靠性。例如，X62W 型万能铣床上要求主轴电动机启动后，进给电动机才能启动；平面磨床中，要求砂轮电动机启动后，冷却泵电动机才能启动，等等。这种只有当一台电动机启动后，另一台电动机才允许启动的控制方式，称为电动机的顺序控制。

如图 6-37 所示，电路中有两台电动机 M1 和 M2，它们分别由接触器 KM1 和 KM2 控制。

工作原理如下：当按下启动按钮 SB2 时，KM1 通电，M1 运转。同时，KM1 的常开触点闭合，此时，再按下 SB3，KM2 线圈通电，M2 运行。如果先按 SB3，由于 KM1 线圈未通电，其常开触点未闭合，KM2 线圈不会通电。这样保证了必须 M1 启动后 M2 才能启动的控制要求。

在图 6-37 的电路中，采用熔断器和热继电器作短路保护和过载保护，其中，两个热继电器的常闭触点串联，保证了如果有一台电动机出现过载故障，两台电动机都会停止。

顺序控制线路有如下缺点：要启动两台电动机时需要按两次启动按钮，增加了劳动强度；同时，启动两台电动机的时间差由操作者控制，精度较差。

（3）时间控制线路

为了解决顺序控制的缺点，可采用时间控制。用时间继电器来控制两台或多台电动机的

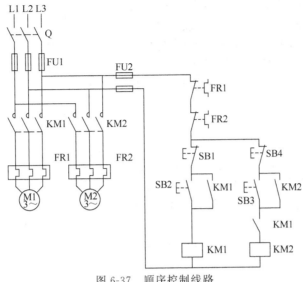

图 6-37 顺序控制线路

启动顺序，称为时间控制。

两台电动机的时间控制线路如图 6-38 所示，图中的 KT 为时间继电器。此电路的工作过程如下：按下启动按钮 SB2，KM1 线圈通电，M1 运行。在 KM1 线圈通电的同时，时间继电器 KT 的线圈也通电，经过一段时间，时间继电器的延时常开触点闭合，使 KM2 线圈通电，KM2 的三相主触点闭合，电动机 M2 运行，实现了时间控制。当需要停止时，按下停止按钮 SB1，接触器线圈断电，两个接触器的三相触点全部断开，电动机因断电而停止。

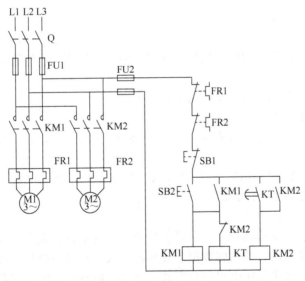

图 6-38 时间控制线路

（4）多地控制线路

有些生产设备为了操作方便，需要在两地或多地控制一台电动机，例如普通铣床的控制线路，就是一种多地控制线路。这种能在两地或多地控制一台电动机的控制方式，称为电动机的多地控制。在实际应用中，大多为两地控制。

两地控制的线路如图 6-39 所示。图中，SB1、SB4 为甲地的控制按钮，SB2、SB3 为乙

地的控制按钮。这种电路的特点是两地的启动按钮
并联，两地的停止按钮串联。这样，就可以在甲、
乙两地控制同一台电动机，操作起来较为方便。

（5）绘制、识读电气原理图的原则

在绘制、识读电气原理图时应遵循下述原则。

① 应将主电路、控制电路、指示电路、照明电
路分开绘制。

② 电源电路应绘成水平线，而受电的动力装置
及其保护电路应垂直绘出。控制电路中的耗能元件
（如接触器和继电器的线圈、信号灯、照明灯等）应
画在电路的下方，而电器触点应放在耗能元件的
上方。

③ 在原理图中，各电器的触点应是未通电的状
态，机械开关应是循环开始前的状态。

④ 图中从上到下，从左到右表示操作顺序。

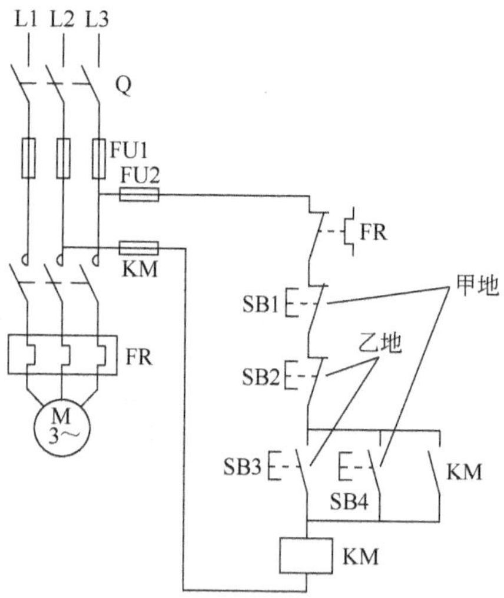

⑤ 原理图应采用国家规定的国标符号。在不同位置的同一电器元件应标有相同的文字
符号。

⑥ 在原理图中，若有交叉导线连接点，要用小黑圆点表示，无直接电联系的交叉导线
则不画出小黑圆点。在电路图中，应尽量减少或避免导线的交叉。

图 6-39　两地控制电路

实训：三相异步电动机正反转控制线路的安装与调试

（1）实训目的

① 练习三相异步电动机正反转控制线路的接线和操作。

② 了解接触器、继电器等电器在电动机正反转控制线路中的应用。

③ 加深理解三相异步电动机正反转控制线路的工作原理以及线路中"自锁"和"互锁"
环节的作用。

④ 观察反接制动过程，测试反接制动时的电流。

（2）实训设备与器件

实训设备：电工技术实验装置 1 台，指针式万用表 1 块，钳形电流表 1 块，工具箱
1 只。

实训器件：交流接触器 2 只，熔断器 3 只，按钮 1 组，热继电器 1 只，组合开关 1 只，
训练线路板 1 块，三相异步电动机 1 台。

（3）实训步骤与要求

① 识别电动机、交流接触器、熔断器、按钮、热继电器、组合开关等器件。

② 观察三相异步电动机的铭牌数据，观察各个低压电器的型号和规格。

③ 用万用表检测各个低压电器是否完好；交流接触器的额定电压是否与电源电压相符；
用手拨动按钮、接触器、热继电器等的可动部分是否灵活。

④ 三相异步电动机正反转控制线路的安装、接线与操作。在训练线路板上固定好各个
低压电器，按图 6-35 连接线路，先接主电路，后接控制线路。主电路用粗导线从电源端接
到负载端，而且先接正转交流接触器的主触头，再并接反转交流接触器的主触头。控制电路
可先接正转控制回路，后接反转控制回路。接线完毕，请指导教师检查后，开始通电操作，
观察正转、停止、反转过程。

⑤ 反接制动与电流测试。在三相异步电动机正常运转时，做好反接制动与电流测试的准备工作，估算电流可能达到的数值，选择好钳形电流表的量程。然后突然按下反向启动按钮，并在按下反向启动按钮的瞬间观测制动电流，观察反接制动过程。

（4）实训总结与分析

① 整理实训数据，分析实训结果。

② 熟悉钳形电流表的使用方法。

③ 熟悉万用表的使用方法。

练 习 题

6-1　熔断器有何用途？如何选择？

6-2　说明组合开关和按钮开关的区别。

6-3　交流接触器产生噪声的原因是什么？

6-4　交流接触器有何用途？主要由哪几部分组成？各起什么作用？

6-5　简述热继电器的工作原理。

6-6　通电延时和断电延时有什么区别？

6-7　既然在三相异步电动机的主电路中装有熔断器，为何还要装热继电器？

6-8　说明接触器自锁控制线路具有失压保护的作用。

6-9　设计一个两地控制的自锁控制线路。

6-10　如图 6-40 所示的电路是否具有自锁作用？为什么？

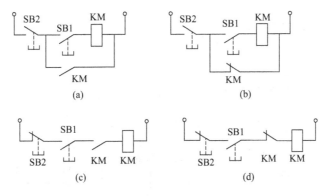

图 6-40　题 6-10 图

6-11　判断图 6-41 所示的电路能否实现点动控制？为什么？

6-12　判断图 6-42 所示的电路能否实现自锁控制？为什么？

6-13　一台机床的工作台自动往复运动的控制如图 6-43 所示，试分析其工作原理。

6-14　试绘出既有点动控制又有连续运转的控制线路。

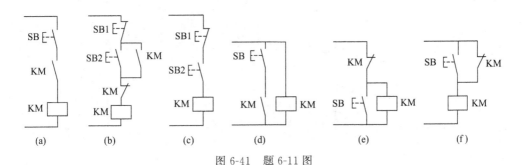

图 6-41　题 6-11 图

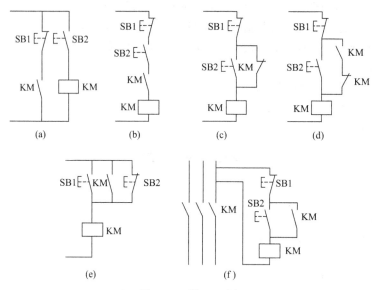

图 6-42　题 6-12 图

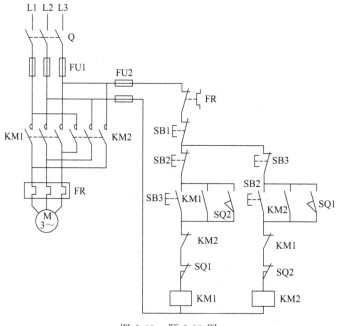

图 6-43　题 6-13 图

7 工厂供电与安全用电技术

【知识目标】 [1] 理解电力系统的基本概念；

[2] 理解工厂供电的基本知识；

[3] 理解安全用电知识；

[4] 理解电气火灾的相关知识；

[5] 理解节约用电常识。

【能力目标】 [1] 掌握工厂供电的基本知识；

[2] 掌握安全用电知识；

[3] 掌握电气火灾的相关知识；

[4] 掌握节约用电常识；

[5] 熟练掌握电工安全用电与触电急救技能。

7.1 电力系统的基本知识

电能是现代工业生产的主要能源和动力。它既易于由其他形式的能量转换而来，又易于转换为其他形式的能量以供应用；它的输送和分配既简单、经济，又便于控制、调节和测量，有利于实现生产过程自动化，因而电能已广泛应用到生产的各个领域和社会生活的各个方面。因此，电力工业已成为国民经济发展和社会主义现代化建设的基础工业。也可以想象，如果离开电力工业，离开电能，人们的生活将寸步难行，社会主义现代化建设将无法实现。

电能是由发电厂生产的。发电厂一般建在燃料、水力丰富的地方，而和电能用户的距离一般又很远。为了降低输电线路的电能损耗和提高传输效率，由发电厂发出的电能，要经过升压变压器升压后，再经输电线路传输，这就是所谓的高压输电。电能经高压输电线路送到距用户较近的降压变电所，经降压后分配给用户应用。这样，就完成一个发电、变电输电、配电和用电的全过程。把连接发电厂和用户之间的环节称为电力网。把发电厂、电力网和用户组成的统一整体称为电力系统，如图 7-1 所示。

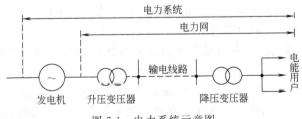

图 7-1 电力系统示意图

（1）发电厂

发电厂是生产电能的工厂，它把非电形式的能量转换成电能，它是电力系统的核心。根据所利用能源的不同，发电厂分为水力发电厂、火力发电厂、核能发电厂、风力发电厂、地热发电厂、太阳能发电厂等类型。

水力发电厂，简称水电站，它是利用水流的位能来生产电能的。当控制水流的闸门打开时，强大的水流冲击水轮机，使水轮机转动，水轮机带动发电机旋转发电。其能量转换过程是：水流位能→机械能→电能。

火力发电厂，简称火电厂，它是利用燃料的化学能来生产电能的。通常的燃料是煤。在火电厂，煤被粉碎成煤粉，煤粉在锅炉的炉膛内充分燃烧，将锅炉内的水加热成高温高压的蒸汽，蒸汽推动汽轮机转动，汽轮机带动发电机旋转发电。其能量的转换过程是：煤的化学能→热能→机械能→电能。

核能发电厂，通常称核电站，它是利用原子核的裂变能来生产电能的。其生产过程与火电厂基本相同，只是以核反应堆代替了燃煤锅炉，以少量的核燃料代替大量的煤炭。其能量转换过程是：核裂变能→热能→机械能→电能。由于核能是巨大的能源，而且核电站的建设具有重要的经济和科研价值，所以世界上很多国家都很重视核电建设，核电在整个发电量中的比重正逐年增长。

风力发电厂，就是利用风力的动能来生产电能的，它建在有丰富风力资源的地方。

地热发电厂，就是利用地球内部蕴藏的大量地热来生产电能的，它建在有足够地热资源的地方。

太阳能发电厂，就是利用太阳光的热能来生产电能的。太阳能发电厂建在常年日照时间长的地方。

（2）电力网

电力网是连接发电厂和电能用户的中间环节，由变电所和各种不同电压等级的电力线路组成。如图 7-2 所示，它的任务是将发电厂生产的电能输送、变换和分配到电能用户。其中，电力线路是输送电能的通道，是电力系统中实施电能远距离传输的环节，是将发电厂、变电所和电力用户联系起来的纽带；变电所是接受电能、变换电压和分配电能的场所，一般可分为升压变电所和降压变电所两大类。升压变电所是将低电压变换为高电压，一般建在发电厂；降压变电所是将高电压变换为一个合理、规范的低电压，一般建在靠近负荷中心的地点。

电力网按电压高低和供电范围大小分为区域电网和地方电网。区域电网的范围大，电压一般在 220kV 以上。地方电网的范围小，最高电压不超过 110kV。

电力网按其结构方式可分为开式电网和闭式电网。用户从单方向得到电能的电网称为开式电网；用户从两个及两个以上方向得到电能的电网称为闭式电网。

（3）电力用户

电力用户是指电力系统中的用电负荷，电能的生产和传输最终是为了供用户使用。不同的用户，对供电可靠性的要求不一样。根据用户对供电可靠性的要求及中断供电造成的危害或影响的程度，把用电负荷分为三级。

① 一级负荷　一级负荷为中断供电将造成人身伤亡并在政治、经济上造成重大损失的用电负荷。

② 二级负荷　二级负荷为中断供电将造成主要设备损坏，大量产品被废，连续生产过程被打乱，需较长时间才能恢复，从而在政治、经济上造成较大损失的负荷。

③ 三级负荷　不属于一级和二级负荷的一般负荷，即为三级负荷。

在上述三类负荷中，一级负荷一般应采用两个独立电源供电，其中，一个系统为备用电源。对特别重要的一级负荷，除采用两个独力电源外，还应增设应急电源。对于二级负荷，

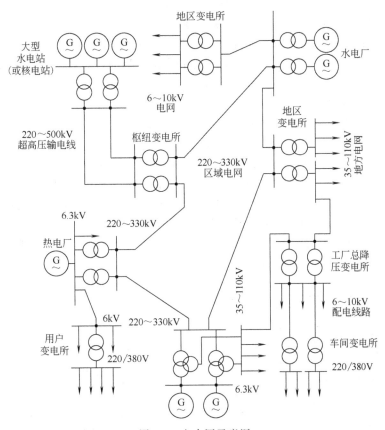

图 7-2 电力网示意图

一般由两个回路供电，两个回路的电源线应尽量引自不同的变压器或两段母线。对于三级负荷无特殊要求，采用单电源供电即可。

（4）电力系统的运行特点

电力系统的运行具有如下特点。

① 电能的生产、输送、分配和消费是同时进行的。

② 系统中发电机、变压器、电力线路和用电设备等的投入和撤除都是在一瞬间完成的，所以，系统的暂态过程非常短暂。

7.2 工厂供电概述

（1）工厂供电的意义和要求

工厂是电力用户，它接受从电力系统送来的电能。工厂供电就是指工厂把接受的电能进行降压，然后再进行供应和分配。工厂供电是企业内部的供电系统。

做好工厂供电工作，对于发展工业生产，提高产品质量，降低产品成本，使企业取得良好的经济效益具有重大意义，对于节约能源、支援国家建设也具有重大意义。此外，对保障有序的职工生活和稳定社会秩序也具有重要意义。

工厂供电工作要很好地为工业生产服务，切实保证工厂生产和生活用电的需要，并做好节能工作，这就需要有合理的工厂供电系统。合理的供电系统需达到以下基本要求。

① 安全：在电能的供应分配和使用中，不应发生人身和设备事故。

② 可靠：应满足电能用户对供电的可靠性要求。

③ 优质：应满足电能用户对电压和频率的质量要求。

④ 经济：供电系统投资要少，运行费用要低，并尽可能地节约电能和材料。

此外，在供电工作中，应合理地处理局部和全部、当前和长远的关系，既要照顾局部和当前利益，又要顾全大局，以适应发展要求。

（2）工厂供电系统组成

工厂供电系统由高压及低压两种配电线路、变电所（包括配电所）和用电设备组成。一般大、中型工厂均设有总降压变电所，把35～110kV电压降为6～10kV电压，向车间变电所或高压电动机和其他高压用电设备供电，总降压变电所通常设有一两台降压变压器。

在一个生产车间内，根据生产规模、用电设备的布局和用电量的大小等情况，可设立一个或几个车间变电所（包括配电所），也可以几个相邻且用电量不大的车间共用一个车间变电所。车间变电所一般设置一两台变压器（最多不超过三台），其单台容量一般为1000kV·A或1000kV·A以下（最大不超过1800kV·A），将6～10kV电压降为220/380V电压，对低压用电设备供电。一般大、中型工厂的供电系统如图7-3所示。

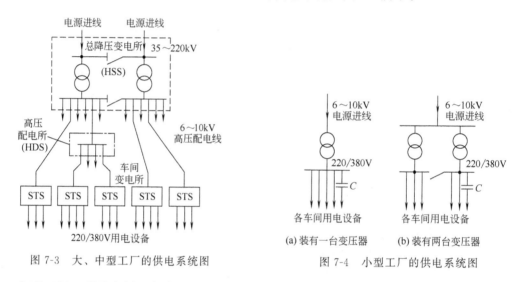

图7-3 大、中型工厂的供电系统图   图7-4 小型工厂的供电系统图

小型工厂，所需容量一般为1000kV·A或稍多，因此，只需设一个降压变电所，由电力网以6～10kV电压供电，其供电系统如图7-4所示。

变电所中的主要电气设备是降压变压器和受电、配电设备及装置。用来接受和分配电能的电气装置称为配电装置，其中包括开关设备、母线、保护电器、测量仪表及其他电气设备等。对于10kV及10kV以下系统，为了安装和维护方便，总是将受电、配电设备及装置做成成套的开关柜。

工业企业高压配电线路主要作为厂区内输送、分配电能之用。高压配电线路应尽可能采用架空线路，因为架空线路建设投资少且便于检修维护。但在厂区内，由于对建筑物距离的要求和管线交叉、腐蚀性气体等因素的限制，不便于架设架空线路时，可以敷设地下电缆线路。

工业企业低压配电线路主要作为向低压用电设备输送、分配电能之用。户外低压配电线路一般采用架空线路，因为架空线路与电缆相比有较多优点，如成本低、投资少、安装容易、维护和维修方便、易于发现和排除故障。电缆线路与架空线路相比，虽具有成本高，投资大、维修不便等缺点，但是它具有运行可靠、不易受外界影响、不需架设电杆、不占地面空间、不碍观瞻等优点，特别是在有腐蚀性气体和易燃、易爆场所，不宜采用架空线路时，则只有敷设电缆线路，随着经济发展，在现代化工厂中，电缆线路得到了越来越广泛的应用。在车间内部则应根据具体情况，或用明敷配电线路或用暗敷配电线路。

在工厂内，照明线路与电力线路一般是分开的，可采用220/380V三相四线制，尽量由一台变压器供电。

7.3 触电与触电急救

7.3.1 触电及种类

人体触及带电体承受过高的电压而导致死亡或局部受伤的现象称为触电。触电依伤害程度不同可分为电击和电伤两种。

电击是指电流触及人体而使内部器官受到损害，它是最危险的触电事故。当电流通过人体时，轻者使人体肌肉痉挛，产生麻电感觉，重者会造成呼吸困难，心脏麻痹，甚至导致死亡。电击多发生在对地电压为220V的低压线路或带电设备上，因为这些带电体是人们日常工作和生活中易接触到的。

电伤是由于电流的热效应、化学效应、机械效应以及在电流的作用下使熔化或蒸发的金属微粒等侵入人体皮肤，使皮肤局部发红、起泡、烧焦或组织破坏，严重时也可危及人命。电伤多发生在1000V及1000V以上的高压带电体上，它的危险虽不像电击那样严重，但也不容忽视。人体触电伤害程度主要取决于流过人体电流的大小和电击时间长短等因素。把人体触电后最大的摆脱电流，称为安全电流。我国规定安全电流为30mA·s，即触电时间在1s内，通过人体的最大允许电流为30mA。人体触电时，如果接触电压在36V以下，通过人体的电流就不致超过30mA，故安全电压通常规定为36V，但在潮湿地面和能导电的厂房，安全电压则规定为24V或12V。

（1）单相触电

在人体与大地之间互不绝缘情况下，人体的某一部位触及到三相电源线中的任意一根导线，电流从带电导线经过人体流入大地而造成的触电伤害。单相触电又可分为中性线接地和中性线不接地两种情况。

① 中性点接地电网的单相触电　在中性点接地的电网中，发生单相触电的情形如图7-5(a)所示。这时，人体所触及的电压是相电压，在低压动力和照明线路中为220V。电流经相线、人体、大地和中性点接地装置而形成通路，触电的后果往往很严重。

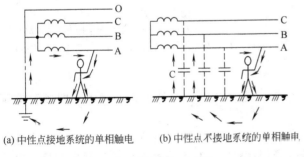

(a) 中性点接地系统的单相触电　(b) 中性点不接地系统的单相触电

图 7-5　单相触电示意图

图 7-6　两相触电示意图

② 中性点不接地电网的单相触电　在中性点不接地的电网中，发生单相触电的情形如图7-5(b)所示。当站立在地面的人手触及某相导线时，由于相线与大地间存在电容，所以，

有对地的电容电流从另外两相流入大地，并全部经人体流入到人手触及的相线。一般说来，导线越长，对地的电容电流越大，其危险性越大。

（2）两相触电

两相触电，也叫相间触电，这是指在人体与大地绝缘的情况下，同时接触到两根不同的相线，或者人体同时触及到电气设备的两个不同相的带电部位时，电流由一根相线经过人体到另一根相线，形成闭合回路，如图7-6所示。两相触电比单相触电更危险，因为此时加在人体上的是线电压。

（3）跨步电压触电

当电气设备的绝缘损坏或线路的一相断线落地时，落地点的电位就是导线的电位，电流就会从落地点（或绝缘损坏处）流入地中。离落地点越远，电位越低。根据实际测量，在离导线落地点20m以外的地方，由于入地电流非常小，地面的电位近似等于零。如果有人走近导线落地点附近，由于人的两脚电位不同，则在两脚之间出现电位差，这个电位差叫作跨步电压。离电流入地点越近，则跨步电压越大；离电流入地点越远，则跨步电压越小；在20m以外，跨步电压很小，可以看作为零。跨步电压触电情况，如图7-7所示。当发现跨步电压威胁时，应赶快把双脚并在一起，或赶快用一条腿跳着离开危险区，否则，因触电时间长，也会导致触电死亡。

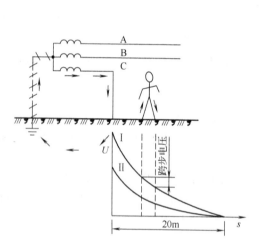

图7-7　跨步电压触电示意图
Ⅰ—电位分布；Ⅱ—跨步电压

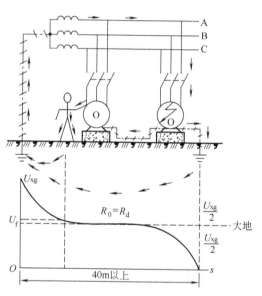

图7-8　接触电压触电示意图
U_{xg}—相电压；R_0—变压器中性点接地电阻；
U_f—作用于人体的电压；R_d—电动机保护接地电阻

（4）接触电压触电

导线接地后，不但会产生跨步电压触电，还会产生另一种形式的触电，即接触电压触电，如图7-8所示。

由于接地装置布置不合理，接地设备发生碰壳时造成电位分布不均匀而形成一个电位分布区域。在此区域内，人体与带电设备外壳相接触时，便会发生接触电压触电。接触电压等于相电压减去人体站立地面点的电压。人体站立离接地点越近，则接触电压越小，反之就越大。当站立点距离接地点20m以外时，地面电压趋近于零，接触电压为最大，约为电气设备的对地电压，即220V。

7.3.2　触电的急救

触电事故虽然总是突然发生的，但触电者一般不会立即死亡，往往是"假死"，现场人员应该保持冷静，当机立断，首先使触电者迅速脱离电源，立即运用正确的救护方法加以抢救。

（1）脱离电源

使触电者迅速脱离电源是极其重要的一环，触电时间越长，对触电者的伤害就越大。要根据具体情况和条件采取不同的方法，例如断开电源开关、拔去电源插头或熔断器件等；用干燥的绝缘物拨开电源线或用干燥的衣服垫住，将触电者拉开（仅用于低压触电）等，如图7-9所示。总之，用一切可行的办法使触电者迅速脱离电源。在高空发生触电事故时，触电者有被摔下来的危险，一定要采取紧急措施，使触电者不致被摔伤或摔死。

图7-9　使触电者迅速脱离电源

（2）急救

触电者脱离电源后，应根据其受到电流伤害的程度，采取不同的施救方法。若停止呼吸或心脏停止跳动，绝不可认为触电者已死亡而不去抢救，应立即进行现场人工呼吸和人工胸外心脏挤压，并迅速通知医院进行救护。抢救必须分秒必争，时间就是生命。

1）人工呼吸法　人工呼吸的方法很多，其中以口对口（或对鼻）的人工呼吸法最为简便有效，而且也最易学会。具体做法如下。

① 首先把触电者移到空气流通的地方，最好放在平直的木板上，使其仰卧，不可用枕头。然后把头侧向一边，掰开嘴，清除口腔中的杂物、假牙等。如果舌根下陷应将其拉出，使呼吸道畅通。同时解开衣领，松开上身的紧身衣服，使胸部可以自由扩张，如图7-10所示。

图7-10　打开呼吸道

图7-11　吹气

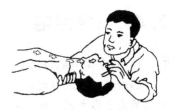

图7-12　换气

② 抢救者位于触电者的一边，用一只手紧捏触电者的鼻孔，并用手掌的外缘部压住其额部，扶正头部使鼻孔朝天。另一只手托在触电者的颈后，将颈部略往上抬，以便接受吹气。

③ 抢救者做深呼吸，然后紧贴触电者的口腔，对口吹气约2s，如图7-11所示。同时观

察触电者的胸部是否有扩张，以决定吹气是否有效和是否合适。

④ 吹气完毕后，立即离开触电者的口腔，并放松其鼻孔，使触电者胸部自然回复，时间约 2s，以利其呼气，如图 7-12 所示。

按照上述步骤不断进行，每分钟约反复 12 次。如果触电者张口有困难，可用口对准其鼻孔吹气，效果与上面方法相近。

2）人工胸外心脏挤压法　这种方法是用人工挤压心脏代替心脏的收缩作用。凡是心脏停止或不规则的颤动时，应立即用这种方法进行抢救。具体做法如下。

① 使触电者仰卧，姿势与人工口对口呼吸法相同，但后背着地处应结实。

② 抢救者骑在触电者的腰部。

③ 抢救者两手相叠，用掌根置于触电者胸骨下端部位，即中指指尖置于其颈部凹陷的边缘，"当胸一手掌"，掌根所在的位置即为正确的压区。然后掌根用力垂直向下挤压，使其胸部下陷 3～4cm 左右，可以压迫心脏使其达到排血的作用。

④ 使挤压到位的手掌突然放松，但手掌不要离开胸壁，依靠胸部的弹性自动恢复原状，使心脏自然扩张，大静脉中的血液就能回流到心脏中来。

按照上述步骤连续不断地进行，每分钟约 60 次。挤压时定位要准确，压力要适中。不要用力过猛，避免造成肋骨骨折、气胸、血胸等危险。但也不能用力过小，达不到挤压的目的，如图 7-13 所示。

图 7-13　胸外心脏挤压法

上述两种方法应对症使用，若触电者心跳和呼吸均已停止，则两种方法可同时使用；如果现场只有一个人抢救，则先行吹气两次，再挤压 15 次，如此反复进行。经过一段时间的抢救后，若触电者面色好转、口唇潮红、瞳孔缩小、心跳和呼吸恢复正常、四肢可以活动，这时可暂停数秒进行观察，有时触电者就此恢复。如果还不能维持正常的心跳和呼吸，必须在现场继续进行抢救，尽量不要搬动，如果必须搬动，抢救工作绝不能中断，直到医务人员来接替抢救为止。

7.4　安全用电

7.4.1　安全用电的意义

随着电气化的发展，在生产和生活中大量使用了电气设备和家用电器，给人们的生产和生活带来了很大的方便。但在使用电能的过程中，如果不注意用电安全，可能造成人身触电伤亡事故或电气设备的损坏，甚至影响到电力系统的安全运行，造成大面积的停电事故，使国家财产遭受损失，给生产和生活造成很大的影响。因此，在使用电能时，必须注意安全用电，以保证人身、设备、电力系统三方面的安全，防止发生事故。

7.4.2　安全用电措施

安全用电是指在保证人身及设备安全的条件下，应采取的科学措施和手段。通常从以下两方面着手。

（1）建立健全各种操作规程和安全管理制度

① 安全用电，节约用电，自觉遵守供电部门制定的有关安全用电规定，做到安全、经济、不出事故。

② 禁止私拉电网，禁用"一线一地"接照明灯。

③ 屋内配线，禁止使用裸导线或绝缘破损、老化的导线，对绝缘破损部分，要及时用绝缘胶皮缠好。发生电气故障和漏电起火事故时，要立即拉断电源开关。在未切断电源以前，不要用水或酸、碱泡沫灭火器灭火。

④ 电线断线落地时，不要靠近，对于 6～10kV 的高压线路，应离开落地点 10m 远。更不能用手去捡电线，应派人看守，并赶快找电工停电修理。

⑤ 电气设备的金属外壳要接地；在未判明电气设备是否有电之前，应视为有电；移动和抢修电气设备时，均应停电进行；灯头、插座或其他家用电器破损后，应及时找电工更换，不能"带病"运行。

⑥ 用电要申请，安装、修理找电工。停电要有可靠联系方法和警告标志。

（2）技术防护措施

为了防止人身触电事故，通常采用的技术防护措施有电气设备的接地和接零、安装低压触电保护器两种方式。

7.4.3 保护接地和保护接零

电气设备在使用中，若设备绝缘损坏或击穿而造成外壳带电，人体触及外壳时有触电的可能。为此，电气设备必须与大地进行可靠的电气连接，即接地保护，使人体免受触电的危害。

（1）保护接地的概念及原理

① 保护接地的概念　按功能分，接地可分为工作接地和保护接地。工作接地是指电气设备（如变压器中性点）为保证其正常工作而进行的接地；保护接地是指为保证人身安全，防止人体接触设备外露部分而触电的一种接地形式。在中性点不接地系统中，设备外露部分（金属外壳或金属构架），必须与大地进行可靠电气连接，即保护接地。

接地装置由接地体和接地线组成，埋入地下直接与大地接触的金属导体，称为接地体，连接接地体和电气设备接地螺栓的金属导体称为接地线。接地体的对地电阻和接地线电阻的总和，称为接地装置的接地电阻。

② 保护接地的原理　在中性点不接地系统中，设备外壳不接地且意外带电，外壳与大地间存在电压，人体触及外壳，人体将有电容电流流过，如图 7-14(a) 所示，这样，人体就遭受触电危害。如果将外壳接地，人体与接地体相当于电阻并联，流过每一通路的电流值将与其电阻的大小成反比。人体电阻比接地体电阻大得多，人体电阻通常为 $600～1000\Omega$，接

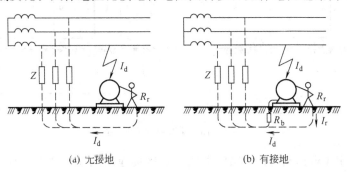

(a) 尤接地　　　　　　　(b) 有接地

图 7-14　保护接地原理图

地电阻通常小于 4Ω，流过人体的电流很小，这样就完全能保证人体的安全，如图 7-14（b）所示。

保护接地适用于中性点不接地的低压电网。在不接地电网中，由于单相对地电流较小，利用保护接地可使人体避免发生触电事故。但在中性点接地电网中，由于单相对地电流较大，保护接地就不能完全避免人体触电的危险，而要采用保护接零。

（2）保护接零的概念及原理

① 保护接零的概念　保护接零是指在电源中性点接地的系统中，将设备需要接地的外露部分与电源中性线直接连接，相当于设备外露部分与大地进行了电气连接。

② 保护接零的工作原理　当设备正常工作时，外露部分不带电，人体触及外壳相当于触及零线，无危险，如图 7-15 所示。采用保护接零时，应注意不宜将保护接地和保护接零混用，而且中性点工作接地必须可靠。

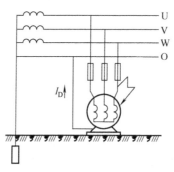

图 7-15　保护接零的原理图

③ 重复接地　在电源中性线做了工作接地的系统中，为确保保护接零的可靠，还需相隔一定距离将中性线或接地线重新接地，称为重复接地。

从图 7-16（a）可以看出，一旦中性线断线，设备外露部分带电，人体触及同样会有触电的可能。而在重复接地的系统中，如图 7-16（b）所示，即使出现中性线断线，但外露部分因重复接地而使其对地电压大大下降，对人体的危害也大大下降。不过应尽量避免中性线或接地线出现断线的现象。

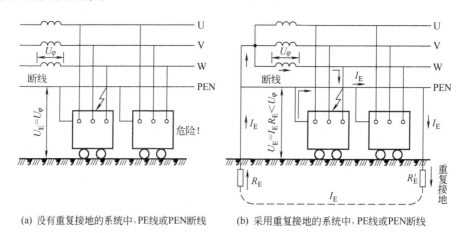

(a) 没有重复接地的系统中，PE线或PEN断线　(b) 采用重复接地的系统中，PE线或PEN断线

图 7-16　重复接地的作用

保护接零适用于电压为 220/380V 中性点直接接地的三相四线制系统。在这种系统中，凡是由于绝缘破坏或其他原因可能出现危险电压的金属部分，均应采取保护接零（有另行规

定者除外）。

（3）漏电保护

漏电保护为近年来推广采用的一种新的防止触电的保护装置。在电气设备中发生漏电或接地故障而人体尚未触及时，漏电保护装置已切断电源；或者在人体已触及带电体时，漏电保护器能在非常短的时间内切断电源，减轻对人体的危害。

漏电保护器的种类很多，这里介绍目前应用较多的晶体管放大式漏电保护器。

晶体管放大式漏电保护器的组成及工作原理如图7-17所示，由零序电流互感器、输入电路、放大电路、执行电路、整流电源等构成。当人体触电或线路漏电时，零序电流互感器原边中有零序电流流过，在其副边产生感应电动势，加在输入电路上，放大管 V_1 得到输入电压后，进入动态放大工作区，V_1 管的集电极电流在 R_6 上产生压降，使执行管 V_2 的基极电流下降，V_2 管输入端正偏，V_2 管导通，继电器 KA 流过电流启动，其常闭触头断开，接触器 KM 线圈失电，切断电源。

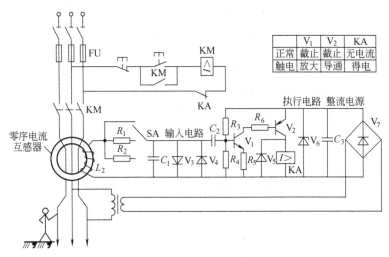

图 7-17　晶体管放大式漏电保护器原理图

7.5　电气火灾的相关知识

电气设备引起火灾的原因和应采取的预防措施主要有以下几个方面。

（1）过载引起火灾

当线路或电气设备过载时，高温使绝缘材料起火燃烧。室内线路起火，往往会使建筑物内部的易燃装修材料起火，造成严重后果。因此必须严格按照规定的定额使用设备和线路，不得随意增大负载。同时要完善各级过流保护装置，保证它能在过载时可靠地分断电路。遇有熔断器经常熔断的现象，必须检查、消除过载隐患，绝不应任意更换额定电流大的熔体。

（2）火花和电弧引起火灾

电气设备产生火花和电弧除了可能引燃自身的绝缘材料外，多数情况是因为周围环境有易燃气体或粉尘，它们在空气中超过一定比例的情况下还会引起爆炸。在这种场合，必须对电机、电器有特殊的防护要求。例如防爆安全型电机或电器（标注 A，如 YA 系列异步电动机），在正常运行时不产生火花，并且温升较低、绝缘强度较高、导线连接可靠、防护等级较高，比一般的电机、电器有较高的防护安全性；隔爆型（标注 B）则是在外壳的各结合处均有较大厚度（>25mm）的结合面，并保持有<0.2mm 的间隙，若机内故障产生火花，高

温气体穿过间隙逸出时,受外壳的吸热和阻滞作用,温度大大降低,因而不致引起机外可燃性混合物的爆炸;防爆通风充气型(标注 F)则是外壳封闭并在机内连续有新鲜空气或惰性气体,并保持一定正压以阻止爆炸性混合物从外部进入。在矿井、化工企业中有爆炸危险的场合,必须选用上述几种类型的电气设备。

(3)电热器具使用不当引起火灾

这是生活中常见的火灾原因,在生产中的各种电热设备所在环境也必须严格检查,以免因高温造成火灾。

(4)静电火灾

生产中的原材料或产品有很多是易燃的绝缘物质。例如在化工、塑料、橡胶、化纤等工业生产中的物料,在加工工艺过程中需要经过摩擦、高流速、冲击、过滤、粉碎等,造成静电聚集,到一定程度可能放电引起燃烧,造成火灾。必须根据产生静电的原因,针对性地采取措施。例如,导电体上积聚的静电可采用接地来消除;生产物料连续输送产生静电,可采用多组尾端接地的金属针进行中和;还可以用泄漏法,如增加环境湿度、在物料中加抗静电添加剂、降低材料电阻率等方法以泄放电荷。在工艺上也可采取措施限制静电电荷的产生,如不用平带传送、限制物料流速等。

电气火灾一旦已经发生,首先应尽量切断电源再进行扑救。若不能切断电源,就只能带电灭火,扑灭电气火灾要使用不导电的灭火剂,以保证使用灭火设备的人员不致触电,同时使一些电气设备和仪器不致被灭火剂喷洒后无法修复。

常用的水和泡沫灭火机都是导电的,不能用于扑灭电气火灾,常用的绝缘灭火器性能及用途见表 7-1。

表 7-1　几种灭火器的性能及用途

灭火器种类	二氧化碳灭火器	四氯化碳灭火器	干粉灭火器	1211 灭火器
规格	2kg 以下 2～3kg 5～7kg	2kg 以下 2～3kg 5～8kg	8kg 50kg	1kg 2kg 3kg
药剂	液态二氧化碳	四氯化碳液体,并有一定压力	钾盐或钠盐干粉,并有盛装压缩气体的小钢瓶	二氟一氯一溴甲烷,并充填压缩氮
用途	不导电 扑救电气精密仪器、油类和酸类火灾;不能扑救钾、钠、镁、铝物质火灾	不导电 扑救电气设备火灾;不能扑救钾、钠、镁、铝、乙炔、二硫化碳火灾	不导电 扑救电气设备火灾;扑救石油产品、油漆、有机溶剂、天然气火灾;不易扑救电机火灾	不导电 扑救电气设备、油类、化工化纤原料引起火灾
效能	射程 3m	3kg,喷射时间为 30s,射程 7m	8kg,喷射时间为 14～18s,射程为 4.5m	1kg,喷射时间为 6～8s,射程为 2～3m
使用方法	一手拿喇叭筒对着火源,另一只手打开开关	只要打开开关,液体就可喷出	提起圈环,干粉就可喷出	拔下铅封或横销,用力压下压把
检查方法	每三月测量一次,当减少原重 1/10 时,应充气	每三月试喷少许,压力不够时应充气	每年抽查一次干粉是否受潮或结块。小钢瓶内气体压力,每半年检查一次,如重量减少 1/10 时,应换气	每年检查一次重量

7.6　节约用电常识

能源是国民经济发展的重要物质基础,节约用电是节约能源的主要方面之一。从我国电能消耗的情况来看，70%以上消耗在工业部门，所以工厂的电能节约特别值得关注。节约用电就是要采取技术可行、经济合理及对环保没有妨碍的各种措施，科学地、合理地使用电能，提高电能的有效利用程度。节约用电有很重要的意义，具体表现在以下几个方面。

① 有利于节约发电所需的一次能源，减轻能源及交通运输的紧张程度。

② 有利于节省国家对发电、供电、用电设备所需的基建投资。

③ 在落实节约发电措施的同时，将会促进企业采用新技术、新工艺、新材料并加强用电的科学管理，从而使工农业生产水平和管理水平得到进一步提高。

④ 减少电能损失，使企业减少电费支出，降低成本，提高经济效益。

对于工厂来说，节约用电的主要途径大致有以下几个方面。

（1）提高电动机的运行水平

电动机是工厂用得最多的设备，电动机的容量应合理选择。要避免用大功率电动机去拖动小功率设备（俗称大马拉小车）的不合理用电情况，要使电动机工作在高效率的范围内。当电动机的负载经常低于额定负载的40%时，要合理更换，以避免电动机经常处于轻载状态运行，或把正常运行时规定作△接法的电动机改为Y接法，以提高电动机的效率和功率因数。对工作过程中经常出现空载状态的电气设备（例如拖动机床的电动机、电焊机等），可安装空载自动断电装置，以避免空载损耗。

（2）更新用电设备，选用节能型新产品

目前，我国工矿企业中有很多设备（如变压器、电动机、风机、水泵等）的效率低，耗电多，对这些设备进行更新，换上节能型机电产品，对提高生产和降低产品的电力消耗具有很重要的作用。例如，一台 10kV 级 SL7 系列节能型 500kV·A 的变压器，其空载损耗为 1.08kW，短路损耗为 6.9kW。而旧型号 SL 系列 10kV 级 500kV·A 的变压器，其空载损耗为 2.05kW，短路损耗为 8.2kW。

（3）提高功率因数

工矿企业在合理使用变压器、电动机等设备的基础上，还可装设无功补偿设备，以提高功率因数。企业内部的无功补偿设备应装在负载侧，例如在负载侧装设电容器、同步补偿器等，可减小电网中的无功电流，从而降低线路损耗。

所谓两部制电价，就是把电价分成两个部分，其一是基本电价，其二是电度电费。基本电价是根据用户的变压器容量或最大需用量来计算，是固定的费用，与用户每月实际取用的电度数无关。电度电费则是按用户每月实际取用的电度数来计算，是变动的费用。这两部分电费的总和即为用户全月应付的全部电费，实行两部制电价可以促进用户提高负荷率和设备利用率。如果用户的负荷率较低，而变压器的容量又过大，则用户支付的基本电费就较高，反之就较低。在用户按不同类别计算出当月全部电费时，按照电力部门的规定，若功率因数高，则可减免部分电费，反之则增收部分电费。

（4）推广和应用新技术，降低产品电耗定额

例如，采用远红外加热技术，可使被加热物体所吸收的能量大大增加，使物体升温快，加热效率高，节电效果好。远红外加热技术和硅酸铝耐火纤维材料配合使用，节电效果更佳。又如，采用硅整流器或晶闸管整流装置以代替其他整流设备，则可使整流效率提高。在工矿企业中有许多设备需要使用直流电源，如同步电机的励磁电源，化工、冶金行业中的电解、电镀电源，市政交通电车的直流电源等。以前这些直流电源大多是采用汞弧整流器或交流电动机拖动直流发电机发电，它们的整流效率低，若改用硅整流器或晶闸管整流装置，则效率可大为提高，节电效果甚为显著。此外，采用节能型照明灯，在大电流的交流接触上安

装节电消声器（即直流无声运行），加强用电管理和做好节约用电的宣传工作等，也都是节约用电的重要措施。

实训：电工安全用电与触电急救技能训练

（1）工作任务描述

① 通过更换室内荧光照明灯管的技能训练，让学生掌握基本的安全用电技能。

② 通过电气设备的送电、停电、验电以及装设接地线的操作，让学生掌握电工基本安全操作规程。

③ 通过模拟触电事故中的脱电演练，让学生具备初步判断触电情况，并能选择正确脱离电源方式的技巧。

④ 通过对模拟触电脱离电源后的触电者进行触电急救演练，让学生具备初步判断触电者的触电情况，并能选择正确急救方法的技能。

（2）技能学习要点

① 了解维修电工应具备的基本条件、其主要任务以及人身安全常识。

② 了解中高级维修电工应具备的理论知识和技能技巧。

③ 掌握安全用电知识、安全生产操作规程。

④ 掌握触电急救知识与基本急救要领与方法。

（3）工作任务实施

1）更换室内荧光照明灯管

训练内容说明：在断电的情况下，更换室内荧光照明灯管。

① 编制技能训练器材明细表　本技能训练任务所需器材见表7-2。

表 7-2　技能训练器材明细表（一）

器件序号	器件名称	性能规格	所需数量	用途备注
01	荧光灯管	40W 或 25W	1 套	
02	椅子或梯子		1 把或 1 架	
03	绝缘胶鞋		1 双	
04	验电笔	500V	1 支	
05	万用电表	MF-47,南京电表厂	1 块	

② 技能训练前的检查与准备

a. 确认荧光照明灯管安装环境符合维修电工操作的要求。

b. 穿上绝缘胶鞋，确认绝缘胶鞋符合安全要求。

c. 确认验电笔验电性能良好。

d. 确认万用电表性能良好。

③ 技能训练实施步骤

a. 确认荧光灯开关已经断开。

b. 将梯子或椅子放到灯的下方，确保梯子或椅子牢固稳定，爬上梯子或站上椅子。

c. 将已坏荧光灯管从灯座中轻轻取出，使用验电笔检验荧光灯座是否无电，确认无电。

d. 再将新的荧光灯管两端轻轻插入荧光灯座中的对应位置，用手轻轻转动几下灯管，使其接触良好。

e. 通电观察。闭合荧光灯开关，检验荧光灯的安装情况是否良好。若荧光灯没亮，则应仔细检查荧光灯与灯座的接触情况、启动器与启动器座的接触情况，适当调整至荧光灯管成功点亮。

f. 若通过以上的调整，荧光灯还没亮，则断开荧光灯开关，使用万用电表逐个检查荧光灯电路的组成器件，查找问题的原因，排除故障。

④ 清理现场和整理器材

训练完成后，清理现场，整理好所用器材、工具，按照要求放置到规定位置。

2）电气安全作业技术操作训练

训练内容说明：在具有漏电断路器和闸刀开关对电动机进行供电的电源电路中，进行对电气设备进行送电、停电、验电操作，学习装设接地线。

① 编制技能训练器材明细表　本技能训练任务所需器材见表7-3。

表 7-3　技能训练器材明细表（二）

器件序号	器件名称	性能规格	所需数量	用途备注
01	漏电断路器	500V，10A	1个	
02	闸刀开关	500V，10A	1个	
03	三相异步电动机	380V，1A	1台	
04	接地线		1组3根	
05	标示牌	红色字样，白色字样	各1块	
06	验电笔	500V	1支	
07	万用电表	MF-47，南京电表厂	1块	
08	绝缘手套		1副	

② 技能训练前的检查与准备

a. 确认电气设备的电源电路安装环境符合维修电工操作的要求。

b. 戴上绝缘手套，确认绝缘手套符合安全要求。

c. 确认验电笔验电性能良好。

d. 确认万用电表性能良好。

e. 确认电气设备的电源电路工作正常。

③ 技能训练实施步骤

a. 送电操作训练

ⅰ. 确认电气设备的电源电路已经断开。

ⅱ. 确认总的交流电源工作正常。

ⅲ. 先闭合交流电源侧的闸刀开关，再闭合电动机侧的漏电断路器。

ⅳ. 观察电动机的运行情况。确认电动机处于正常运行状态。

b. 通电验电操作

ⅰ. 在总的交流电源箱相应的电源插座中，确认低压验电笔和万用电表性能良好。

ⅱ. 使用验电笔在漏电断路器和闸刀开关的进线桩和出线桩上进行逐相验电，确认漏电断路器和闸刀开关的各相通电工作正常。

ⅲ. 使用万用表在漏电断路器和闸刀开关的进线桩和出线桩上进行相间电压测试，确认漏电断路器和闸刀开关的各相通电工作正常。

c. 停电操作训练

ⅰ. 确认电气设备的电源电路已经通电。

ⅱ. 确认电动机处于正常运行状态。

ⅲ. 先断开电动机侧的漏电断路器，再断开交流电源侧的闸刀开关。

ⅳ. 观察电动机的运行情况。确认电动机处于停止状态。

d. 停电验电操作

ⅰ. 在总的交流电源箱相应的电源插座中，确认低压验电笔和万用电表性能良好。

ⅱ. 使用验电笔在漏电断路器和闸刀开关的进线桩和出线桩上进行逐相验电，确认漏电断路器和闸刀开关的各相均未带电。

ⅲ. 使用万用表在漏电断路器和闸刀开关的电源进线桩和出线桩上进行相间电压测试，确认漏电断路器和闸刀开关的各相均未带电。

e. 装设接地线操作训练

ⅰ. 确认电气设备的电源电路已经断电。

ⅱ. 确认漏电断路器和闸刀开关已经断开。

ⅲ. 戴上绝缘手套进行操作，确认绝缘手套符合安全要求。

ⅳ. 根据安全操作的要求，确定装设接地线的位置。若要检修漏电断路器，需在漏电断路器的电源进线桩一侧装设一组接地线，以确保检修安全。

ⅴ. 装设接地线，必须由两个人进行，一人监护，一人操作。装设时先接接地端，后接导体端，而且必须接触良好和可靠。

ⅵ. 拆除接地线，次序与装设时正好相反，先拆除导体端，后拆除接地端。注意装拆接地线时均应使用绝缘棒或戴绝缘手套进行操作，人体不准碰触接地线。

④ 清理现场和整理器材　训练完成后，清理现场，整理好所用器材、工具，按照要求放置到规定位置。

3）脱离电源技能训练

训练任务内容：模拟触电事故中的脱离电源训练。

① 编制技能训练器材明细表　本技能训练任务所需器材见表7-4。

表 7-4　技能训练器材明细表（三）

器件序号	器件名称	性能规格	所需数量	用途备注
01	电动机控制电路		1 套	
02	模拟触电假人		1 个	
03	电工克丝钳子		1 把	带绝缘手柄
04	斧头		1 把	带绝缘木柄
05	木棒		1 根	干燥的
06	梯子		1 架	
07	电线		若干	
08	木板		若干	
09	裸金属导线		若干	
10	绝缘手套		1 副	
11	绝缘胶鞋		1 双	

② 技能训练前的检查与准备

a. 检查和确认技能训练器材符合维修电工安全规程和性能的要求。

b. 准备好模拟触电假人和没有通电的电动机。

c. 准备好其他的训练器具。

d. 准备好模拟的高低压供电线路。

③ 技能训练实施步骤

a. 低压触电脱电技能训练

ⅰ. 模拟触电 用模拟触电假人模拟触电者在使用低压电器过程中突然触电，触电后倒在电动机附近。

ⅱ. 判断触电情况，并选择脱电方式 不同的触电情况应采取不同的脱电方式，如表7-5所示。

表 7-5 不同的触电情况所对应的脱电方式

序号	触电情况描述	选择的脱电方式
01	触电地点附近有电源开关	拉：可立即断开开关，切断电源
02	触电地点附近没有电源开关	切：用有绝缘柄的电工钳或有干燥木柄的斧头砍断电线，断开电源
03	电线搭落在触电者身上或被压在身下	挑：用干燥的衣服、手套、绳索、木板、木棒等绝缘物作为工具，拉开触电者或挑开电线，使触电者脱离电源
04	触电者的衣服是干燥的，又没有紧缠在身上	拽：可以用一只手抓住他的衣服，拉离电源。但因触电者的身体是带电的，其鞋的绝缘也可能遭到破坏，救护人不得接触触电者的皮肤，也不能抓他的鞋子
05	干燥木板等绝缘物能迅速插入到触电者身下	垫：用干木板等绝缘物插入触电者身下，以隔断电源

ⅲ. 根据选择的脱电方式，对模拟触电者立即实施脱电演练。

b. 高压触电脱电技能训练

ⅰ. 模拟触电 模拟触电者爬上梯子，模拟实施高压送电操作，在操作过程中发生触电现象，倒在梯子上，身体上覆盖着高压电线。

ⅱ. 触电脱电过程

• 立即通知电力有关部门进行断电操作。

• 迅速戴上绝缘手套，穿上绝缘胶鞋，用相应电压等级的绝缘工具拉开电源开关。

• 用单手抛掷裸金属线使线路短路接地，迫使线路的继电保护装置动作，自动断开电源。特别注意：在抛掷裸金属线前，先将裸金属线的一端可靠接地，然后抛掷另一端。在抛掷时不要触及触电者和现场的其他人员。

• 在成功使触电者脱离电源后，迅速保护好触电者，将触电者移到地面，防止触电者从高处摔下受伤，为下一步的急救工作做好准备。

④ 清理现场和整理器材 训练完成后，清理现场，整理好所用器材、工具，按照要求放置到规定位置。

4）触电急救技能训练

训练任务内容：对触电脱电后的触电者进行触电急救训练。

① 编制器材明细表 仿真人一个。

② 技能训练前的检查与准备

a. 检查和确认仿真人符合训练要求。

b. 准备好触电急救训练的场地。

③ 技能训练实施步骤

a. 判断触电者的触电情况，选择急救方法。不同的触电者情况所对应的急救方法见表

7-6 所示。

表 7-6　不同的触电者情况所对应的急救方法

序号	触电者情况	选择的急救方法
01	呼吸停止	通畅气道,口对口(鼻)人工呼吸
02	呼吸和心跳均停止	心肺复苏法:通畅气道,口对口(鼻)人工呼吸,胸外按压(人工循环)

b. 对触电者进行心肺复苏操作演练。

ⅰ. 抢救过程中判定急救方法练习 2 次。

ⅱ. 通畅气道练习 2 次。

ⅲ. 人工呼吸练习（口对口）5 次。

ⅳ. 人工呼吸练习（口对鼻）5 次。

ⅴ. 胸外按压练习 5 次。

④ 清理现场和整理器材　训练完成后，清理现场，整理好所用器材、工具、按照要求放置到规定位置。

（4）任务评价考核

① 更换室内荧光照明灯管　考核要点如下。

a. 检查是否按照要求正确更换荧光灯管，按照要求将灯管放置到规定位置。

b. 是否时刻注意遵守安全操作规定，操作是否规范。

c. 荧光灯管是否正常点亮。若不亮，会采取正确的方法进行检修。

② 电气安全作业技术操作训练　考核要点如下。

a. 检查是否做好准备工作。

b. 检查是否遵守安全操作规定，操作要领是否正确和规范。

c. 检查选用使用训练器件是否准确，使用和操作是否熟练。

③ 脱离电源训练　考核要点如下。

a. 检查是否做好准备工作。

b. 检查是否遵守安全操作规定，操作要领是否正确和规范。

c. 检查选用脱电方式是否准确。

④ 触电急救训练　考核要点如下。

a. 检查是否做好准备工作。

b. 检查是否遵守安全操作规定，操作要领是否正确和规范。

c. 检查选用急救方法是否准确，急救中再判断是否合理。

⑤ 成绩评定考核　根据以上考核要点对学生进行逐项成绩评定，参见表 7-7，给出该项任务的综合实训成绩。

表 7-7　实训成绩评定表

子任务内容	分值/分	考核要点及评分标准	扣分/分	得分/分
更换室内荧光照明灯管	20	未按照要求正确更换荧光灯管,每处扣 5 分		
		荧光灯不能正常点亮,扣 10 分		
		不能采取正确的方法进行检修,扣 5 分		
电气安全作业技术操作训练	20	未按正确操作顺序进行操作,扣 10 分		
		不能正确选用操作器件,每项扣 2 分		
		准备工作准备有缺陷,每项扣 2 分		

续表

子任务内容	分值/分	考核要点及评分标准	扣分/分	得分/分
脱离电源训练	20	未按正确的操作要领操作,每处扣5分		
		脱电方式选择错误,每错一次扣5分		
		准备工作准备有缺陷,每项扣2分		
触电急救训练	20	触电急救姿势不对,每处扣5分		
		触电急救方法不对,每处扣5分		
		触电急救再判定不对,每次扣5分		
安全、规范操作	10	每违规一次扣2分		
整理器材、工具	10	未将器材、工具等放到规定位置,扣5分		
合计				

练 习 题

7-1 什么是电力系统和电力网?

7-2 火电厂、核电厂及水电厂各利用什么能源发电? 是如何转换为电能的?

7-3 电力用户按照用电的重要程度分为几级? 各级对供电有何要求?

7-4 工厂供电的意义是什么? 对工厂供电有哪些基本要求?

7-5 工厂供电的一般过程是什么?

7-6 我国规定的安全电压和安全电流各为多大?

7-7 触电形式有哪些?

7-8 安全用电的措施有哪些?

7-9 保护接地和保护接零的原理是什么?

7-10 节约用电有什么意义?

7-11 节约用电的措施有哪些?

7-12 两部电价的含义是什么?

7-13 简述晶体管漏电保护器的工作原理。

8 半导体二极管与整流滤波电路

【知识目标】 [1] 理解半导体二极管的原理与特性；

[2] 理解特殊二极管的原理与特性；

[3] 理解整流电路的组成与原理；

[4] 理解滤波电路的组成与原理；

[5] 理解硅稳压管稳压电路的原理与计算方法。

【能力目标】 [1] 掌握半导体二极管的原理与特性；

[2] 掌握整流电路的组成与原理；

[3] 掌握滤波电路的组成与原理；

[4] 熟练掌握硅稳压管稳压电路的原理与计算方法；

[5] 熟练掌握常用电子元器件的测试方法。

8.1 半导体二极管的原理与特性

8.1.1 半导体二极管的结构、符号及类型

（1）结构、符号及外形

在形成 PN 结的 P 型半导体和 N 型半导体上，分别引出两根金属导线，并用管壳封装，就制成了二极管。二极管的基本构造如图 8-1(a) 所示。其中从 P 区引出的线为正极（或阳极），从 N 区引出的线为负极（或阴极）。二极管的电路符号和文字符号如图 8-1(b) 所示。二极管的结构外形如图 8-1(c) 所示。在二极管的电路符号中，箭头指向为正向导通电流方向。

（2）类型

① 按材料分，有硅二极管、锗二极管和砷化镓二极管等。

② 按结构分，根据 PN 结面积大小，有点接触型、面接触型二极管。

③ 按用途分，有整流、稳压、开关、发光、光电、变容、阻尼二极管等。

④ 按封装形式分，有塑封和金属封二极管等。

⑤ 按功率分，有大功率、中功率及小功率等二极管。

8.1.2 半导体二极管的伏安特性

半导体二极管的核心是 PN 结，它的特性就是 PN 结的特性——单向导电性。常利用伏安特性曲线来形象地描述二极管的单向导电性。所谓伏安特性，是指二极管的两端电压和流过二极管电流的关系，可用图 8-2 所示的电路来测试。

在图 8-2(a) 中，二极管的正极通过限流电阻 R 与直流电源的正极相连，二极管的负极通过毫安表与直流电源的负极相连。此时，二极管的正极电位高于负极，将外加电压称为"正向电压"，二极管处于"正向偏置"，简称为"正偏"。在测试中，调节直流电源 U，使二极管两端的正向电压从 0 开始逐渐增加，读出电压表和毫安表的对应数值，列出正向伏安特

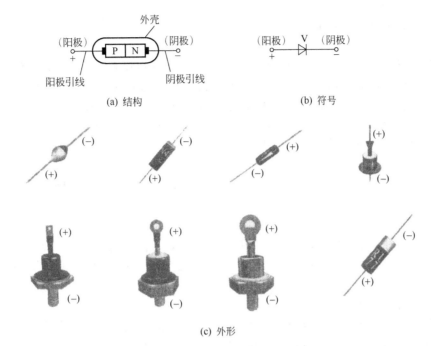

(a) 结构　　　　　　　　　　　(b) 符号

(c) 外形

图 8-1　二极管结构、符号及外形

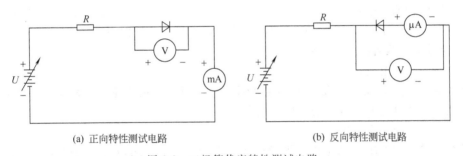

(a) 正向特性测试电路　　　　　　　　(b) 反向特性测试电路

图 8-2　二极管伏安特性测试电路

性数据表。

在图 8-2(b) 中，二极管的负极通过限流电阻 R 与直流电源的正极相连，二极管的正极通过微安表与直流电源的负极相连。此时，二极管的负极电位高于正极，将外加电压称为"反向电压"，二极管处于"反向偏置"，简称为"反偏"。在测试中，调节直流电源 U，使二极管两端的反向电压从 0 开始逐渐增加，读出电压表和毫安表的对应数值，列出反向伏安特性数据表。

若以直角坐标系的横坐标表示二极管两端的电压，纵坐标表示流过二极管的电流，用描点作图法把电压、电流的对应值用平滑的曲线连接起来，就构成二极管的伏安特性曲线，如图 8-3 所示（图中虚线为锗管的伏安特性，实

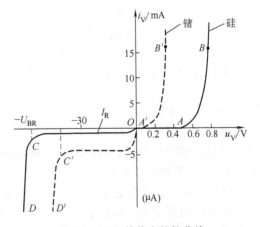

图 8-3　二极管伏安特性曲线

线为硅管的伏安特性）。

下面对二极管伏安特性曲线加以说明。

（1）正向特性

二极管两端加正向电压时，就产生正向电流，当正向电压较小时，正向电流极小（几乎为零），这一部分称为死区，相应的 A（A'）点的电压称为死区电压或门槛电压（也称阈值电压），硅管约为 0.5V，锗管约为 0.1V，如图 8-3 中 OA（OA'）段。

当正向电压超过门槛电压时，正向电流就会急剧地增大，二极管呈现很小电阻而处于导通状态。这时硅管的正向导通压降约为 0.6～0.7V，锗管约为 0.2～0.3V，如图 8-3 中 AB（$A'B'$）段。

二极管正向导通时，要特别注意它的正向电流不能超过最大值，否则将烧坏 PN 结，损坏二极管。

（2）反向特性

二极管两端加上反向电压时，在开始很大范围内，二极管相当于非常大的电阻，反向电流很小，且不随反向电压而变化。此时的电流称之为反向饱和电流 I_R，见图 8-3 中 OC（OC'）段。

（3）反向击穿特性

二极管反向电压加到一定数值时，反向电流急剧增大，这种现象称为反向击穿。此时对应的电压称为反向击穿电压，用 U_{BR} 表示，如图 8-3 中 CD（$C'D'$）段。

（4）温度对特性的影响

由于二极管的核心是一个 PN 结，它的导电性能与温度有关，温度升高时二极管正向特性曲线向左移动，正向压降减小；反向特性曲线向下移动，反向电流增大。

8.1.3 半导体二极管的主要参数

（1）最大整流电流 I_F

最大整流电流 I_F 是指二极管长期工作时，允许通过的最大正向平均电流。使用时正向平均电流不能超过此值，否则会烧坏二极管。

（2）最大反向工作电压 U_{RM}

最大反向工作电压 U_{RM} 是指二极管正常工作时，所承受的最大反向电压（峰值）。通常手册上给出的最大反向工作电压是击穿电压的一半左右。

（3）反向饱和电流 I_R

反向饱和电流 I_R 是指在规定的反向电压和室温下所测得的反向电流值。其值越小，表明二极管的单向导电性能越好。

（4）二极管的直流电阻 R

二极管的直流电阻 R 是指加在二极管两端的直流电压与流过二极管的直流电流的比值。二极管的正向电阻较小，约为几欧姆到几千欧姆；二极管的反向电阻很大，一般可达几百千欧姆以上。

（5）最高工作频率 f_M

最高工作频率 f_M 是指二极管正常工作时的上限频率值，它的大小与 PN 结的结电容有关，超过此值，二极管的单向导电性能变差。

8.1.4 二极管的简易测试

测试二极管的方法很多，这里只介绍用万用表测试的方法。

将万用表置于 $R\times100$ 或 $R\times1k$（Ω）挡（$R\times1$ 挡电流太大，用 $R\times10k$（Ω）挡电压太高，都易损坏管子）。如图 8-4 所示，将万用表的红、黑表笔（棒）分别接被测二极管的两

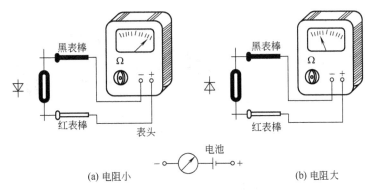

(a) 电阻小　　　　　　　　　　　　　　　(b) 电阻大

图 8-4　万用表简易测试二极管示意图

端，若测得阻值小，再将万用表的红、黑表笔（棒）对调测试，若测得阻值大，则表明二极管是好的；在测得阻值小的那一次中，与黑表笔（棒）相连的管脚为二极管的正极，与红表笔（棒）相连的管脚为二极管的负极。

8.1.5　二极管的使用注意事项

二极管使用时，应注意以下事项。

① 二极管应按照用途、参数及使用环境选择。

② 使用二极管时，正、负极不可接反。通过二极管的电流，承受的反向电压及环境温度等都不应超过手册中所规定的极限值。

③ 更换二极管时，应用同类型或高一级的代替。

④ 二极管的引线弯曲处距离外壳端面应不小于 2mm，以免造成引线折断或外壳破裂。

⑤ 焊接二极管时，应用 35W 以下的电烙铁，焊接要迅速，并用镊子夹住引线根部，以助散热，防止烧坏管子。

⑥ 安装时，应避免靠近发热元件，对功率较大的三极管，应注意良好散热。

⑦ 二极管在容性负载电路中工作时，二极管整流电流应大于负载电流的 20%。

8.2　特殊二极管的原理与特性

二极管的类型较多，除前面讨论的普通二极管外，还有若干种特殊的二极管，如稳压二极管、光电二极管、发光二极管和变容二极管等。

8.2.1　稳压二极管

（1）稳压二极管的工作特性

稳压二极管是一种用特殊工艺制造的面接触型半导体二极管，这种管子的掺杂重，击穿电压值低，正向特性和普通二极管一样。当反向电压加到某一定值时，反向电流剧增，产生反向击穿，反向击穿特性很陡峭。击穿时通过管子的电流在很大范围内变化，而管子两端的电压却几乎不变，稳压二极管就是利用这一特性来实现稳压的。

稳压二极管的实物图、特性曲线及电路符号如图 8-5 所示。可见，稳压管就是工作在反向击穿状态下的硅二极管。因此，在使用时，稳压管必须反向偏置（利用正向稳压的除外）。另外，稳压管可以串联使用，一般不能并联使用，因为并联有时会因电流分配不匀而引起管子过载损坏。

（2）主要参数

① 稳定电压 U_Z　U_Z 就是稳压管的反向击穿电压。相当于图 8-5(b) 中特性曲线 AB 段

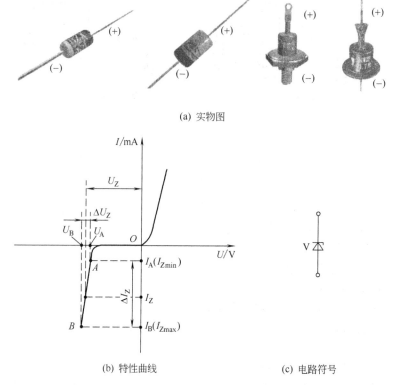

(a) 实物图

(b) 特性曲线   (c) 电路符号

图 8-5   稳压二极管的实物图、特性曲线及电路符号

间的 I_Z 对应的电压值，由于晶体管参数的分散性，即使同一型号的管子，U_Z 的值也有不同。例如，2CW75 管的 U_Z 值为 10～11.8V，是指该管的稳定电压是 10～11.8V 范围内的某一数值，而不是指一个具体的 2CW75 管的稳定电压在 10～11.8V 之间变化。

② 稳压电流 I_Z I_Z 是指稳压管维持稳定电压的工作电流。手册中规定有最小测试电流 I_{Zmin}（I_{Z1}）和正常测试电流 I_Z（I_{Z2}）两项，通常应用取 I_Z 值作为标称值。

③ 最大稳定电流 I_{Zmax} 最大电流是稳压二极管允许通过的最大反向电流。

稳压管工作时的电流应小于这个电流，若超过这个值，管子会因电流过大造成管子过热而损坏；正常工作时，$I_{Zmin} < I < I_{Zmax}$。

④ 最大耗散功率 P_{Zmax} P_{Zmax} 是指稳压管不致因过热而损坏的最大耗散功率。

$$P_{Zmax} = U_Z I_{Zmax}$$

⑤ 动态电阻 r_Z r_Z 是反映稳压管稳压性能好坏的一个参数。它等于稳压管两端电压的变化量和对应的电流变化量之比，即

$$r_Z = \frac{\Delta U_Z}{\Delta I_Z}$$

动态电阻越小，说明曲线越陡，稳压管的稳压性能越好。

8.2.2 发光二极管

发光二极管与普通二极管一样，也是由 PN 结构成的，同样具有单向导电性，但在正向导通时能发光，所以它是一种把电能转换成光能的半导体器件。由于构成它的材料、封装形式、外形等不同，因而它的类型很多，如单色发光二极管、变色发光二极管、闪烁发光二极管、电压型发光二极管、红外发光二极管、激光发光二极管等。在这里只介绍其中的几种。

（1）单色发光二极管

单色发光二极管的发光颜色有红、绿、黄、橙、蓝等，几乎所有设备的电源的指示灯、手机背景灯、七段数码显示器件都使用的是单色发光二极管。单色发光二极管的实物与电路符号如图 8-6 所示。单色发光二极管的两根引线中，长引脚是正极，短引脚是负极。

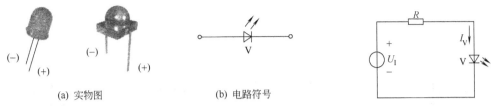

(a) 实物图	(b) 电路符号

图 8-6 单色发光二极管的外形及符号　　　　图 8-7 单色发光二极管的应用电路

发光二极管的正向工作电压为 2～2.5V，工作电流为 5～20mA，一般二极管的电流为1mA 时启辉，随着电流的增加，亮度不断增加。当电流超过 5mA 以后，亮度并不显著增加。当流过发光二极管的电流超过极限值时，会导致发光二极管损坏。因此，发光二极管在使用时，必须在电路中加接限流保护电阻 R，如图 8-7 所示。

检测发光二极管时，一般用万用表 $R×10k$（Ω）挡，方法和普通二极管的一样。正常情况下，发光二极管的正向电阻一般在 15kΩ 左右，反向电阻为无穷大。灵敏度高的发光二极管，在测正向电阻时，可见发光二极管的管芯发光。

（2）红外发光二极管

红外发光二极管是一种能把电能直接转换成红外光能的发光器件，也称为红外发射二极管。管内也是由 PN 结构成的，管外一般用透明树脂封装。红外发光二极管常用于红外遥控发射器中。红外发光二极管有两个引脚，如图 8-8 所示。两个引脚中，通常长引脚为正极，短引脚为负极。

红外发光二极管工作在正偏状态。

检测红外发光二极管时，一般用万用表 $R×1k$（Ω）挡，方法和普通二极管的一样。正常情况下，发光二极管的正向电阻一般在 30kΩ 左右，反向电阻为无穷大。否则说明红外发光二极管性能变差或损坏。

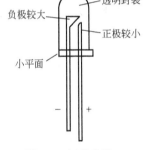

图 8-8　红外发光二极管的外形

（3）半导体激光二极管

半导体激光二极管是激光头中的核心器件。它是采用一块 P型和 N 型铝镓砷半导体组合而成的。P 区接电源的正极，N 区接电源的负极，此时 PN 结正向导通，形成一定的驱动电流，从光学谐振腔中发射出激光。半导体激光二极管常用于 CD机、视盘机及激光打印机等电子设备中。

根据半导体激光二极管的内部构造和原理，检测半导体激光二极管好坏的方法是用万用表通过测试它的正反向电阻来确定。将万用表置于 $R×1k$（Ω）挡，若正向电阻为 20～30kΩ 左右，反向电阻为无穷大，说明正常。否则说明半导体激光二极管性能变差或损坏。

8.2.3　光电二极管

光电二极管是一种常见的光敏元件。与普通二极管相似，它也是由 PN 结构成的半导体器件，但二者在结构上有着显著的不同。普迪二极管的 PN 结是被严密封装在管壳内部的，外部光线的照射对其特性不产生任何影响；而光电二极管的管壳上则开有一个透明的窗口，外部光线能透过此窗口照射到光电二极管的 PN 结上，以改变其工作状态。光电二极管的外形（实物图）与电路符号如图８９所示。

(a) 实物图　　　　　　　　(b) 电路符号

图 8-9　光电二极管的外形（实物图）与电路符号

光电二极管工作在反偏状态，它的反向电流随着光照强度的增加而上升，用于实现光电转换功能。光电二极管广泛应用于遥控接收器、激广头中。当制造成大面积的光电二极管时，能将光能直接转换成电能，可当作一种能源器件，即光电池。

光电二极管的检测方法是：将万用表置于 $R \times 1k$（Ω）挡，用手捂住或用一黑纸片遮住光电二极管的窗口，用黑表笔接光电二极管的正极，红表笔接光电二极管的负极，测得的正向电阻为 $10 \sim 20k\Omega$ 左右；交换表笔，指针不动，测得的反向电阻为无穷大。当受到光线照射时，反向电阻有显著变化（明显变小），正向电阻不变，说明正常。若在上述检测中，正、反向电阻都很小或都很大，则说明光电二极管已经击穿或内部开路。

8.2.4　变容二极管

变容二极管是利用 PN 结的结电容可变原理制成的半导体器件。它仍工作在反向偏置状态，当外加反向偏置电压大小变化时，其结电容随着外加反向偏置电压变化而变化，在电路中它可当作可变电容器使用。由于它无机械磨损，而且体积小，因而广泛应用于彩色电视机的调谐器中。不同型号的管子，其电容最大值不同，一般在 $3 \sim 300pF$，最大电容值与最小电容值之比为 5：1。变容二极管的电路符号和压控特性曲线如图 8-10 所示。

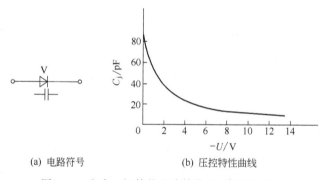

(a) 电路符号　　　　　　(b) 压控特性曲线

图 8-10　变容二极管的电路符号和压控特性曲线

变容二极管的检测及特性判断可用万用表 $R \times 1k$（Ω）挡。若正向电阻为几千欧，反向电阻为无穷大，则说明变容二极管是好的。若在上述检测中，正、反向电阻都很小或都很大，则说明变容二极管已经击穿或内部开路。变容二极管的特性判断与普通二极管相同。

8.3　整流电路的组成与原理

整流就是把大小、方向都随时间变化的交流电变换成直流电。完成这一任务的电路称为整流电路。常见的整流电路有单相半波、全波、桥式和倍压整流电路。单相桥式整流电路用得最为普遍。本节主要介绍单相桥式整流电路。

8.3.1 工作原理

单相桥式整流电路如图 8-11(a) 所示，图中，TC 为电源变压器，它的作用是将交流电压 u_i 变成整流电路要求的交流电压 u_2，R_L 是要求直流供电的负载电阻，4 只整流二极管 $V_1 \sim V_4$ 接成电桥的形式，故称为桥式整流电路。图 8-11(b) 是它的另一种画法。图 8-11(c) 是它的简化画法。

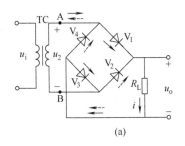
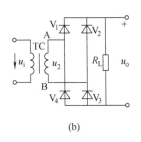
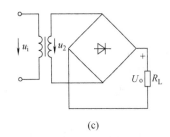

(a)　　　　　　　　　　(b)　　　　　　　　　　(c)

图 8-11 桥式整流电路

在 u_2 的正半周（$0 \leqslant \omega t < \pi$），由于 A 端为正，B 端为负，所以二极管 V_1 和 V_3 受到正向电压作用而导通，电流由次级绕组的 A 端，依次通过 V_1、R_L、V_3 而回到绕组 B 端，构成导电回路。二极管 V_2 和 V_4 因承受反向电压而截止，如图 8-11(a) 的实线所示。在 u_2 的负半周（$\pi \leqslant \omega t < 2\pi$），变压器的 A 端为负，B 端为正，所以 V_2 和 V_4 受到正向电压作用而导通，电流由次级绕组的 B 端，依次通过 V_2、R_L、V_4 而回到绕组 A 端，构成导电回路。二极管 V_1 和 V_3 因承受反向电压而截止，如图 8-11(a) 的虚线所示。

在以后各个半周期内，将重复上述过程，4 只二极管中两个两个地轮流导电，轮流截止。因此在整个周期，负载电阻 R_L 上均有电流流过，而且始终是一个方向，即都是从负载的上端流向下端。负载 R_L 上电压、电流的波形如图 8-12 所示。变压器次级绕组在整个周期的正、负两个半周内都有电流通过，因此提高了变压器的利用率。

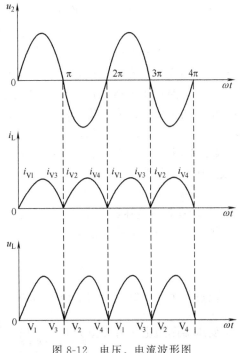

图 8-12 电压、电流波形图

8.3.2 负载上的直流电压 U_L 和直流电流 I_L 的计算

整流后的电压、电流波形如图 8-12 所示。从图中可以看出，变压器副边电压 u_2 按正弦规律变化。经过整流后，负载电阻两端的电压、负载电阻上电流的方向均不变，但其大小仍作周期性变化，故称为脉动直流电压、脉动直流电流。脉动直流电压、电流一般用平均值来表示，即一个周期内脉动电压、电流的平均值。当变压器副边电压为 $u_2 = \sqrt{2}U_2\sin\omega t(V)$ 时，负载上电压的平均值

$$\overline{U}_L = \frac{1}{\pi}\int_0^\pi \sqrt{2}\sin\omega t\, \mathrm{d}(\omega t)\,\mathrm{V} = \frac{2\sqrt{2}}{\pi}U_2 \approx 0.9U_2 \tag{8-1}$$

电流平均值为

$$\bar{I}_{L}=\frac{0.9U_2}{R_L} \tag{8-2}$$

8.3.3　整流元件参数的计算

（1）二极管的平均电流

在桥式整流电路中，二极管 V_1、V_3 和 V_2、V_4 是两两轮流导通的，所以流经每个二极管的平均电流为

$$\bar{I}_{V}=\frac{1}{2}\bar{I}_{L}=\frac{0.45U_2}{R_L} \tag{8-3}$$

（2）最大反向电压

二极管在截止时管子两端的最大反向电压可以从图 8-11（a）看出。在 u_2 的正半周，V_1、V_3 导通，V_2、V_4 截止。此时 V_2、V_4 所承受到的最大反向电压均为 u_2 的最大值，即

$$U_{VM}=\sqrt{2}U_2 \tag{8-4}$$

同理，在 u_2 的负半周，V_1、V_3 也承受同样大小的反向电压。

8.3.4　整流二极管的选择

应按以下原则选择二极管。

① 二极管的最大整流电流应大于二极管的工作电流，即

$$I_{FM}\geqslant I_{V}=\frac{1}{2}I_{L}$$

② 二极管的最高反向工作电压 U_{RM} 应大于二极管承受的最大反向电压 U_{VM}，即

$$U_{RM}\geqslant U_{VM}=\sqrt{2}U_2$$

桥式整流电路的优点是输出电压高，纹波电压较小，管子所承受的最大反向电压较低，同时因电源变压器在正、负半周内都有电流供给负载，电源变压器得到了充分的利用，因此，这种电路在半导体整流电路中得到了颇为广泛的应用。该电路的缺点是二极管用得较多，但目前市场上已有整流桥堆出售，如 QL51A-G、QL62A-L 等，其中 QL62A-L 的额定电流为 2A，最大反向电压为 25～1000V。

【例 8-1】　一单相桥式整流电路接到 220V 正弦工频交流电源上，负载电阻 $R_L=50\Omega$，负载电压平均值为 100V。

① 根据电路要求选择整流二极管。

② 计算整流变压器的变比及容量。

解　整流电流的平均值为

$$\bar{I}=\frac{\bar{U}}{R_L}=\frac{100}{50}=2A$$

流过每个二极管的平均电流值为 $\bar{I}_{V}=\dfrac{\bar{I}}{2}=\dfrac{2}{2}=1A$

变压器副边电压有效值为 $U_2=\dfrac{\bar{U}}{0.9}=\dfrac{100}{0.9}=111V$

考虑到变压器副绕组及二极管上的压降，变压器副边电压一般应高出 5%～10%，即

$$U_2=111\times 1.1V\approx122V$$

每只二极管截止时承受的最高反向电压为

$$U_{VM}=\sqrt{2}U_2=122\sqrt{2}=172V$$

为使整流电路工作安全，在选择二极管时，二极管的最大整流电流应大于二极管中流过的电流平均值，二极管的最高反向工作电压峰值应比二极管在电路中承受的最大反向电压高出一倍左右。因此可以选用 2CZ12E 型二极管，其最大整流电流为 3A，反向工作电压峰值

为 300V。

变压器的变比为

$$K=\frac{U_1}{U_2}=\frac{220}{122}=1.8$$

变压器副绕组电流有效值为

$$I_2=1.11\times\bar{I}=1.11\times2=2.22A$$

变压器的容量为

$$S=U_2I_2=122\times2.22=270.84V\cdot A$$

8.4　滤波电路的组成与原理

为了减小整流后电压的脉动，常采用滤波电路把交流分量滤去，使负载两端得到脉动较小的直流电。

滤波电路一般由电容、电感、电阻等元件组成。滤波电路对直流和交流反映出不同的阻抗，电感 L 对直流阻抗为零（线圈电阻忽略不计），对于交流却呈现较大的阻抗（$X_L=\omega L$）。若把电感 L 与负载 R_L 串联，则整流后的直流分量几乎无衰减地传到负载，交流分量却大部分降落在电感上。负载上的交流分量很小，因此负载上的电压接近于直流。电容器 C 对于直流相当于开路，对于交流却呈现较小的阻抗（$X_C=\frac{1}{\omega C}$）。若将电容 C 与负载电阻并联，则整流后的整流分量全部流过负载，而交流分量则被电容器旁路，因此在负载上只有直流电压，其波形平滑。

常用的滤波电路有电容滤波、电感滤波、复式滤波等。

8.4.1　电容滤波电路

图 8-13 为单相桥式整流、电容滤波电路。在分析电容滤波电路时，要特别注意电容器两端电压 U_C 对整流组件导电的影响，整流组件只有受正向电压作用时才导通，否则便截止。

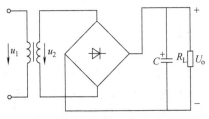

图 8-13　电容滤波电路

（1）工作原理

① 负载 R_L 未接入时的情况　设电容器两端初始电压为零，接入交流电源后，当 u_2 为正半周时，u_2 通过 V_1、V_3 向电容器 C 充电；u_2 为负半周时，经 V_2、V_4 向电容器 C 充电，充电时间常数为

$$\tau_C=R_nC$$

其中，R_n 包括变压器副绕组的电阻和二极管 V 的正向电阻。一般 R_n 很小，电容器很快就充电到交流电压 u_2 的最大值$\sqrt{2}U_2$，极性如图 8-13 所示。由于电容器无放电回路，故输出电压（即电容器 C 两端的电压 U_C）保持在$\sqrt{2}U_2$，输出为一个恒定的直流，如图 8-14 中

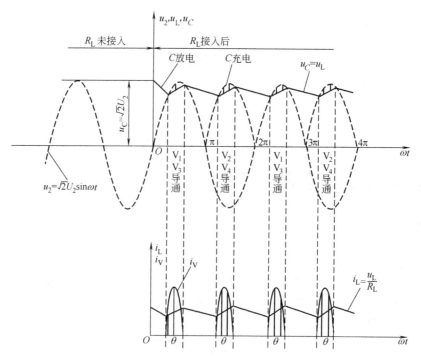

图 8-14 电容滤波电路电流、电压波形

$\omega t < 0$（即纵坐标左边）部分所示。

② 接入负载 R_L 的情况　设变压器副边电压 u_2 从 0 开始上升（即正半周开始）时接入负载 R_L，由于电容器中负载未接入前充了电，故刚接入负载时 $u_2 < u_C$，二极管受反向电压作用而截止，电容器 C 经 R_L 放电。

电容器放电过程的快慢，取决于 R_L 与 C 的乘积，即电路时间常数 τ_d。τ_d 越大，放电过程越慢，输出电压越平稳。一般地

$$R_L C > (3 \sim 5) \frac{T}{2} \tag{8-5}$$

其中，T 为电源交流电压周期。

（2）电容滤波电路特性

① 在电容滤波电路中，整流二极管的导电时间缩短了，导电角小于 $180°$，且放电时间常数愈大，导电角愈小。由于电容滤波后，输出直流的平均值提高了，而导电角却减小，故整流二极管在短暂的导电时间内，将流过一个很大的冲击电流，易损坏整流管，所以选择整流二极管时，管子的最大整流电流应留有充分的裕量。

② 负载直流电压随负载电流增加而减小。U_L 随 I_L 的变化关系称为输出特性或外特性，如图 8-15 所示。

C 值一定，当 $R_L = \infty$，即空载时，输出电压平均值为

$$\overline{U}_L = \sqrt{2} U_2 \approx 1.4 U_2$$

在整流电路的内阻不太大（几欧姆）和放电时间常数满足式(8-5)的关系时，电容滤波电路负载电压平均值 $\overline{U}_L$ 与 U_2 的关系为

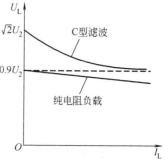

图 8-15　桥式整流电容
滤波电路的外特性

$$\overline{U}_L \approx (1.1 \sim 1.2)U_2 \tag{8-6}$$

总之，电容滤波电路简单，负载直流电压 U_L 较高，纹波也较小，它的缺点是输出特性较差，故适用于负载电压较高、负载变动不大的场合。

8.4.2　电感滤波电路

在桥式整流电路和负载电阻 R_L 之间串入一个电感 L，如图 8-16 所示，就组成了一个电感滤波电路。利用电感的储能作用可以减小输出电压的纹波，从而得到比较平滑的直流。当忽略电感 L 的电阻时，负载上输出的电压平均值和纯电阻（不加电感）负载基本相同，即 $\overline{U}_L \approx 0.9U_2$。

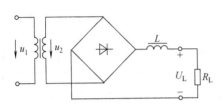

图 8-16　桥式整流电感滤波电路

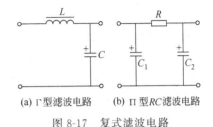

(a) Γ型滤波电路　　(b) Π 型 RC 滤波电路

图 8-17　复式滤波电路

电感滤波的特点是，整流管的导电角较大（电感 L 的反电势使整流管导电角增大），峰值电流很小，输出特性比较平坦。其缺点是体积大，易引起电磁干扰。因此，电感滤波一般只适用于低电压、大电流场合。

此外，为了进一步减小负载电压中的纹波，在电感 L 后再接一电容构成 Γ 型滤波电路或 Π 型 RC 滤波电路，如图 8-17 所示。其性能和应用场合分别与电感滤波电路及电容滤波电路相似。

【例 8-2】　一个桥式整流电容滤波电路如图 8-18 所示。电源由 220V、50Hz 的交流电压经变压器降压供电，要求输出直流电压为 30V，电流为 500mA，试选择整流二极管的型号和滤波电容规格。

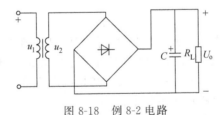

图 8-18　例 8-2 电路

解　① 选择整流二极管。

通过每只二极管的平均电流为

$$\overline{I}_V = \frac{1}{2}\overline{I}_L = \frac{1}{2} \times 500 = 250\text{mA}$$

有负载时的直流输出电压为

$$\overline{U}_L = 1.2U_2$$

故变压器次级电压有效值为 $U_2 = \dfrac{\overline{U}_L}{1.2} = \dfrac{30}{1.2} = 25\text{V}$，每只二极管承受的最大反向电压为

$$U_{RM} = \sqrt{2}U_2 = \sqrt{2} \times 25 \approx 35\text{V}$$

根据 I_V 和 U_{RM} 选择二极管，查有关手册，选取 2CZ54B 二极管 4 只，其最大整流电流 $I_{FM} = 0.5\text{A}$，最高反向工作电压 $U_{RM} = 50\text{V}$。

② 选择滤波电容器。

$$C \geqslant 5 \frac{T}{2R_L} = 5 \times \frac{0.02}{2 \times 30/0.5} \approx 830 \times 10^{-6} F = 830 \mu F$$

取标称值 $1000 \mu F$；电容器耐压为 $(1.5 \sim 2)U_2 = (1.5 \sim 2) \times 25 = 37.5 \sim 50V$。最后确定选 $1000 \mu F/50V$ 的电解电容器 1 只。

8.5 硅稳压管稳压电路的原理与计算方法

交流电经整流滤波可得平滑的直流电压，但由于电网电压波动和负载变化时输出电压也随之而变，因此，需要一种稳压电路，使输出电压在电网波动或负载变化时基本稳定在某一数值。

8.5.1 稳压二极管稳压电路的工作原理

稳压管稳压电路如图 8-19(a) 所示，稳压二极管的伏安特性如图 8-19(b) 所示。稳压电路由稳压管 V 和限流电阻 R 组成，稳压管在电路中应为反向连接，它与负载电阻 R_L 并联后，再与限流电阻串联，属于并联型稳压电路。下面简单分析电路的工作原理。

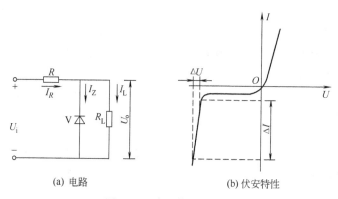

(a) 电路   (b) 伏安特性

图 8-19 稳压管稳压电路

(1) 负载电阻 R_L 不变

当负载电阻不变，电网电压上升时，将使 U_i 增加，U_o 随之增加，由稳压管的伏安特性可知，稳压管的电流 I_Z 就会显著增加，结果使流过电阻 R 的电压增大，从而使增大了的负载电压 U_o 的数值有所减小，即 $U_o = U_i - U_R$。如果电阻 R 的阻值选择适当，最终可使 U_o 基本上保持不变。上述稳压过程可表示如下：

$$U_i \uparrow \rightarrow U_o \uparrow \rightarrow I_Z \uparrow \rightarrow I_R \uparrow$$
$$U_o \downarrow \leftarrow U_R \uparrow$$

同理，如果交流电源电压降低使 U_o 减小时，电压 U_i 也减小，因此稳压管的电流 I_Z 显著减小，结果使通过限流电阻 R 的电流 I_R 减小，I_R 的减小使 R 上的压降减小，结果使负载电压 U_o 数值有所增加而近似不变。

(2) 电源电压不变

假设电网电压保持不变，负载电阻 R_L 减小，I_L 增大时，由于电流在 R 上的压降升高，输出电压 U_o 将下降。由于稳压管并联在输出端，由伏安特性可看出，当稳压管两端的电压有所下降时，电流 I_L 将急剧减小，而 $I_R = I_L + I_Z$，所以 I_R 基本维持不变，R 上的电压也就维持不变，从而得到输出基本维持不变。上述稳压过程表示如下：

$$R_L \downarrow \rightarrow I_L \uparrow \rightarrow I_R \uparrow \rightarrow U_o \downarrow \rightarrow I_Z \downarrow \rightarrow I_R \downarrow = I_L + I_Z$$
$$U_o \uparrow$$

当负载电阻增大时，稳压过程相反，读者可自行分析。

由以上分析可知，稳压二极管稳压电路是由稳压管的电流调节作用和限流电阻 R 的电压调节作用互相配合实现稳压的。值得注意的是，限流电阻 R 除了起电压调节作用外，还起限流作用。如果稳压管不经限流电阻 R 而直接并在滤波电路的输出端上，它不仅没有起到稳压作用，还可能使稳压管中电流过大而损坏管子，所以稳压二极管稳压电路中必须串接限流电阻。

8.5.2 硅稳压管稳压电路限流电阻和稳压管的选择

① 稳压电路中的稳定电压应按负载电压选取，即 $U_Z = U_o$。如果一个管子的稳压值不够，可以用两个或多个稳压管串联。稳压管的最大稳定电流 I_{Zmax} 大致上应该比最大负载电流 I_{Lmax} 大两倍以上，即 $I_{Zmax} \geq 2I_{Lmax}$。

② 限流电阻 R 的大小应该满足两个条件（两种极端情况）。首先，当直流输入电压最低（U_{Imin}）而负载电流最大时，流过稳压管的电流应该大于稳压管的稳定电流 I_Z，即

$$\frac{U_{Imin} - U_o}{R} - I_{Lmax} \geq I_Z$$

由上式得出

$$R \leq \frac{U_{Imin} - U_o}{I_Z + I_{Lmax}}$$

同时，当直流输入电压最高（U_{Imax}）而负载电流最小时，流过稳压管的电流不应该超过稳压管的最大稳定电流 I_{Zmax}，即

$$\frac{U_{Imax} - U_o}{R} - I_{Lmin} \leq I_{Zmax}$$

由上式得出

$$R \geq \frac{U_{Imax} - U_o}{I_{Zmax} + I_{Lmin}}$$

即

$$\frac{U_{Imax} - U_o}{I_{Zmax} + I_{Lmin}} \leq R \leq \frac{U_{Imin} - U_o}{I_Z + I_{Lmax}}$$

实训：常用电子元器件的测试

(1) 实训目的

① 学会识别常用电子元器件。

② 学会用万用表测量电阻、电容、电感的方法。

③ 学会用万用表判别二极管极性。

④ 学会用万用表测试二极管的性能。

(2) 实训设备与器件

实训设备：电子技术实验装置 1 台，直流稳压电源 1 台，指针式万用表 1 块。

实训器件：各种电阻 10 只，电位器 5 只，电容器 5 只，电感器 5 只，有无标记的晶体二极管各 5 只。

(3) 实训步骤与要求

① 识别电阻、电容、电感、二极管等常用的电子元器件。

② 用万用表测量每个电阻的阻值，并和标称值进行比较。

③ 用万用表测试每个电容的性能。

④ 用万用表测试每个电感的性能。

⑤ 用万用表测试无标记的二极管极性、性能和好坏，然后测试有标记的二极管极性、

性能，并进行比较。

（4）实训总结与分析

① 整理实训数据，分析实训结果。

② 测试小功率管时，应该用万用表电阻挡 $R \times 100$ 或 $R \times 1k$。

③ 熟悉万用表的使用方法。

练 习 题

8-1 什么是半导体二极管的单向导电性？

8-2 一般小功率硅二极管的正向导通压降是多少伏？小功率锗二极管的正向导通压降是多少伏？

8-3 在单相桥式整流电路中，若有一个二极管反接，电路会出现什么现象？若有一个二极管断路，电路会出现什么现象？

8-4 电容滤波和电感滤波各有什么特点？

8-5 在单相桥式整流电容滤波电路中，工频电源供电变压器的次级电压有效值为20V，正常时，电路输出的直流电压为多少伏？若滤波电容开路时，电路输出的直流电压为多少伏？若负载电阻开路时，电路输出的直流电压为多少伏？若滤波电容开路，有一只二极管也开路时，电路输出的直流电压又为多少伏？

8-6 在如图8-20所示的电路中，设输入电压为最大值为10V的正弦交流电，试画出输出电压的波形图（设二极管为理想二极管）。

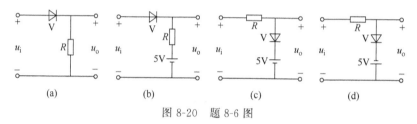

图 8-20　题 8-6 图

8-7 有一个电压为110V、电阻为55Ω的直流负载，采用单相桥式整流电路（不带滤波器）供电，求供电变压器的次级电压和电流的有效值，并选择二极管。

8-8 有一整流电路如图8-21所示。

① 试求各个负载电阻上的整流电压的平均值，并标出电压极性。

② 试求各个二极管中的的平均电流，并求出各个二极管所承受的最高反向电压。

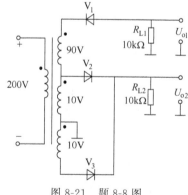

图 8-21　题 8-8 图

8-9 若稳压二极管 V_1 和 V_2 的稳定电压分别为 6V 和 10V，试求图8-22所示电路的输出电压为多少伏（设二极管为理想二极管）。

8-10 在如图8-23所示的电路中，判断二极管是否导通，求输出电压为多少伏（设二极管为理想二极管）？

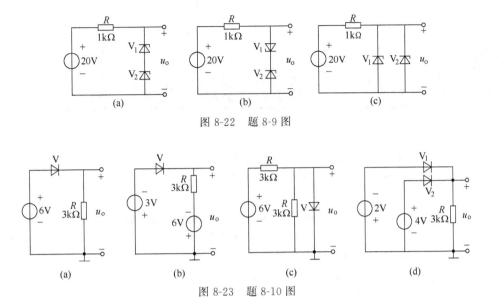

图 8-22 题 8-9 图

图 8-23 题 8-10 图

9 半导体三极管与放大电路

【知识目标】 [1] 理解半导体三极管的原理与特性；
　　　　　　 [2] 理解单管电压放大电路的原理；
　　　　　　 [3] 理解放大电路的分析方法；
　　　　　　 [4] 理解放大器的偏置电路和静态工作点稳定方法；
　　　　　　 [5] 理解典型的模拟电子电路的计算与分析方法。

【能力目标】 [1] 掌握单管电压放大电路的原理；
　　　　　　 [2] 掌握放大电路的分析方法；
　　　　　　 [3] 熟练掌握放大器的偏置电路和静态工作点稳定方法；
　　　　　　 [4] 熟练掌握典型的模拟电子电路的计算与分析方法；
　　　　　　 [5] 熟练掌握模拟电子电路的装调方法。

9.1 半导体三极管的原理与特性

9.1.1 三极管的结构与分类

（1）三极管的结构与电路符号

三极管的结构示意图如图 9-1(a) 所示，它是由三层不同性质的半导体组合而成的。按半导体的组合方式不同，可将其分为 NPN 型管和 PNP 型管。

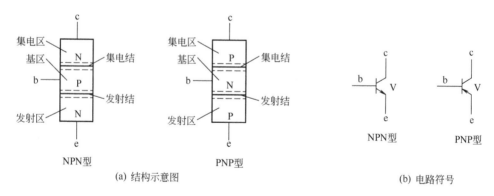

(a) 结构示意图　　　　　　　　　　(b) 电路符号

图 9-1　三极管的结构示意图与电路符号

无论是 NPN 型管还是 PNP 型管，它们内部均含有三个区：发射区、基区、集电区。从三个区各引出一个金属电极分别称为发射极（e）、基极（b）和集电极（c）；同时在三个区的两个交界处形成两个 PN 结，发射区与基区之间形成的 PN 结称为发射结，集电区与基区之间形成的 PN 结称为集电结。三极管的电路符号如图 9-1(b) 所示，符号中的箭头方向表示发射结正向偏置时的电流方向。

为使三极管具有电流放大作用，在制造过程中必须满足实现放大的内部结构条件，即：

① 发射区掺杂浓度远大于基区的掺杂浓度，以便于有足够的载流子以供"发射"；

② 基区很薄，掺杂浓度很低，以减少载流子在基区的复合机会，这是三极管具有放大作用的关键所在；

③ 集电区比发射区体积大且掺杂少，以有利于收集载流子。

由此可见，三极管并非两个 PN 结的简单组合，不能用两个二极管来代替，在放大电路中也不可将发射极和集电极对调使用。

（2）三极管的分类和外形结构

三极管的种类很多，按其结构类型分为 NPN 管和 PNP 管；按其制作材料分为硅管和锗管；按工作频率分为高频管和低频管。常见三极管的外形结构如图 9-2 所示。

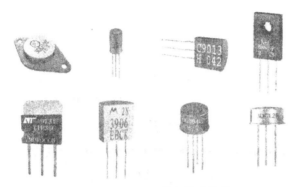

图 9-2 常见三极管的外形结构

9.1.2 三极管的电流分配与放大作用

三极管实现放大作用的外部条件是发射结正向偏置，集电结反向偏置。图 9-3（a）为 NPN 管的偏置电路，U_{BB} 通过 R_b 给发射结提供正向偏置电压（$U_B > U_E$），U_{CC} 通过 R_c 给集电结提供反向偏置电压（$U_C > U_B$）。即 $U_C > U_B > U_E$，实现了发射结的正向偏置和集电结的反向偏置。图 9-3（b）为 PNP 管的偏置电路，和 NPN 管的偏置电路相比较，电源极性正好相反。同理，为保证三极管实现放大作用，则必须满足 $U_E > U_B > U_C$。

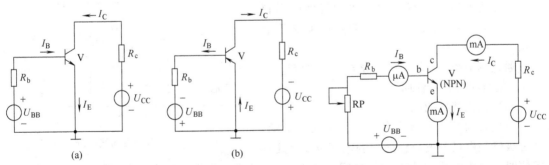

图 9-3 三极管具有放大作用的外部条件　　　　图 9-4 电流分配关系测试电路

（1）电流分配关系的测试

图 9-4 所示为三极管各电极电流分配关系的测试电路，当改变电位器 RP 的阻值时，就可以改变基极电流 I_B，集电极电流 I_C 和发射极电流 I_E 也将随之改变，其实验结果如表 9-1 所示。

（2）电流测试数据分析

① I_E、I_C、I_B 间的关系　由表 9-1 容易得到：$I_E = I_B + I_C$。此结果满足基尔霍夫电流定律，即流进管子的电流等于流出管子的电流。

表 9-1 三极管电流的测试数据

I_B/mA	0	0.01	0.02	0.03	0.04	0.05
I_C/mA	0.01	1.09	1.98	3.07	4.06	5.05
I_E/mA	0.01	1.10	2.00	3.10	4.10	5.10

② I_C、I_B 间的关系 从表中第二列、第三列数据可知：

$$\frac{I_C}{I_B}=\frac{1.09}{0.01}\approx\frac{1.98}{0.02}\approx100$$

这就是三极管的电流放大作用。上式中 I_C/I_B 表示其直流放大性能，用 $\bar{\beta}$ 表示三极管共发射极直流电流放大系数，即

$$\bar{\beta}=\frac{I_C}{I_B} \tag{9-1}$$

又

$$\Delta I_B=0.02-0.01=0.01mA$$

$$\Delta I_C=1.98-1.09=0.89mA$$

$$\frac{\Delta I_C}{\Delta I_B}=\frac{0.89}{0.01}=89$$

这表示其交流放大性能，用 β 表示三极管共发射极交流电流放大系数，即

$$\beta=\frac{\Delta I_C}{\Delta I_B} \tag{9-2}$$

在工程计算时可认为 $\bar{\beta}\approx\beta$。

由表中数据可见，当 I_B 有一微小变化时，就能引起 I_C 较大的变化，这就是三极管实现放大作用的实质，即通过改变基极电流 I_B 的大小，达到控制集电极电流 I_C 的目的。因此说双极型三极管是一种电流控制型器件。

9.1.3 三极管的特性曲线

三极管的特性曲线是指各电极间电压和电流之间的关系曲线。三极管常用的特性曲线为输入特性曲线和输出特性曲线。

三极管的特性曲线可用晶体管特性图示仪直接显示，也可用图 9-5 所示的测试电路逐点描绘。

通过调节图 9-5 所示的测试电路中的 U_{BB} 和 U_{CC}，便可测得其特性曲线。

（1）输入特性曲线

三极管的输入特性曲线如图 9-6（a）所示，当三极管集电极与发射极之间的电压 u_{CE} 为某一定值时，基极电流 i_B 与基射极之间的电压 u_{BE} 的关系，称为三极管的输入特性。这一关系可表示为

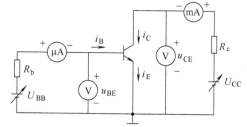

图 9-5 三极管特性曲线的测试电路

$$i_B=f(u_{BE})\big|_{u_{CE}=常数}$$

① 当 $u_{CE}=0$ 时 从输入端看进去，相当于两个 PN 结并联且正向偏置，此时的特性曲线类似于二极管的正向伏安特性曲线。

② 当 $u_{CE}\geq1V$ 时 从图中可见，$u_{CE}\geq1V$ 的曲线比 $u_{CE}=0V$ 时的曲线稍向右移。

由图可见，三极管的输入特性曲线与二极管的正向伏安特性曲线形状一样，也有一段死区。常温下硅管的死区电压约为 0.5V，锗管的死区电压约为 0.1V。另外，当三极管的发射

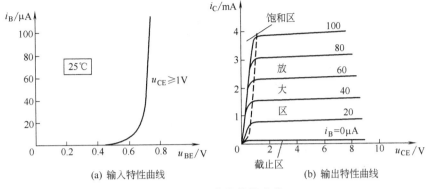

(a) 输入特性曲线　　　　　　　　(b) 输出特性曲线

图 9-6　三极管的特性曲线

结完全导通时，三极管也具有恒压特性。常温下，硅管的导通电压约为 0.6~0.7V，锗管的导通电压约为 0.2~0.3V。

（2）输出特性曲线

输出特性曲线如图 9-6（b）所示，该曲线是指当 i_B 一定时，输出回路中的 i_C 与 u_{CE} 之间的关系曲线，用函数式可表示为

$$i_C = f(u_{CE})|_{i_B = 常数}$$

在图 9-5 中，给定不同的 i_B 值，可对应地测得不同的曲线。根据输出特性曲线的形状，可将其划分为三个区域：放大区、饱和区和截止区。

① 放大区　将 $i_B > 0$ 以上曲线比较平坦的区域称为放大区。三极管的发射结正向偏置，集电结反向偏置。根据曲线的特征，可以总结放大区具有三个特性：一是受控特性，是指 i_C 随着 i_B 的变化而变化，即 $i_C = \beta i_B$；二是恒流特性，是指当输入回路中有一个恒定的 i_B 时，输出回路中便对应一个不受 u_{CE} 影响的恒定的 i_C；三是各曲线之间的间隔大小可体现 β 值的大小。

② 饱和区　将 $u_{CE} \leq u_{BE}$ 时的区域称为饱和区。此时三极管的发射结和集电结均正向偏置，失去了放大作用，这时 i_C 由外电路来决定，而与 i_B 无关。将此时所对应的 u_{CE} 的值称为饱和压降，用 U_{CES} 表示。一般情况下，小功率管的 U_{CES} 小于 0.4V（硅管约为 0.3V，锗管约为 0.1V）。在理想条件下，$U_{CES} \approx 0$，三极管的 c-e 之间相当于短路状态，类似于开关闭合。

③ 截止区　一般将 $i_B = 0$ 以下的区域称为截止区。$i_B = 0$，$i_C \approx 0$，此时，三极管的发射结零偏或反偏，集电结反偏，即 $u_{BE} \leq 0$，$u_{CB} > 0$。这时，$u_{CE} = U_{CC}$，三极管的 c-e 之间相当于开路状态，类似于开关断开。

在实际分析中，常把以上三种不同的工作区域又称为三种工作状态，即放大状态、饱和状态和截止状态。三极管在电路中既可以作为放大元件，又可以作为开关元件使用。

【例 9-1】　在图 9-7 电路中，当电路输入 U_I 分别为 −2V、2V、6V 时，试判断三极管的工作状态。

分析　该电路 I_C 的最大饱和电流是

$$I_{CS} = \frac{U_{CC}}{R_c} = \frac{12}{3} = 4\text{mA}$$

产生此 I_{CS} 所需要的基极电流

$$I_{BS} = \frac{I_{CS}}{\beta} = \frac{4}{50} = 0.08\text{mA}$$

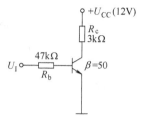

图 9-7 例 9-1 电路图

若电路中，$I_B > I_{BS}$，三极管饱和；$0 < I_B < I_{BS}$，三极管是放大状态。I_{BS} 也称作三极管的临界饱和基极电流。

解 ① 当 $U_I = -2V$，$I_B \leqslant 0$，三极管是处于截止状态。

② 当 $U_I = 2V$ 时，$I_B < I_{BS}$，三极管处于放大状态。

③ 当 $U_I = 6V$ 时，$I_B > I_{BS}$，三极管处于饱和状态，所以，判断三极管饱和的条件是：

$$I_B > I_{BS} = \frac{U_{CC}}{\beta R_c} = \frac{I_{CS}}{\beta}$$

9.1.4 三极管的主要参数

三极管的参数是用来表征其性能和适用范围的，也是评价三极管质量以及选择三极管的依据。常用的主要参数有下面几个。

（1）电流放大系数 β 电流放大系数是表示三极管的电流放大能力的参数。由于制造工艺的离散性，即使同一型号的三极管，其值也有很大差别。常用三极管的 β 值一般在 20～200 之间。若三极管的 β 值小，则电流放大效果差。但 β 值太大的三极管，性能不稳定。在三极管管壳上有红、黄、绿、蓝、灰、白等色点，作为 β 值的分挡标记。

（2）穿透电流 I_{CEO}

基极开路时，集电极与发射极之间的反向电流称作穿透电流。性能良好的管子 I_{CEO} 比较小。I_{CEO} 与周围温度有关。温度升高时，I_{CEO} 急剧增大，这对三极管的工作会产生很不利的影响。

（3）集射极反向击穿电压 $U_{CE(BR)}$

基极开路时，加在集电极和发射极之间的最大允许电压称为集射极反向击穿电压。三极管使用时，若 $U_{CE} > U_{CE(BR)}$，将导致三极管击穿损坏。

（4）集电极最大允许电流 I_{CM}

集电极电流 I_C 超过一定数值时，三极管的 β 值将显著下降。β 值下降到规定允许值（额定值的 2/3）时的集电极电流值叫集电极最大允许电流。

（5）集电极最大允许功耗 P_{CM}

三极管工作时，集电结处于反向偏置，电阻很大。I_C 通过集电结时，产生热量使集电结的结温升高。结温过高，管子将烧坏。因此，对集电极耗散功率要有限制。集电结最大允许承受的功率叫集电极最大允许功耗。使用时应保证：$U_{CE} I_C < P_{CM}$。

9.2 单管电压放大电路的原理

9.2.1 放大电路的基本概念

所谓放大，从表面上看是将信号由小变大，实质上，放大的过程是实现能量转换的过程。三极管有三个电极，三极管对小信号实现放大作用时在电路中可有三种不同的连接方式

（或称三种组态），即共（发）射极接法、共集电极接法和共基极接法。这三种接法分别以发射极、集电极、基极作为输入回路和输出回路的公共端，而构成不同的放大电路，如图 9-8（以 NPN 管为例）所示。

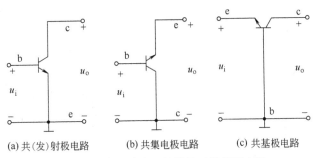

| (a) 共（发）射极电路 | (b) 共集电极电路 | (c) 共基极电路 |

图 9-8 放大电路中三极管的三种连接方法

9.2.2 放大电路的组成及各元件的作用

单管共射接法的电压放大电路如图 9-9 所示。需要放大的交流信号从输入端 AB 送入，放大以后的信号，从输出端 CD 取出。发射极是输入回路和输出回路的公共端，故该电路称为共射放大电路。

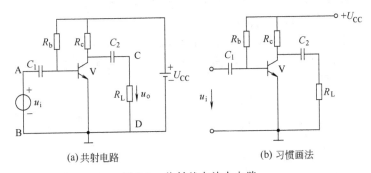

(a) 共射电路　　　　　　　　　(b) 习惯画法

图 9-9 共射基本放大电路

电路中各元件的作用如下。

① 集电极电源 U_{CC}，其作用是为整个电路提供能源，保证三极管的发射结正向偏置，集电结反向偏置。

② 基极偏置电阻 R_b，其作用是为基极提供合适的偏置电流。

③ 集电极电阻 R_c，其作用是将集电极电流的变化转换成电压的变化。

④ 耦合电容 C_1、C_2，其作用是隔直流、通交流。

⑤ 符号"⊥"为接地符号，是电路中的零参考电位。

⑥ NPN 型三极管 V，起放大作用，是整个放大电路的核心元件。

对于图 9-9(a) 所示电路，在实际应用中为了简化电路，在画图时往往省略电源符号，只画出电源电压的端点并标以 U_{CC}，这样就得到了图 9-9(b) 所示的习惯画法。

9.2.3 放大电路中的电流波形

从以上元件介绍中，初步了解到在放大电路中既有直流又有交流。交流就是需要放大的变化信号，直流就是为放大建立条件。

当交流信号 u_i 作用于图 9-10 所示的电路时，以基极电流为例，说明在电路中电流、电压的波形及其表示符号。

① 直流分量：如图 9-11(a) 所示的波形，是基极直流电流，用 I_B 表示。

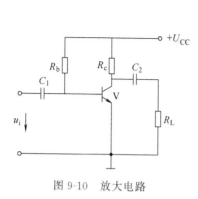

图 9-10 放大电路

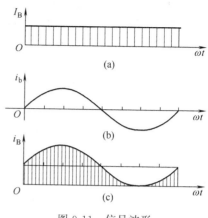

图 9-11 信号波形

② 交流分量：如图 9-11(b) 所示的波形，是基极交流电流，用 i_b 表示。

③ 总变化量：如图 9-11(c) 所示的波形，是交流电流和直流电流叠加后形成的，用 i_B 表示基极总电流：$i_B = I_B + i_b$。

9.2.4 放大电路的工作状态

通过对电路工作状态的分析，可以了解放大电路的工作原理。

（1）放大电路没有信号输入的情况

放大电路无信号输入时，电路中各处只有直流电流和直流电压存在。这些直流电流和直流电压是 I_B、I_C、I_E、U_{BE}、U_{CE}，如图 9-12 所示。其直流电流、直流电压的波形与图 9-11(a)中所示波形相同。

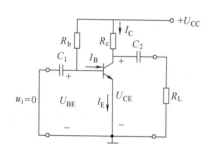

图 9-12 没有输入信号时的放大电路

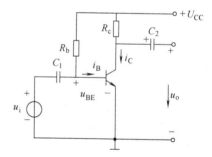

图 9-13 有输入信号时的放大电路

（2）放大电路有输入信号的情况

当放大电路输入端有交流信号输入时，如图 9-13 所示。此时电路各处有交流电流分量 i_b、i_c、i_e 通过。若输入信号电压为 $u_i = U_m \sin\omega t$ 时，电路中各处的交流波形和图 9-11(b)中所示的相同。这些交流分量分别和没有信号输入时的直流分量电流叠加，即图 9-13 中的 u_{BE}、i_B、i_C、u_{CE} 等。这些合成后的实际电流波形与图 9-11(c) 中所示的相同，是单向脉动电流。

9.2.5 直流通路和交流通路

（1）直流通路

所谓直流通路，是指当输入信号 $u_i = 0$ 时，在直流电源 U_{CC} 的作用下，直流电流所流过的路径。在画直流通路时，电路中的电容开路，电感短路。图 9-10 所对应的直流通路如图 9-14 所示。

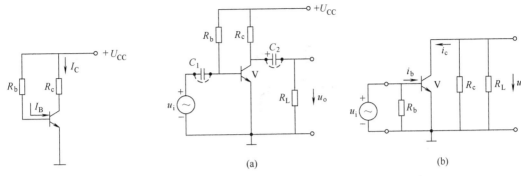

图 9-14 放大电路的直流通路　　　图 9-15 放大电路的交流通路

（2）交流通路

所谓交流通路，是指在信号源 u_i 的作用下，只有交流电流所流过的路径。画交流通路时，放大电路中的耦合电容短路；由于直流电源 U_{CC} 的内阻很小，对交流变化量几乎不起作用，故可看作短路。图 9-10 所对应的交流通路如图 9-15 所示。

根据三极管的结构，按图 9-15(b) 交流通路中所示的电流、电压正方向，u_i、i_b、i_c 是同相位的。图中输出电压 u_o 的标定正方向和 i_c 标定正方向相反，所以，$u_o = -i_c R'_L$，负号表示 u_o 和 i_c 标定正方向相反，亦表明了输出电压 u_o 和输入电压 u_i 是反相位的。

综上所述，放大器在工作过程中，电路中同时并存着交流、直流两种分量的电流。直流分量 I_B、I_C、U_{BE}、U_{CE} 为放大建立条件，而交流分量 i_b、i_c、u_{be}、u_{ce} 则反映了交变信号的放大及传输过程。

9.3　放大电路的工程估算分析法

常用的分析放大电路的方法有两种：工程估算法和图解法。工程估算法就是从放大器的直流通路和交流通路分析放大器的工作情况。

9.3.1　静态工作点的估算

没有输入信号时，放大电路各处的直流电流、直流电压值叫放大器的静态工作点。

根据直流通路可以估算出放大器的静态工作点。以图 9-16 为例，先估算基极电流 I_B，再估算其他值。计算公式有：

$$I_B = \frac{U_{CC} - U_{BE}}{R_b} \tag{9-3}$$

$$I_C = \beta I_B \tag{9-4}$$

$$U_{CE} = U_{CC} - I_C R_c \tag{9-5}$$

式中，U_{BE} 的估算，对于硅管取 0.7V；对锗管取 0.3V。在式（9-3）中，当 U_{CC} 远远大于 U_{BE} 时，U_{BE} 可略去不计。

【例 9-2】　试估算图 9-16 所示的放大电路的静态工作点。设 $U_{CC} = 12\text{V}$，$R_c = 3\text{k}\Omega$，$R_b = 300\text{k}\Omega$，$\beta = 50$。

解

$$I_B = \frac{U_{CC} - U_{BE}}{R_b} \approx \frac{U_{CC}}{R_b} = \frac{12}{300} = 0.04\text{mA}$$

$$I_C = \beta I_B = 50 \times 0.04 = 2\text{mA}$$

$$U_{CE} = U_{CC} - I_C R_c = 12 - 2 \times 3 = 6\text{V}$$

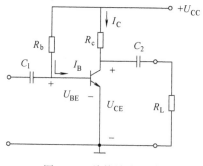

图 9-16 单管放大电路

9.3.2 动态交流指标的估算

采用工程估算法计算放大器的交流性能指标，例如放大电路的电压放大倍数等，需要有放大电路的交流等效电路。交流等效电路首先要解决的是三极管的非线性问题。

当放大器中的交流信号变化范围很小时，三极管基本上可以看成是在线性范围内工作的。因此可以用一个等效的线性化电路模型来代替三极管。所谓等效，就是从线性化电路模型的三个引出端看进去，电压、电流的变化关系和原来的三极管一样，这样的线性化电路模型也称为三极管的微变等效电路。

用线性化电路模型来代替三极管之后，具有非线性元件的放大电路就转化成熟悉的线性电路了。

（1）三极管的线性化电路模型

① 输入回路 当三极管输入回路仅有很小的输入信号时，i_b 只能在静态工作点附近作微量变化。三极管的输入特性曲线如图 9-17 所示，在 Q 点附近基本上是一段直线。此时三极管输入回路可用一等效电阻代替（如图 9-18 所示）。

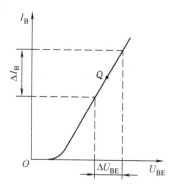

图 9-17 三极管的输入特性

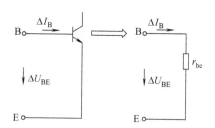

图 9-18 三极管输入回路模型

图 9-18 中的等效电阻 r_{be} 称为三极管的输入电阻，它的大小可用下面公式进行估算：

$$r_{be} = 300 + (1+\beta)\frac{26(\text{mV})}{I_E(\text{mA})} \tag{9-6}$$

I_E 是发射极静态电流，单位是 mA。对于小功率三极管，当 $I_E = 1 \sim 2\text{mA}$ 时，r_{be} 约为 1kΩ。

② 输出回路 当三极管输入回路仅有微小的输入信号时，可以认为输出特性曲线是一组互相平行且间距相等的水平线。所谓平行且间距相等，是指变化相同的数值时，输出特性曲线平移相等的距离，如图 9-19 所示。在这种情况下，三极管的 β 值是一常数，集电极电

流变化量 ΔI_C 与集射极电压 u_{ce} 无关，仅由 ΔI_B 大小决定。所以三极管输出回路相当于一个受控制的恒流源。

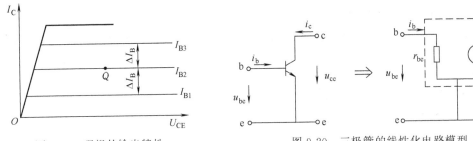

图 9-19 理想的输出特性   图 9-20 三极管的线性化电路模型

③ 三极管的线性化电路模型 综上所述，三极管的线性化电路模型如图 9-20 所示。

（2）共发射极放大器的小信号等效电路

将放大器的交流通路 [图 9-15(b)] 中的三极管用三极管的线性化电路模型代替后，该电路便是共射放大电路的小信号等效电路，如图 9-21 所示。利用小信号等效电路，可以对共射放大电路的交流指标进行估算。

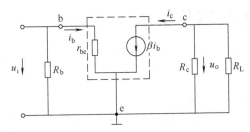

图 9-21 放大器的小信号等效电路

（3）交流指标的估算

① 电压放大倍数 因为

$$U_i = I_b r_{be}$$
$$U_o = -I_c R_L'$$

其中

$$R_L' = R_L /\!/ R_c$$

所以

$$A_u = \frac{U_o}{U_i} = -\frac{\beta I_b R_L'}{I_b r_{be}} = -\beta \frac{R_L'}{r_{be}}$$

② 放大器的输入电阻 r_i 放大电路的输入端和信号源相连接。对信号源来说，放大电路相当于信号源的一个负载。该负载可用一等效电阻 r_i 来代替，这个等效电阻 r_i 称为放大器的输入电阻。从图 9-21 可见：

$$r_i = R_b /\!/ r_{be}$$

一般地，R_b 远远大于 r_{be}，所以共射放大电路的输入电阻：

$$r_i \approx r_{be} \tag{9-7}$$

③ 放大器的输出电阻 r_o 放大电路的输出端和负载相连。对负载来说，放大电路相当于一个有内阻的信号源。这个信号源的内阻便是放大器的输出电阻。由图 9-21 可得放大电路的输出电阻：

$$r_o = R_c \qquad\qquad (9\text{-}8)$$

需要注意的是，r_i 和 r_o 都是放大电路的交流动态电阻，它们是衡量放大电路性能的重要指标。一般情况下，要求输入电阻尽量大一些，以减小对信号源信号的衰减；输出电阻尽量小一些，以提高放大电路的带载能力。

【例 9-3】 在图 9-15（a）电路中，三极管 $\beta = 50$，$r_{be} = 1k\Omega$，$R_b = 300k\Omega$，$R_c = 3k\Omega$，$R_L = 2k\Omega$，求：

① 接入 R_L 前、后的电压放大倍数；

② 放大器的输入电阻、输出电阻。

解 ① R_L 未接时

$$A_u = -\beta \frac{R_c}{r_{be}} = -50 \times \frac{3}{1} = -150$$

R_L 接入后

$$A'_u = -\beta \frac{R'_L}{r_{be}} = -50 \times \frac{3 \times 2}{5 \times 1} = -10 \times 6 = -60$$

② $r_i \approx r_{be} \approx 1k\Omega$，$r_o = R_c = 3k\Omega$

该例题表明：接入负载 R_L 后，电压放大倍数下降。

9.4　放大电路的图解分析法

应用三极管的输入、输出特性，通过作图的方法来分析放大电路的工作性能，称作图解分析法。

9.4.1　放大电路无信号输入的情况

如图 9-15 的放大电路，当无信号输入时（相当于输入端短路），放大电路是直流通路。以 AB 为分界线，把该放大电路直流通道的输出回路分为两部分，如图 9-22（a）所示：左侧是三极管，电压 U_{CE} 与电流 I_C 的关系是三极管的输出特性，如图 9-22（b）所示；右侧是直流电源 U_{CC} 与电阻 R_c 组成的支路，电流、电压关系是一直线方程：$U'_{CE} = U_{CC} - I'_C R_c$。用两点法可画出该直线 MN，其中 $M(0, U_{CC}/R_c)$，$N(U_{CC}, 0)$。

因左、右侧两部分共同组成了一个整体电路，流过同一电流，即 $I_C = I'_C$；AB 端又是同一电压 $U_{ce} = U'_{ce}$，将图 9-22（b）和图 9-22（c）合在一起，构成图 9-22（d）。输出特性曲线坐标中的直线 MN 就称为放大器的直流负载线。

直流负载线斜率：

$$|\tan\alpha| = \frac{OM}{ON} = \frac{U_{CC}/R_c}{U_{CC}} = \frac{1}{R_c}$$

静态工作点的确定：直流负载线 MN 和 $I_B\left(\dfrac{U_{CC} - U_{BE}}{R_b}\right)$ 的交点 Q 便是静态工作点。

静态工作点 Q 的坐标，即 $Q(U_{CE}, I_C)$，反映了放大电路无信号输入时的直流值。这与前面用估算法求出的结果接近。

9.4.2　放大电路有信号输入后的情况

（1）输入回路

基极电流 i_b 可根据输入信号电压 u_i，从三极管的输入特性上求得。

设输入信号电压 $u_i = 20\sin\omega t$ mV，根据静态时 $I_B = 40\mu A$，当送入信号后，加在三极管 e、b 极间的电压是一个在（700 ± 20）mV 范围内变化的脉动电压。而基极电流 i_b 是一个在 $20 \sim 60\mu A$ 范围内变化的脉动电流，该脉动电流由两个分量组成，即直流分量 I_B 和交流分

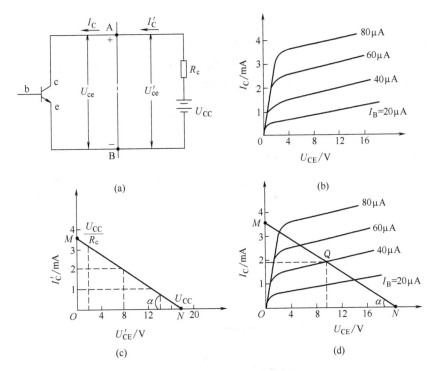

图 9-22 放大电路输出回路图解

量 i_b。交流分量的振幅是 $20\mu A$（见图 9-23 所示）。

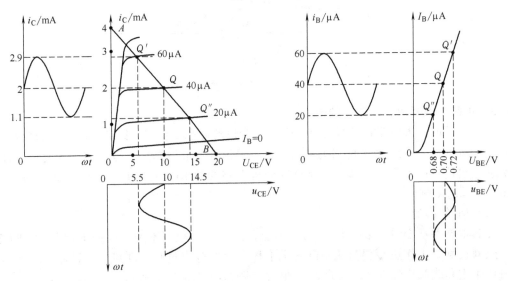

图 9-23 放大器的图解分析

（2）不接负载电阻 R_L 时的电压放大倍数

由基极电流 i_b 的变化，便可分析放大电路各量的变化规律，如图 9-23 所示。当基极电流在 $20\sim60\mu A$ 范围内变化时，放大器将在直流负载线上的 AB 段工作。这时 i_C 与 u_{CE} 的波形如图 9-23 所示，i_C 和 u_{CE} 均包含直流分量 I_C、U_{CE}。u_{ce} 的振幅为 4.5V，i_c 的振幅为 0.9mA。故放大器的电压放大倍数为

$$A_u = \frac{U_{cem}}{U_{im}} = -\frac{4.5}{0.02} = -225$$

（3）接入负载电阻 R_L 时的电压放大倍数

从估算法中已经知道，接入 R_L 后，总负载电阻是 R_c 与 R_L 并联后的等效电阻 R_L'，这时应该确定新的负载线。新负载线与横轴反方向的夹角是

$$\alpha' = \arctan \frac{1}{R_L'} \quad (R_L' = R_c /\!/ R_L)$$

新的负载线称为"交流负载线"。

因为当输入信号为零时，放大电路工作在静态工作点 Q 上，所以交流负载线必定要通过 Q 点。根据交流负载线的斜率和一个已知点 Q 的坐标，便可以将交流负载线 CD 画出，如图 9-24 所示。从图中得 u_{ce} 的振幅为 2.8V，所以带负载后放大电路的电压放大倍数为

$$A_u = \frac{U_{cem}}{U_{im}} = \frac{-2.8}{0.02} = -140$$

比不带负载时的值小。

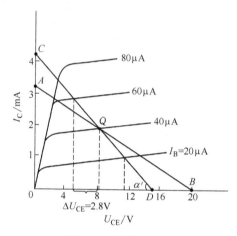

图 9-24　交流负载线

9.4.3　电路参数对放大器工作的影响

以上分析的放大电路，已假定有一个比较合适的静态工作点，因此，i_c、u_{ce} 的变化规律基本上和 i_b、u_{be} 一致，放大电路的输出信号几乎没有波形失真。若静态工作点设置不合适，将会使输出信号产生严重失真。下面分别分析电路参数 R_b、R_c、U_{CC} 对放大器电路（见图 9-15）工作的影响。

（1）R_b 的影响

在其他条件不变时，如果 U_{CC}、R_c 不变，则直流负载线不变，改变 R_b 时，I_B 随之改变，这就使静态工作点 Q 沿直流负载线上下移动。当 Q 点过高（Q' 点）或过低（Q'' 点）时，i_c 将产生饱和或截止失真。i_c 失真，u_{ce} 也对应失真，如图 9-25 所示。

（2）R_c 的影响

若 R_b、U_{CC} 不变，改变 R_c 也可得到不同的静态工作点，如图 9-26(a) 所示。R_c 增大，负载线斜率减小，工作点左移；R_c 减小，负载线斜率增大，工作点右移。当 R_c 增大较多时，Q 点将移至 Q''，放大器进入饱和区而失去放大作用。

（3）直流电源 U_{CC} 的影响

其他参数不变，升高电源电压 U_{CC}，直流负载线平行右移，Q 点偏向右上方 [图 9-26(b)]，

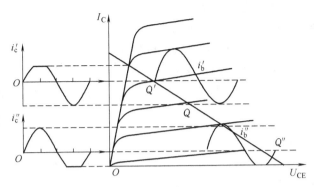

图 9-25 工作点选择不当引起的失真

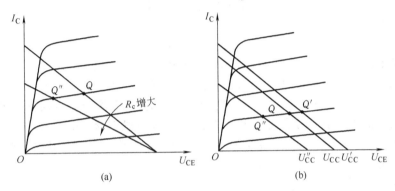

(a)　　　　　　　　　　(b)

图 9-26 Rc、Ucc 与静态工作点的失真

使放大电路动态范围扩大，但同时三极管的静态功耗也增大。

综上所述，改变 R_b、R_c、U_{CC}，均能改变放大器的静态工作点。但由于采用调整 R_b 的方法来调整静态工作点最为方便，因此在调整静态工作点时，通常总是首先调整 R_b。

另外还应注意到，即使 Q 点选择合适，参数合理，倘若输入信号过大，输出信号也会产生失真。

9.5 放大器的偏置电路和静态工作点稳定方法

在放大器中偏置电路是必不可少的组成部分，在设置偏置电路中应考虑两个方面：①偏置电路能给放大器提供合适的静态工作点。②温度及其他因素改变时，能使静态工作点稳定。

9.5.1 固定偏置电路

图 9-16 所示电路为固定偏置电路，设置的静态工作点参数为

$$I_B = \frac{U_{CC} - U_{BE}}{R_b}, \quad I_C = \beta I_B, \quad U_{CE} = U_{CC} - I_C R_c$$

当 U_{CC} 和 R_b 一定时，I_B 基本固定不变，故称为固定偏置电路。但是在这种电路中，由于晶体管参数 β、U_{BE}、I_{CEO} 等随温度而变，而 I_C 又与这些参数有关，因此当温度发生变化时，导致 I_C 的变化，使静态工作点不稳定。

9.5.2 分压式偏置电路

前面分析的固定偏置电路在温度升高时，三极管特性曲线膨胀上移，放大器的静态工作

点 Q 点升高，使静态工作点不稳定。为了稳定静态工作点，采用了分压偏置电路，如图 9-27 所示。

（1）利用分压电阻 R_{b1} 和 R_{b2} 来固定基极电位 U_B

如图 9-27 所示，当 R_{b1} 和 R_{b2} 中流过的电流分别是 I_1、I_2，且 $I_1 = I_2 + I_B$，若 $I_1 \gg I_B$ 时，则 $I_1 \approx I_2$，所以基极电位是

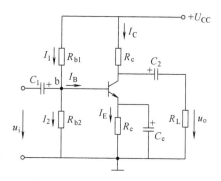

图 9-27　分压式偏置放大电路

$$U_B \approx \frac{R_{b2}}{R_{b1}+R_{b2}}U_{CC} \qquad (9\text{-}9)$$

基极电位可以认为固定不变，与温度无关。

（2）射极电阻 R_e 的负反馈作用

R_e 的负反馈作用可以稳定静态工作点。

因为 $U_{BE} = U_B - I_E R_e$，所以，当集电极电流 I_C 因温度升高而增大时，该电路稳定工作点的工作过程如下：

$$t(℃)\uparrow \rightarrow I_C\uparrow \rightarrow I_E\uparrow \rightarrow U_{BE}\downarrow \rightarrow I_B\downarrow \rightarrow I_C\downarrow$$

在这一变化过程中，温度升高的效果就相当于基极有一个增量 ΔI_B，由 ΔI_B 引起发射极电流增量 ΔI_E。ΔI_E 在 R_e 上建立的电压反馈到输入端，使 ΔI_B 减小，这种现象称为交流负反馈。

R_e 既然有抑制 I_E 变化的作用，当有信号时，对 i_E 的交流分量也同样起抑制作用，使放大电路的放大倍数减小。为了克服这一缺点，在 R_e 两端并接电容 C_e，使 C_e 对交流信号近似短路，不致因负反馈引起放大倍数减小。C_e 称为射极旁路电容，其大小选择见经验值。

（3）关于电路参数的经验值

对于图 9-27 所示的电路：

当 $I_1 \gg I_B$ 时，$I_1 \approx I_2$，$U_B \approx \dfrac{R_{b2}}{R_{b1}+R_{b2}}U_{CC}$

当 $U_B \gg U_{BE}$ 时，$I_E \approx \dfrac{U_B}{R_e}$。

在这两个条件存在的情况下，U_B、I_E 的大小只和电路参数有关，不随温度变化，与三极管的 β 值也无关。I_1、U_B 愈大，电路工作点的稳定性愈好。

但需要指出的是，在实际电路中，I_1、U_B 均不能太大。当 I_1 太大时（即 R_{b1}、R_{b2} 阻值太小时），一方面由于 R_{b1}、R_{b2} 上功耗增大，另一方面 R_{b1}、R_{b2} 对信号源分流作用加大，致使电路的放大倍数降低。U_B 也不能太大。若 U_B 太大，U_{CE} 减小，电路动态工作范围会变小。通常，该电路的经验值是

硅管：　　　　　　　　$I_1 = (5\sim10)I_B$，$U_B = 3\sim5\text{V}$ 　　　　　　　(9-10)

锗管：　　　　　　　　$I_1 = (10\sim20)I_B$，$U_B = 1\sim3\text{V}$ 　　　　　　　(9-11)

9.5.3　电路的静态工作点的计算

在分析图 9-27 所示电路的静态工作点时，应先从计算 U_B 入手，按照 $I_1 \gg I_B$ 的假定，可得到

$$U_B \approx \frac{R_{b2}}{R_{b1}+R_{b2}}U_{CC}$$

$$I_E = \frac{U_B - U_{BE}}{R_e}$$

当 $U_B \gg U_{BE}$ 时，可以近似认为

$$I_C \approx I_E \approx \frac{U_B}{R_e} \qquad (9\text{-}12)$$

$$U_{CE}=U_{CC}-I_E(R_c+R_e)\approx U_{CC}-I_C(R_c+R_e) \tag{9-13}$$

从以上分析还看到一个现象：就是 I_C 的大小基本上与三极管的参数无关。因此，即使三极管的特性不一样，电路的静态工作点 I_C 也没有多少改变，这在批量生产或常需要更换三极管的地方很方便。

9.5.4 电压放大倍数的计算

图 9-27 由于接入了旁路电容，因而此时的电压放大倍数和基本放大电路相同，即

不带负载时
$$A_u=-\beta\frac{R_c}{r_{be}}$$

带负载后
$$A_u=-\beta\frac{R'_L}{r_{be}}$$

9.6 射极输出器的分析与方法

9.6.1 电路结构

射极输出器的电路如图 9-28 所示。从图中可以看出，三极管集电极直接接到直流电源上，输出信号从发射极电阻两端引出，所以称作射极输出器。从该电路的微变等效电路（图9-29）上可以看到，集电极是输入回路和输出回路的公共端，所以又称为共集放大电路。

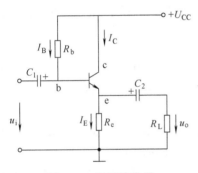
图 9-28 射极输出器

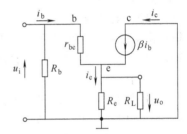
图 9-29 射极输出器的微变等效电路

9.6.2 射极输出器的特点

射极输出器有以下几个特点。

（1）静态工作点稳定

从图 9-28 的直流通路可得

$$U_{CC}=I_BR_b+U_{BE}+I_ER_e=\frac{I_E}{1+\beta}R_b+U_{BE}+I_ER_e$$

所以
$$I_C\approx I_E=\frac{U_{CC}-U_{BE}}{R_e+R_b/(1+\beta)} \tag{9-14}$$

$$U_{CE}\approx U_{CC}-I_CR_e \tag{9-15}$$

射极输出器中的电阻具有稳定静态工作点的负反馈作用，这一点在前面已作介绍，在此不再赘述。

（2）电压放大倍数近似为 1

由图 9-29 微变等效电路可得

$$U_o=I_eR'_L=(1+\beta)I_bR'_L$$

其中 $R'_L=R_e /\!/ R_L$。

$$U_i=I_br_{be}+I_eR'_L=I_b[r_{be}+(1+\beta)R'_L]$$

电压放大倍数为

$$A_u = \frac{U_o}{U_i} = \frac{(1+\beta)R'_L}{r_{be} + (1+\beta)R'_L}$$ (9-16)

在式(9-16)中，一般有 r_{be} 远小于 $(1+\beta)R'_L$，所以 $A_u \approx 1$，而略小于1。

A_u 略小于1，表明输出电压幅度和输入电压近似相等；$A_u > 0$，说明输出电压和输入电压同相位，故射极输出器又称为射极跟随器。

（3）输入电阻高，输出电阻低

由图9-29微变等效电路的输入端还可得出，射极输出器的输入电阻为

$$r_i = R_b // [r_{be} + (1+\beta)R'_L] \approx R_b // (1+\beta)R'_L$$ (9-17)

式中，$(1+\beta)R'_L$ 是输出回路的 R'_L 折算到基极回路的等效电阻。通常 R_b 阻值较大，约为几十千欧到几百千欧，同时 $(1+\beta)R'_L$ 的值也大，所以射极输出器输入电阻高，可达几十千欧到几百千欧。

射极输出器的电压 $u_o \approx u_i$，当输入电压 u_i 一定时，输出电压 u_o 相当稳定。表明射极输出器有恒压输出特性，故射极输出器的输出电阻很小。若不计信号源内阻时，输出电阻 r_o 的估算公式为

$$r_o \approx \frac{r_{be}}{\beta}$$ (9-18)

可见射极输出器有很小的输出电阻，一般 r_o 为几欧到几百欧。为了降低输出电阻值可选用 β 值较大的三极管。

9.6.3 射极输出器的应用

射极输出器的特点是电压跟随，即输入电阻很大、输出电阻很小、电压放大倍数接近于1而小于1。由于具有这些特点，射极输出器常被用作多级放大电路的输入级和输出级或作为隔离用的中间级。

首先，可以利用它作为测量放大器的输入级。由于它具有输入电阻高，从信号源取用的电流小的特点，因而它可以提高测量精度并减小对被测电路的影响。

其次，在利用射极输出器作为中间级时，其高输入阻抗对前一级影响很小；对后一级来说，因为它的输出电阻低，又具有射极跟随性能，在与输入电阻不高的共射放大电路配合时，既可保证输入相位不变，又可起到阻抗变换作用，从而提高多级放大电路的放大能力。

第三，射极输出器输出电阻低，所以它的带负载能力强。若放大器的负载是一个变化的负载，在负载变化时，为了保证放大器的输出电压比较稳定，就要求放大器具有低输出电阻才行。这时，就可以用射极输出器作为放大器的输出级。

9.7 多级放大电路的计算与分析方法

前面讲过的基本放大电路，其电压放大倍数一般只能达到几十到几百。然而在实际工作中，放大电路所得到的信号往往都非常微弱，要将其放大到能推动负载工作的程度，仅通过单级放大电路放大，达不到实际要求，则必须通过多个单级放大电路连续多次放大，才可满足实际要求。

9.7.1 多级放大电路的组成

（1）多级放大电路的组成

多级放大电路的组成可用图9-30所示的框图来表示。其中，输入级与中间级的主要作用是实现电压放大，输出级的主要作用是功率放大，以推动负载工作。

图 9-30 多级放大电路的结构框图

（2）多级放大电路的耦合方式

多级放大电路是由两级或两级以上的单级放大电路连接而成的。在多级放大电路中，把级与级之间的连接方式称为耦合方式。级与级之间耦合时，必须满足：

① 耦合后，各级电路仍具有合适的静态工作点；

② 保证信号在级与级之间能够顺利地传输过去；

③ 耦合后，多级放大电路的性能指标必须满足实际的要求。

为了满足上述要求，一般常用的耦合方式有：阻容耦合、直接耦合、变压器耦合。

1）阻容耦合　把级与级之间通过电容连接的方式称为阻容耦合方式。电路如图 9-31 所示。

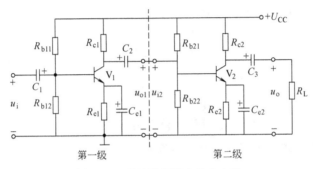

图 9-31　两级阻容耦合放大电路

由图可得阻容耦合放大电路的特点。

① 优点：因电容具有"隔直"作用，所以各级电路的静态工作点相互独立，互不影响。这给放大电路的分析、设计和调试带来了很大的方便。此外，还具有体积小、重量轻等优点。

② 缺点：因电容对交流信号具有一定的容抗，在信号传输过程中，会受到一定的衰减。尤其对于变化缓慢的信号容抗很大，不便于传输。此外，在集成电路中，制造大容量的电容很困难，所以这种耦合方式下的多级放大电路不便于集成化。

2）直接耦合　为了避免电容对缓慢变化的信号在传输过程中带来的不良影响，也可以把级与级之间直接用导线连接起来，这种连接方式称为直接耦合。其电路如图 9-32 所示。

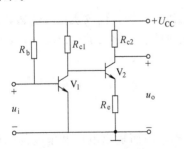

图 9-32　直接耦合放大电路

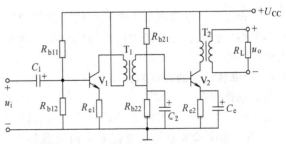

图 9-33　变压器耦合放大电路

直接耦合的特点如下。

① 优点：既可以放大交流信号，也可以放大直流和变化非常缓慢的信号；电路简单，便于集成，所以集成电路中多采用这种耦合方式。

② 缺点：存在着各级静态工作点相互牵制和零点漂移这两个问题。

3）变压器耦合 把级与级之间通过变压器连接的方式称为变压器耦合。其电路如图9-33所示。

变压器耦合的特点如下。

① 优点：因变压器不能传输直流信号，只能传输交流信号和进行阻抗变换，所以各级电路的静态工作点相互独立，互不影响。改变变压器的变比，很容易实现阻抗变换，因而容易获得较大的输出功率。

② 缺点：变压器体积大而笨重，不便于集成。同时频率特性也差，也不能传送直流和变化非常缓慢的信号。

9.7.2 多级放大电路的性能指标估算

（1）电压放大倍数

根据电压放大倍数的定义式，在图9-31中，由于

$$U_{o1} = A_{u1} U_{i1}$$
$$U_{o2} = A_{u2} U_{i2}$$
$$U_{i1} = U_i$$
$$U_{i2} = U_{o1}$$

故
$$A_u = \frac{U_o}{U_i} = \frac{U_{o2}}{U_{i1}} = \frac{U_{o1}}{U_{i1}} \times \frac{U_{o2}}{U_{o1}} = A_{u1} \cdot A_{u2} \tag{9-19}$$

因此，可推广到 n 级放大电路的电压放大倍数为

$$A_u = A_{u1} \cdot A_{u2} \cdot \cdots \cdot A_{un} \tag{9-20}$$

（2）输入电阻

多级放大电路的输入电阻，就是输入级的输入电阻。计算时要注意：当输入级为共集电极放大电路时，要考虑第二级的输入电阻作为前级负载时对输入电阻的影响。

（3）输出电阻

多级放大电路的输出电阻就是输出级的输出电阻。计算时要注意：当输出级为共集电极放大电路时，要考虑其前级对输出电阻的影响。

必须指出的是，以上所指的每一级的电压放大倍数，是已经把后一级的输入电阻作为前一级的负载时得出的，因此它比每一级不带负载时的放大倍数要小。

9.8 功率放大电路的计算与分析方法

电子设备中，常要求放大电路的输出级带动某些负载工作。例如，使仪表指针偏转，使扬声器发声，驱动自控系统中的执行机构等。因而要求放大电路有足够大的输出功率，这种放大电路统称为功率放大器。

9.8.1 功率放大器的特点和分类

（1）电路特点

功率放大器作为放大电路的输出级，具有以下几个特点。

① 由于功率放大器的主要任务是向负载提供一定的功率，因而输出电压和电流的幅度足够大。

②　由于输出信号幅度较大，使三极管工作在饱和区与截止区的边沿，因此输出信号存在一定程度的失真。

③　功率放大器在输出功率的同时，三极管消耗的能量亦较大，因此，不可忽视管耗问题。

（2）电路要求

根据功率放大器在电路中的作用及特点，首先要求它输出功率大、非线性失真小、效率高。其次，由于三极管工作在大信号状态，要求它的极限参数 I_{CM}、P_{CM}、$U_{(BR)CEO}$ 等应满足电路正常工作并留有一定余量，同时还要考虑三极管有良好的散热功能，以降低结温，确保三极管安全工作。

（3）功率放大器的分类

根据放大器中三极管静态工作点设置的不同，可分成甲类、乙类和甲乙类三种。

甲类放大器的工作点设置在放大区的中间，这种电路的优点是在输入信号的整个周期内三极管都处于导通状态，输出信号失真较小（前面讨论的电压放大器都工作在这种状态），缺点是三极管有较大的静态电流 I_{CQ}，这时管耗 P_C 大，电路能量转换效率低。

乙类放大器的工作点设置在截止区，这时，由于三极管的静态电流 $I_{CQ}=0$，所以能量转换效率高，它的缺点是只能对半个周期的输入信号进行放大，非线性失真大。

甲乙类放大电路的工作点设在放大区但接近截止区，即三极管处于微导通状态，这样可以有效克服乙类放大电路的失真问题，且能量转换效率也较高，目前使用较广泛。

9.8.2　乙类互补对称功率放大电路（OCL 电路）

（1）电路组成及工作原理

图 9-34 是双电源乙类互补功率放大电路。这类电路又称无输出电容的功率放大电路，简称 OCL 电路。V_1 为 NPN 型管，V_2 为 PNP 型管，两管参数对称。电路工作原理如下所述。

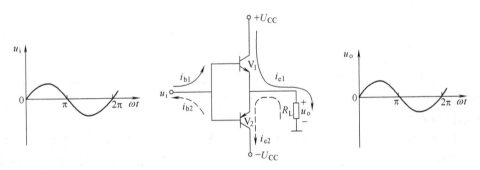

图 9-34　双电源乙类互补对称功率放大器

①　静态分析　当输入信号 $u_i=0$ 时，两个三极管都工作在截止区，此时 I_{BQ}、I_{CQ}、I_{EQ} 均为零，负载上没有电流通过，输出电压 $u_o=0$。

②　动态分析　当输入信号为正半周时，$u_i>0$，三极管 V_1 导通，V_2 截止，V_1 管的射极电流 i_{e1} 经 $+U_{CC}$ 自上而下流过负载，在 R_L 上形成正半周输出电压，$u_o>0$。

当输入信号为负半周时，$u_i<0$，三极管 V_2 导通，V_1 截止，V_2 管的射极电流 i_{e2} 经 $-U_{CC}$ 自下而上流过负载，在 R_L 上形成负半周输出电压，$u_o<0$。

（2）功率和效率的估算

①　输出功率 P。　当输入正弦信号时，每只三极管只在半周期内工作，忽略交越失真，并设三极管饱和压降 $U_{CES}=0$，在 $U_{om}\approx U_{CC}$ 时输出电压幅度最大。

$$\Gamma_o - U_o I_o - \frac{1}{2} U_{om} I_{om} = \frac{1}{2} \times \frac{U_{om}^2}{R_L} \qquad (9\text{-}21)$$

最大交流输出功率为

$$P_{om} = \frac{1}{2} \times \frac{U_{om}^2}{R_L} \approx \frac{1}{2} \times \frac{U_{CC}^2}{R_L} \qquad (9\text{-}22)$$

② 直流电源提供的功率 P_{DC}

$$I_{DC} = \frac{1}{2\pi} \int_0^\pi I_{om} \sin(\omega t) \, d(\omega t) = \frac{I_{om}}{\pi} = \frac{U_{om}}{\pi R_L}$$

因此两个电源共提供的功率为

$$P_{DC} = 2 I_{DC} U_{CC} = \frac{2}{\pi R_L} U_{om} U_{CC} \qquad (9\text{-}23)$$

输出功率最大时，电源提供的功率也最大，其值为

$$P_{DCm} = \frac{2}{\pi} \times \frac{U_{CC}^2}{R_L} \qquad (9\text{-}24)$$

③ 效率 输出功率与电源提供的功率之比称为电路的效率。在理想情况下，电路的最大效率为

$$\eta_m = \frac{P_{om}}{P_{DC}} \times 100\% = \frac{\pi}{4} \times 100\% \approx 78.5\% \qquad (9\text{-}25)$$

④ 管耗 P_c 直流电源提供的功率与输出功率之差就是三极管消耗的功率，即

$$P_c = P_{DC} - P_0 = \frac{2}{\pi R_L} U_{CC} U_{om} - \frac{1}{2 R_L} U_{om}^2 \qquad (9\text{-}26)$$

可求得当 $U_{om} = 0.63 U_{CC}$ 时，三极管消耗的功率最大，其值为

$$P_{cm} = \frac{2 U_{CC}^2}{\pi^2 R_L} = \frac{4}{\pi^2} P_{om} \approx 0.4 P_{om}$$

每个管子的最大功耗为

$$P_{cm1} = P_{cm2} = \frac{1}{2} P_{cm} \approx 0.2 P_{om} \qquad (9\text{-}27)$$

（3）交越失真及其消除

演示电路如图 9-35（a）所示，在放大器的输入端加入一个 1000Hz 的正弦信号，用示波器观察放大器的输出端的信号波形，发现输出波形在正、负半周的交界处发生了失真，观察到的输出波形如图 9-35（b）所示。

产生这种失真的原因是：在乙类互补对称功率放大电路中，没有给三极管施加偏置电压，静态工作点设置在零点，$U_{BEQ} = 0$，$I_{BQ} = 0$，$I_{CQ} = 0$，三极管工作在截止区。由于三极管存在

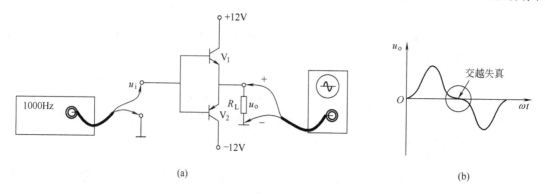

（a）　　　　　　　　　　　　　　　（b）

图 9-35 交越失真波形演示电路

死区电压, 当输入信号小于死区电压时, 三极管 V_1、V_2 仍不导通, 输出电压 u_o 为零, 这样在输入信号正、负半周的交界处, 无输出信号, 使输出波形失真, 这种失真叫交越失真。

为了解决交越失真, 可给三极管加上适当的基极偏置电压, 使之工作在甲乙类工作状态, 如图 9-36 所示。

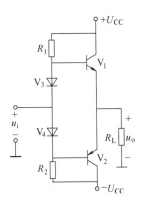
图 9-36 甲乙类互补对称功率放大电路

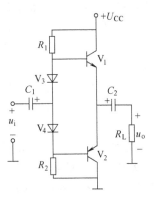
图 9-37 单电源互补对称功率放大电路

9.8.3 单电源互补对称功率放大电路 (OTL 电路)

双电源互补对称功率放大电路由于静态时输出端电位为零, 负载可以直接连接, 不需要耦合电容, 因而它具有低频响应好、输出功率大、便于集成等优点, 但是需要双电源供电, 使用起来有时会感到不方便, 如果采用单电源供电, 只需在两管的发射极与负载之间接入一个大容量电容 C_2 即可。这种电路通常又称无输出变压器的电路, 简称 OTL 电路, 如图9-37 示。

图中, R_1、R_2 为偏置电阻。适当选择 R_1、R_2 阻值, 可以使两管静态时发射极电压为 $U_{CC}/2$, 电容 C_2 的两端电压也稳定在 $U_{CC}/2$, 这样两管的集、射极之间如同分别加上了 $+U_{CC}/2$ 和 $-U_{CC}/2$ 的电源电压。

在输入信号正半周, V_3 导通, V_4 截止, V_3 以射极输出器形式将正向信号传送给负载, 同时对电容 C_2 充电; 在输入信号负半周时, V_3 截止, V_4 导通, 电容 C_2 放电, 充当 V_4 管的直流工作电源, 使 V_4 也以射极输出器的形式将负向信号传送给负载。这样, 负载 R_L 上得到一个完整的信号波形。电容 C_2 的容量应选得足够大, 使电容 C_2 的充放电时间常数远大于信号周期, 由于该电路中的每个三极管的工作电源已变为 $U_{CC}/2$, 已不是 OCL 电路的 U_{CC} 了, 读者可自行推导出该电路的最大输出功率的表达式。

与 OCL 电路相比, OTL 电路少用了一个电源, 但由于输出端的耦合电容容量大, 则电容器内铝箔卷绕圈数多, 呈现的电感效应大, 它对不同频率的信号会产生不同的相移, 输出信号有附加失真, 这是 OTL 电路的缺点。

9.9 差动放大电路的计算与分析方法

在测量仪表和自动控制系统中, 常常遇到一些变化缓慢的低频信号 (频率为几赫兹至几十赫兹, 甚至接近于零)。采用阻容耦合或变压器耦合的放大电路是不能放大这种信号的。因此, 放大这类变化缓慢的信号, 只能用直接耦合放大电路。

9.9.1 直接耦合放大电路的零点漂移问题

在直接耦合放大器中, 由于级与级之间无隔直 (流) 电容, 因此各级的静态工作点相互影响, 从而要求在设计电路时, 合理安排, 使各级都有合适的静态工作点。

若将直接耦合放大器的输入端短路（$u_i = 0$），理论上讲，输出端应保持某个固定值不变。然而，实际情况并非如此，输出电压往往偏离初始静态值，出现了缓慢的、无规则的漂移，这种现象称为零点漂移。放大器的级数越多，放大倍数越大，零漂现象越严重。严重的零点漂移将使放大电路不能工作。

引起零漂的原因很多，如电源电压波动、温度变化等，其中以温度变化的影响最为严重。当环境温度发生变化时，晶体管的 β、I_{CBO}、U_{BE} 随温度而变。这些参数变化造成的影响，相当于在输入端加入信号，使输出电压发生变化。

在阻容耦合电路中，各级的零漂被限制在本级内，所以影响较小。而在直接耦合电路中，前一级的零漂电压将毫无阻拦地传递到下一级，并逐级放大，所以第一级的零漂影响最为严重。抑制零漂，应着重在第一级解决。

减小零漂常用的一种方法，是利用两只特性相同的三极管，接成差动式电路。这种电路在模拟集成电路中作为基本单元而被广泛采用。

9.9.2 差动放大电路的基本工作原理

差动放大电路又称差动电路或者差分电路，它能比较完善地抑制零点漂移，常用于要求较高的直流放大电路中。差动电路又是当今集成电路的主要单元结构。

（1）电路组成和抑制零漂原理

图 9-38 所示电路为典型的差动放大电路。两侧的三极管电路完全对称。即：$R_{c1} = R_{c2}$，$R_{b1} = R_{b2}$，三极管 V_1 和 V_2 的参数相同，两管的射极相连并接有公共的射极电阻 R_e，由两组电源 $+U_{CC}$ 和 $-U_{EE}$ 供电。

由于三极管 V_1 和三极管 V_2 参数完全相同且电路对称，因而在静态时，$U_i = 0$，三极管集电极电压 $U_{c1} = U_{c2}$，$U_o = U_{c1} - U_{c2} = 0$，实现了零输入、零输出的要求。

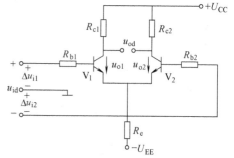

图 9-38　差动放大电路

如果温度升高，I_{c1} 和 I_{c2} 同时增大，U_{c1} 和 U_{c2} 同时下降，两管集电极电压变化量相等。所以 $\Delta U_o = \Delta U_{c1} - \Delta U_{c2} = 0$，输出电压仍然为零，这就说明，零点漂移因为电路对称而抵消了。

（2）差模信号和差模放大倍数

在图 9-38 中，输入信号 u_{id} 分成幅度相同的两个部分：u_{i1} 和 u_{i2}，它们分别加到两只三极管的基极，由图看出，u_{i1} 和 u_{i2} 极性（或相位）相反。这种对地大小相等、极性（或相位）相反的电压信号叫差模信号，用 u_{id} 表示为

$$u_{id} = u_{i1} - u_{i2} \tag{9-28}$$

差模信号就是待放大的有用信号。在它的作用下，一只三极管内电流上升，另一只管内电流下降，于是输出端将有电压输出。所以差动放大电路对差模信号能进行放大。

设差动放大电路单侧的放大倍数为 A_1，由于电路对称，则

$$U_{o1} = A_1 \cdot \frac{1}{2} U_{id}$$

$$U_{o2} = A_1 \cdot \left(-\frac{1}{2}\right) U_{id}$$

所以输出电压 $U_{od} = U_{o1} - U_{o2} = A_1 U_{id}$

差动放大电路的电压放大倍数为

$$A_d = \frac{U_{od}}{U_{id}} = A_1 \approx -\frac{\beta R_c}{R_b + r_{be}} \tag{9-29}$$

注意：U_{o1}、U_{o2}、U_{id}、U_o 均为电压有效值。

式(9-29)说明：差动式放大电路（两管）的电压放大倍数和单管放大电路的放大倍数相同。差动电路的特点是多用一个放大管来换取对零漂的抑制。

（3）共模信号和共模抑制比 K_{CMRR}

在差动电路中，如果两输入端同时加一对对地大小相等、极性（或相位）相同的信号电压，这种信号叫共模信号，用 u_{ic} 表示，$u_{ic}=u_{ic1}=u_{ic2}$。共模信号是无用的干扰或噪声信号。零漂信号便是一种共模信号。

差动放大电路由于电路对称，当输入共模信号时，$u_{ic1}=u_{ic2}$，三极管 V_1 和三极管 V_2 各电量同时等量变化，输出端 $u_{oc1}=u_{oc2}$，所以共模输出 $u_{oc}=u_{oc1}-u_{oc2}=0$，表明差动电路对共模信号无放大能力，这反映了差动电路抑制共模信号的能力。

为了表示一个电路放大有用的差模信号和抑制无用的共模信号的能力，引用了一个叫抑制比的指标 K_{CMRR}，它定义为

$$K_{CMRR}=\left|\frac{A_d}{A_c}\right| \tag{9-30}$$

其中，A_d 为差模信号放大倍数，A_c 为共模信号放大倍数。

K_{CMRR} 对理想的差动放大电路为无穷大，对实际差动电路，K_{CMRR} 愈大愈好。

9.10　集成运算放大器的计算与分析方法

集成运算放大器（简称集成运放）是模拟集成电路中品种最多、应用最广泛的一类组件，它几乎可以实现以往各种由分立元器件组成的模拟电子电路的功能。集成运放在发展初期主要用来实现模拟运算功能，后来成为像三极管一样的通用器件，因其高增益（高放大倍数）、高可靠性、低成本和小尺寸等优越的性能而被广泛地应用在电路与系统的各个领域中。

9.10.1　集成运放的组成及其符号

集成运放内部实际上是一个高增益的直接耦合放大器，其内部组成原理框图用图 9-39 表示，它由输入级、中间级、输出级和偏置电路四部分组成。

图 9-39　集成运算放大器内部组成原理框图

（1）输入级

输入级是提高运算放大器质量的关键部分，要求其输入电阻高，为了能减小零点漂移和抑制共模干扰信号，输入级都采用具有恒流源的差动放大电路，也称差动输入级。

（2）中间级

中间级的主要作用是提供足够大的电压放大倍数，故而也称电压放大级。要求中间级本身具有较高的电压增益。

（3）输出级

输出级的主要作用是输出足够的电流以满足负载的需要，同时还需要有较低的输出电阻和较高的输入电阻，以起到将放大级和负载相互隔离的作用。

（4）偏置电路

偏置电路的作用是为各级提供合适的工作电流，一般由各种恒流源电路组成。

现以通用型集成运算放大器 μA741 作为模拟集成电路的典型例子，其原理电路图如图 9-40 所示。

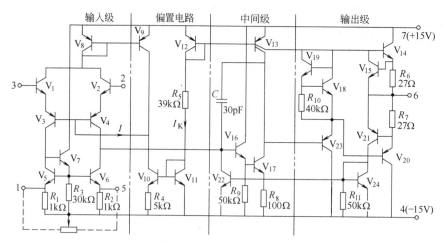

图 9-40　μA741 内部电路

从图 9-40 可以看出，集成电路的内部是很复杂的，但作为使用者来说，重点要掌握的是它的几个管脚的用途以及主要参数，不一定需要详细了解它的内部电路结构。

从原理电路图可以看出，这种运放有 7 个端点需要与外电路相连接，通过 7 个管脚引出，各管脚的用途是：

2 脚为反相输入端，由此端接输入信号，则输出信号与输入信号的相位是反相的；

3 脚为同相输入端，由此端接输入信号，则输出信号与输入信号的相位是同相的；

6 脚是输出端；

4 脚为负电源端，接 $-3\sim-18\text{V}$ 电源；

7 脚为正电源端，接 $+3\sim+18\text{V}$ 电源；

1 脚和 5 脚为外接调零电位器的两个端子，一般只需在这两个管脚上接入几千欧的线绕电位器，即可调零；

8 脚为空脚。

集成运算放大器的代表符号如图 9-41 所示，图中"▷"表示信号的传输方向，"∞"表示放大倍数为理想条件。两个输入端中，"−"号表示反相输入端，电压用"u_-"表示，"＋"号表示同相输入端，电压用"u_+"表示。输出端的"＋"号表示输出电压为正极性，输出端电压用"u_o"表示。

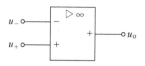

图 9-41　集成运放的符号

9.10.2　集成运放的主要性能指标

集成运放的性能指标比较多，具体使用时要查阅有关的产品说明书或资料。下面简单介绍几项主要的性能指标。

（1）输入失调电压 U_{os}

当输入电压为零时，为了使输出电压也为零，两输入端之间所加的补偿电压称输入失调电压 U_{os}。它反映了差放输入级不对称的程度。U_{os} 值越小，说明运放的性能越好。通用型运放的 U_{os} 为毫伏数量级，好的可小于 1mV，差的达 10mV 左右。

（2）输入失调电流 I_{os}

输入失调电流是指当集成运放输出电压 $u_o=0$ 时，流入两个输入端的电流之差，I_{os} 反映了输入级电流参数（如 β）的不对称程度，I_{os} 越小越好。通用型运放的 I_{os} 为纳安（nA）数量级，好的可小于 1nA，差的可达到 5μA。

（3）开环差模电压放大倍数 A_{od}

开环差模电压放大倍数指运放未外接反馈电路时的空载电压放大倍数。A_{od} 是决定运放精度的重要因素，其值越大越好。通用型运放的 A_{od} 一般在 $10^3 \sim 10^7$ 范围。

（4）差模输入电阻 r_{id}

差模信号输入时，运放开环（无反馈）输入电阻一般在几十千欧到几十兆欧范围。理想运放 $r_{id}=\infty$。

（5）差模输出电阻 r_o

差模输出电阻是运放输入端短路、负载开路时，运放输出端的等效电阻，一般为 $20\sim 200\Omega$ 左右。

（6）最大输出电压 U_{pp}

在额定电源电压（$\pm 15V$）和额定输出电流时，运放不失真最大输出电压的峰峰值可达 $\pm 13V$ 左右。

9.10.3 集成运算放大器的选择

（1）选择集成运算放大器的方法

根据集成运算放大器的分类及国内外常用集成运算放大器的型号，查阅集成运算放大器的性能和参数，选择合适的集成运算放大器。

（2）选择集成运放应考虑的其他因素

首先考虑尽量采用通用型集成运放，只有在通用型集成运放不能满足要求时，才去选择特殊型的集成运放，这时应考虑以下因素。

① 信号源的性质：是电压源还是电流源，电源阻抗大小，输入信号幅度及其变化范围，信号频率范围。

② 负载的性质：是纯电阻负载还是电抗负载，负载阻抗大小，需要集成运放输出的电压、电流的大小。

③ 对精度的要求：对集成运放的精度要求适当，过低则不能满足要求，过高将增加成本。

④ 环境条件：选择集成运放时，必须考虑到工作温度范围，工作电压范围，功耗与体积限制以及噪声源的影响等因素。

9.11 集成运放的应用

由于结构及制造工艺上的许多特点，集成运放的性能非常优异。通常在电路分析中把集成运放作为一个理想化器件来处理，从而使集成运放的电路分析大为简化。

理想状态下的集成运放的主要技术指标有 3 个：①开环电压放大倍数 $A_{od}=\infty$；②开环输入电阻 $r_{id}=\infty$；③输出电阻 $r_o=0$。

理想运放内部差动简化等效电路如图 9-42 所示。

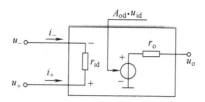

图 9-42 理想运放内部差动简化等效电路

在应用原理电路中，集成运放的其他引出端对分析电路信号没有作用，因此在应用原理电路中可以不画出来。

9.11.1 集成运放工作在线性区和非线性区的特点

分析应用电路的工作原理时，首先要分析集成运放工作在线性区还是在非线性区。

（1）线性区

集成运放工作在线性区时，运放两输入端之间为"虚短"或"虚断"，其连接图如图9-43所示。

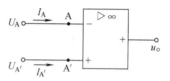

图 9-43 工作在线性区的理想运放

① 运放同相输入端与反相输入端对地电压相等（"虚短"特点）。

当集成运放工作在线性区时，作为一个线性放大元件，它的输出信号和输入信号应满足以下关系：

$$U_o = A_{od}(U_{A'} - U_A)$$

则

$$U_{A'} - U_A = \frac{U_o}{A_{od}} \tag{9-31}$$

因为理想运放 $A_{od} = \infty$，当 U_o 等于某一有限电压值时，由式（9-31）得

$$U_{A'} - U_A = 0$$

即

$$U_A = U_{A'} \tag{9-32}$$

② 理想运放两个输入端的电流都等于零（"虚断"特点）。

因为理想运放的 $r_{id} = \infty$，所以在输入端的 A 点或 A′ 点没有电流流入运放，即

$$I_A = I_{A'} = 0 \tag{9-33}$$

式（9-32）和式（9-33）表达了理想运放工作在线性区的"虚短"或"虚断"特点，大大简化了运放应用电路的分析过程。

（2）非线性区

若集成运放处于开环工作状态（即没有外接深度负反馈电路），由于集成运放的 A_{od} 很大，最大输出电压为有限值，当该运放在线性区工作时，其允许的差模输入电压值很小。若输入端的电压变化量超过某一范围时，运放的输出电压立即超出线性放大范围，到正向饱和电压 $+U_{om}$ 或负向饱和电压 $-U_{om}$。

当集成运放的工作范围超出线性区时，输出电压 U_o 和输入电压 $U_{A'} - U_A$ 之间将不再满足式（9-31）表示的关系，即

$$U_o \neq A_{od}(U_{A'} - U_A)$$

根据以上分析，理想运放工作在非线性区时，有如下特点。

① 输出电压 U_o 只有两种可能状态，即正饱和电压 $+U_{om}$ 或负饱和电压 $-U_{om}$，而且两输入端对地电压不一定相等，即 $U_{A'} \neq U_A$。

当输入电压 $U_{A'} > U_A$ 时

$$U_o = +U_{om} \qquad (9\text{-}34)$$

当输入电压 $U_{A'} < U_A$ 时

$$U_o = -U_{om} \qquad (9\text{-}35)$$

而且，$U_{A'} = U_A$ 的点是两种状态的转换点。

② 运放的输入电流等于零。

由于理想运放的 $r_{id} = \infty$，因而虽然 $U_{A'} \neq U_A$，但输入电流仍然为零。集成运放工作在非线性区时的输入输出特性如图 9-44 所示。

总之，分析运放的应用电路时，首先将集成运放当成理想运放，以便简化分析过程。然后判断集成运放是否工作在线性区。在此基础上根据以上运放的线性或非线性特点，分析电路的工作过程。

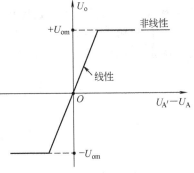

图 9-44 运放工作在非线性区时的输入输出特性

9.11.2 集成运放在信号运算方面的应用

用集成运放对模拟信号进行运算，就是要求输出信号反映出输入信号的某种运算结果。由此可以想到，输出电压将在一定范围内变化，而不能只有 $-U_{om}$ 和 $+U_{om}$ 两种状态。因此，集成运放必须工作在线性区。

为了保证集成运放工作在线性区而不进入非线性区，在随后将要介绍的电路中，都引入了深度负反馈。将放大器的输出量（电压或电流）的部分或全部反方向送回到放大器的输入端，这种反方向传输信号的过程叫反馈。若引入的反馈信号使输入信号减小，这种反馈叫负反馈。

用集成运放对模拟信号实现的基本运算有比例、求和、积分、微分、对数、乘法等，这里只简单介绍其中几种。

（1）比例运算电路

① 反相输入比例运算 图 9-45 中，输入信号 u_i 经过外接电阻 R_1 接到集成运放的反相输入端 A，同相输入端接地。

因为从点 A 流入集成运放的电流 $I' = 0$，所以

$$U_A = U_{A'} = 0, \quad I_1 = I_f$$

由

$$\frac{U_i - U_A}{R_1} = \frac{U_A - U_o}{R_f}$$

可知，输出电压和输入电压的关系为

$$\frac{U_i}{R_1} = \frac{-U_o}{R_f} \quad \text{或} \quad U_o = -\frac{R_f}{R_1}U_i \qquad (9\text{-}36)$$

电压放大倍数（比例系数）

$$A_f = \frac{U_o}{U_i} = -\frac{R_f}{R_1}$$

式(9-36)表明：图 9-45 的运放，其输出电压和输入电压的幅值成正比，但相位相反。也就是说，电路实现了反相比例运算。比例系数 $|A_f|$ 由电阻 R_f 和 R_1 决定，而与集成运放内部各项参数无关。只要 R_1 和 R_f 的阻值足够精确且稳定，就可以得到准确的比例运算关系。

在反相输入的比例运算电路中，若取 $R_f = R_1$，则比例系数为 -1，此反相输入比例运算

电路就称为变号运算电路或倒相电路，其输出电压 $u_o = -u_i$。

在上述电路中，A 点的电位等于地电位，但是却没有电流流入该点（因为 $I' = 0$），这种现象称为"虚地"。虚地是反相输入集成运放电路的一个重要特点。

② 同相输入比例运算　同相输入时，信号 u_i 接到同相输入端 A'（图 9-46）。为了保证集成运放工作在线性区，输出电压 u_o 通过反馈电阻 R_f 仍接在反相输入端 A 上。

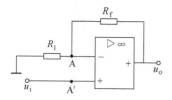

图 9-46　同相输入比例运算电路

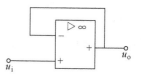

图 9-47　电压跟随器

在如图 9-46 所示的电路中，同相输入时，u_o 与 u_i 同相位。u_o 通过 R_f 反馈到 A 点，使 U_A 为某一值，也与 u_o 同相位。由于 $U_{A'} \neq 0$，故同相输入时，A 端已不再是"虚地"。

根据式（9-32），得 $U_A = U_{A'} = U_i$，又因为

$$U_i = \frac{R_1}{R_1 + R_f} U_o$$

所以电路的电压放大倍数

$$A_f = \frac{U_o}{U_i} = 1 + \frac{R_f}{R_1} \qquad (9\text{-}37)$$

式（9-37）表示：同相输入比例运算电路，比例系数大于 1，且 u_o 与 u_i 同相位。

总结以上分析过程，同相输入运算电路的特点是：集成运放两输入端 A、A' 对地电压相等，只存在虚短现象，不存在虚地现象。

在同相输入比例运算电路中，若 $R_1 = \infty$（开路）或 $R_f = 0$（短路），该电路比例系数 $A_f = +1$，则此电路称为电压跟随器电路（图 9-47），输出电压 $u_o = u_i$。电压跟随器电路广泛作为阻抗变换器或作为输入级使用。

（2）加法运算

要求输出信号反映多个模拟输入量相加的结果时，用加法运算电路，加法运算电路如图 9-48 所示。

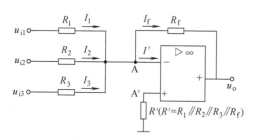

图 9-48　加法运算电路

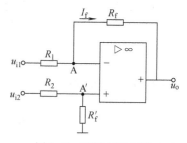

图 9-49　减法运算电路

由图 9-48 可见，根据式（9-32）

$$I' = 0, \quad U_A = U_{A'} = 0$$

$$I_f = I_1 + I_2 + I_3 = \frac{u_{i1}}{R_1} + \frac{u_{i2}}{R_2} + \frac{u_{i3}}{R_3}$$

因为 $I_f = \dfrac{-u_o}{R_f}$，所以

$$u_o = -I_f R_f = -\left(\frac{R_f}{R_1}u_{i1} + \frac{R_f}{R_2}u_{i2} + \frac{R_f}{R_3}u_{i3}\right)$$

当 $R_1 = R_2 = R_3$ 时

$$u_o = -\frac{R_f}{R_1}(u_{i1} + u_{i2} + u_{i3}) \qquad (9\text{-}38)$$

以上分析说明：反相输入求和电路的实质是利用 A 点的"虚地"和输入电流 $I' = 0$ 的特点，通过电流相加的方法来实现电压相加。

（3）减法运算

图 9-49 是减法运算电路，它是一个双端输入的运放电路。考虑到直流平衡和降低共模，取 $R_1 = R_2$，$R_f = R_f'$。

当 $u_{i1} = 0$ 时，电路为同相输入，则

$$u_{A'} = \frac{R_f'}{R_2 + R_f'}u_{i2}$$

输出端：

$$u_{o2} = \left(1 + \frac{R_f}{R_1}\right)u_{A'} = \frac{R_1 + R_f}{R_1} \times \frac{R_f'}{R_2 + R_f'} \times u_{i2} = \frac{R_f'}{R_1}u_{i2}$$

当 $u_{i2} = 0$ 时，电流为反相输入运放。同相输入端虽然没有直接接地，而是通过 $R_2 /\!/ R_f'$ 接地，但仍对点 A 为虚地没有影响。所以输出端

$$u_{o1} = -\frac{R_f}{R_1}u_{i1}$$

根据叠加原理，输出电压

$$u_o = u_{o1} + u_{o2} = \frac{R_f}{R_1}(u_{i2} - u_{i1})$$

9.11.3　信号转换电路

集成运放应用于信号转换的电路种类很多，主要有电源变换电路和非电量转换成电信号的电路。

在电源变换电路中，有电压-电压变换、电压-电流变换、电流-电压变换、电流-电流变换。在非电量转换成电信号的电路中，有光-电转换电路、时间-电压转换电路，还有将机械变形、压力、温度等物理量变换成电信号的电路。这里主要介绍电源变换电路，非电量转换成电信号的电路请参阅有关的书籍。

（1）电压-电压变换电路

在一些基准电压源的应用中，如标准稳压管 2CW7C，它的输出电压都是固定的，其值与实际要求的基准电压常常不符。这时便可用集成运放进行变换，以满足实际要求的基准电压值。图 9-50 便是这种电压-电压变换功能的电路，其中图（a）是将稳压管的稳定电压 6.3V 变换成 3V 基准电压输出的例子；图（b）是将 2.5V 电压变换成 +5V 基准电压输出的例子。这里应用了比例运放电路。

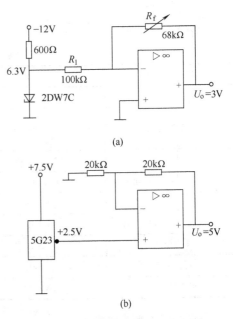

图 9-50　电压-电压变换电路实例

（2）电流-电压变换电路

在很多电流测量系统中，常采用通过电压测量来指示电流大小的方法。这就要用到电流-电压变换电路。图 9-51 所示电路便是这样的一个电流-电压转换电路。该电路用高阻输入的集成运放 5G28 来测量三极管反向饱和电流 I_{CEO}。

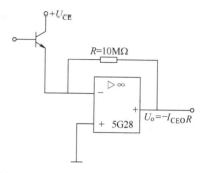

该电路利用反相输入端的虚地特性，能方便地设置三极管的集-射极电压 U_{CE}。由于 5G28 的实际输入偏流小于 1nA，因而当待测三极管的反相饱和电流 I_{CEO} 大于 $0.1\mu A$ 时，输入偏流的影响完全可以忽略。此时运放的输出电压 U_o 将正比于 I_{CEO} 的大小，即

图 9-51　I_{CEO} 测量电路（电流-电压转换）

$$U_o = -I_{CEO}R$$

在给定 R 值的条件下，U_o 的大小就准确地反映了 I_{CEO} 的大小。

实训一：可调输出集成直流稳压电源的装调

（1）实训目的

① 了解可调输出集成直流稳压电源的特性与作用。

② 掌握可调输出集成直流稳压电源的结构和原理。

③ 掌握三端式集成稳压器的特性与使用方法。

④ 掌握可调输出集成直流稳压电源的安装与调试技能。

（2）实训设备与器件

实训设备：电子技术实验装置 1 台，双踪示波器 1 台，直流稳压电源 1 台，指针式万用表 1 块，可调电阻器。

实训器件：见表 9-2 所示。

表 9-2　元器件清单

名称及标号		型号及大小	数量	备注
变压器		220/33V	1	
二极管		2CZ55C	4 个	可用整流桥
		1N4004	2 个	
电容	电解电容	$2200\mu F/160V$	1	
		$10\mu F/160V$	1	
		$1\mu F/160V$	1	
	陶瓷电容	$0.1\mu F$	1	
电阻		120Ω	1	
可变电阻		$3.6k\Omega$	1	
集成稳压器		CW317M	1	

（3）实训步骤与要求

① 阅图训练　可调输出集成直流稳压电源的电路原理图如图 9-52 所示。认真观察电源电路的基本结构，仔细分析电子元件的特性作用，总结归纳电源电路的工作原理，估算电源输出电压的可调范围。

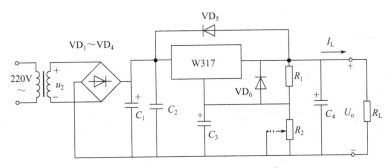

图 9-52 集成可调稳压电源电路

② 元件测试 对照图 9-52，识别电子元器件，认真清点，用万用表逐一检测电子元器件，并判断电子元器件的极性。若发现损坏，应及时更换。

③ 焊接安装 按图 9-52 所示，在电路板上认真焊接和安装电子元件。组装完毕，应认真仔细检查。

工艺流程：熟悉工艺要求→绘制装配草图→核对元器件→万能电路板装配、焊接。

在焊接稳压电路时，要注意分清变压器的输入端和输出端、整流电路和保护电路中二极管的极性、电解电容的正负极。

④ 通电调试 焊接或安装稳压电路完成，并检查无误后，即可通电，观察几分钟，元器件无冒烟、发烫的情况下可进行调试。

a. 测量输出电压 U_o 的范围。调节可变电阻 R_2，分别测出稳压电路的最大和最小输出电压。调节 R_2，使输出电压为 12V。

b. 测量稳压块的基准电压，即测出 R_1 两端的电压。

c. 观察纹波电压。输出纹波电压是指在额定负载条件下，输出电压中所含交流分量的有效值。在输出端加额定负载，用示波器观察稳压模块输入端电压的波形，并记录纹波电压的大小。再观察输出电压 U_o 的纹波，将两者进行比较。

d. 测量输出电阻 R_o。断开负载，用数字电压表测量 U_o，记为 U_{o0}。再接入负载 R_L，测量 U_o，记为 U_{oL}。则输出电阻为

$$R_o = \left(\frac{U_{o0}}{U_{oL}} - 1 \right) R_L$$

e. 测试整流滤波电路电压波形。用双踪示波器测出交流输入和整流输出有无滤波电容时的波形。

⑤ 故障检修 在电路测试中常出现的现象有以下两种。

a. 输出电压不可调，且输出电压值接近 40V。这主要是 VD_5 与稳压块的输出、输入端接反而引起的，只要调换一下 VD_5 的正负端即可。

b. 接上电源即出现短路故障。经检查在整流电路中有一个二极管的正负极接反，正确连接后，电路正常。

（4）总结方法和技巧

在焊接中，先焊电阻和电位器，接着焊电容、二极管，最后焊稳压电路，稳压电路在焊接时应先焊输出调节端，再焊输出端，最后焊输入端。

本次装调的电路可以实现输出电压 1.25~35V 可调，若要实现输出电压 0~35V 可调，此时电路该如何设计？

（5）实训总结与分析

① 整理实训数据，分析实训结果。

② 测试小功率管时，应该用万用表电阻挡 $R \times 100$ 或 $R \times 1k$。

③ 熟悉万用表的使用方法。

（6）相关知识学习

1）稳压电源电路结构和原理　交流电网输入电压的波动和负载的变化使直流输出电压不稳定，不能直接用于如精密的电子测量仪器、彩色电视、自动控制、计算机等电子设备中，否则会引起图像畸变、计算误差或控制装置的工作不稳定等。因此，为了提高直流电源的稳定性，需要在滤波电路之后引入稳压电路。图 9-53 为串联型直流稳压电源电路原理图，它由电源变压器、整流电路、滤波电路和稳压电路四部分组成。

直流稳压电源的种类很多，从使用元件的种类来分，可分为分立元件组成的稳压电路和集成电路组成的稳压电路。集成稳压器由于具有体积小、外接线路简单、使用方便、工作可靠和通用性强等优点，在各种电子设备中已经得到了非常广泛的应用，基本上取代了由分立元件构成的稳压电路。集成稳压器的种类很多，应根据设备对直流电源的要求来进行选择。对于大多数电子仪器、设备和电子电路来说，通常是选用串联线性集成稳压器。而在这种类型的器件中，又以三端式稳压器应用最为广泛。

图 9-53　串联型直流稳压电源电路的原理图

图 9-54 为 W7800 系列的外形和接线图。W7800、W7900 系列是输出电压固定的三端式集成稳压器，若要输出电压可调，通常采用三端可调式集成稳压器，典型的正、负稳压器型号有 W317 和 W337，其外形及接线如图 9-55 所示。允许的最大输入电压为 40V。

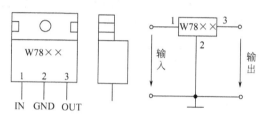

图 9-54　W7800 系列外形及接线图

图中，只要改变 R_2 的电阻值，即可得到所需的输出电压，输出电压的大小为

$$U_o \approx 1.25 \times \left(1 + \frac{R_2}{R_1}\right)$$

当 $R_2 = 0$ 时，$U_o \approx 1.25V$，允许最大的输出电压为 37V，因此输出电压的范围为 1.25～37V。

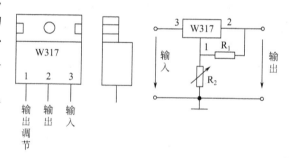

图 9-55　W317 外形及接线图

集成可调稳压电源的实际电路可设计为图 9-52。图中，220V 交流电压经变压器降压，再经过桥式整流和电容滤波，最后经稳压电路输出稳定的电压。稳压电路的工作过程为：当电网电压或负载变化引起直流输出电压 U_o 变化，由 R_1、R_2 组成的取样环节取出输出电压的一部分送入集成稳压块内，并与集成块内的基准电压进行比较，产生的误差信号经放大后，改变稳压块的管压降，以调整输出电压的变化，从而达到稳定输出的目的。

2）器件计算和选择　集成可调稳压电源的实际电路各部分的选择如下。

① 电源变压器的选择　若要求输出电压 1.25～35V 可调，输出电流为 0.5A。此时，变压器的一次侧电压为 220V，二次侧电压 U_2 为

$$U_2 = \frac{40}{1.2} = 33.3V$$

二次侧电流为

$$I_2=2I_L=1A$$

变压器的视在功率为

$$S=U_2I_2=33.3\times1=33.3V\cdot A$$

变压器的型号可根据以上参数选择。

② 整流二极管的选择　通过每只二极管的平均电流

$$I_D=\frac{1}{2}I_o=250mA$$

$$I_F=(2\sim3)I_D=500\sim750mA$$

每个二极管承受的最大反向电压

$$U_{RM}=(2\sim3)\sqrt{2}\times33.3=94\sim141V$$

选择 2CZ55C 耐压 100V，最大整流电流 1A。

③ 电容的选择　滤波电容可按下式选择：

$$C_1=(3\sim5)\frac{T}{2R_L}=(3\sim5)\frac{0.02}{2\times\frac{9}{0.5}}=1667\sim2778\mu F$$

电容器耐压为 $(1.5\sim2)U_2=50\sim67V$

C_1 取电容值为 $2200\mu F$，额定电压为 160V 的电解电容。

由于实际电阻或电路中可能存在寄生电感和寄生电容等因素，电路中极有可能产生高频信号，所以需要一个小的陶瓷电容来滤去这些高频信号。通常选择 $0.1\mu F$ 的陶瓷电容来作为高频滤波电容 C_2。

C_3 是旁路电容，可减小电位器 R_2 两端的纹波电压。其电容值选 $10\mu F$，耐压值约为 $2\times35=70V$，取 $10\mu F/160V$ 电解电容。

C_4 为了改善负载的瞬态响应，同时可防止输出端呈容性负载时可能发生的自激现象，其电容值选 $1\mu F$，耐压值为 $2\times35=70V$，取 $1\mu F/160V$ 电解电容。

④ 稳压器的选择　稳压器按要求可选 CW317M，电阻 R_1 选 120Ω，

$$R_2\approx\left(\frac{U_o}{1.25}-1\right)\times R_1=\left(\frac{35}{1.25}-1\right)\times120=3.24k\Omega$$

R_2 选 $3.6k\Omega$。

⑤ 保护电路　VD_5、VD_6 为保护二极管，其中 VD_5 在输入端短路时为 C_4 提供放电回路，VD_6 在输出端短路时为 C_3 提供放电回路，避免了稳压器内部因输入、输出短路而损坏。VD_5、VD_6 可选 1N4004。

实训二：触摸延时开关的装调

(1) 实训目的

① 了解 RC 电路中电容 C 在充、放电过程中所起的延时作用。

② 掌握三极管直接耦合放大电路和开关电路的结构和原理。

③ 了解 NPN 型三极管和 PNP 型三极管的互补连接方式。

④ 掌握电子电路的测试技能。

(2) 实训设备与器件

实训设备：电子技术实验装置 1 台，直流稳压电源 1 台，指针式万用表 1 块。

实训器件：NPN 型小功率三极管 VT_1 (3DG6)，NPN 型小功率三极管 VT_2 (9013)，PNP 型小功率三极管 VT_3 (9012)，碳膜电阻 R_1 ($1k\Omega$，0.125W)，碳膜电阻 R_2 ($2.2M\Omega$，

0.125W），碳膜电阻 R_3（100kΩ，0.125W），
碳膜电阻 R_4（51kΩ，0.125W），碳膜电
阻 R_5（300Ω，0.125W），碳膜电阻 R_6
（1MΩ，0.125W），碳膜电阻 R_7（1kΩ，
0.125W），电解电容 C（100μF/16V），发
光二极管 LED。

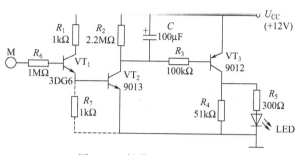

图 9-56　触摸延时开关电路

（3）实训步骤与要求

① 首先用万用表检测电子元器件，
并判断电子器件的极性或管脚。

② 按图 9-56 所示，在电子技术实验装置上搭接或在电路板上焊接电路。

③ 通电测试。在 R_6 的悬空端接上金属片 M，接通电源，发光二极管 LED 不发光。用
手触摸金属片 M 时，发光二极管 LED 发光，并开始计时，大约半分钟后，发光二极管 LED
自动熄灭，这段时间为延时时间，并做好记录。说明触摸延时开关电路工作正常。

④ 更换 R_2、R_3 的阻值，再次通电测试，记录延时时间，并和表 9-3 进行比较。

表 9-3　不同 R、C 值的延时时间

C	R_3	R_2	延时时间
100μF	100kΩ	2.2MΩ	30s
100μF	100kΩ	5.1MΩ	60s
100μF	150kΩ	5.1MΩ	90s
100μF	220kΩ	5.1MΩ	135s

⑤ 故障检修。若在通电测试时，用手触摸金属片 M 时，发光二极管 LED 不发光，断
电后进行检查，检查各个电子元器件是否搭接正确，特别是三极管的极性和管脚是否搭接正
确，检查有无虚接或断路的地方，发光二极管 LED 是否搭接正确等，找出原因后，排除故
障，再通电测试。若在通电测试时，没有用手触摸金属片 M 时，发光二极管 LED 就已发光
了，一般是由于 VT_1 的穿透电流 I_{CEO} 太大，可按照图 9-56 中的虚线连接 1kΩ 或阻值更小的
电阻 R_7，加以分流。

（4）实训总结与分析

① 整理实训数据，分析实训结果。

② 测试小功率管时，应该用万用表电阻挡 $R×100$ 或 $R×1k$。

③ 熟悉万用表的使用方法。

实训三：声、光控定时电子开关的装调

（1）实训目的

① 了解声、光控定时电子开关的特性与作用。

② 掌握声、光控定时电子开关的结构和原理。

③ 掌握声、光控器件的特性与使用方法。

④ 掌握声、光控定时电子开关的安装与调试技能。

（2）实训设备与器件

实训设备：电子技术实验装置 1 台，双踪示波器 1 台，直流稳压电源 1 台，指针式万用
表 1 块，可调电阻器。

实训器件：见表 9-4 所示。

表 9-4　元器件清单

名称及标号		型号及大小	数量	备注
二极管		1N4007	5个	
		1N4148	1个	可用整流桥
电容	电解电容	10μF/50V	2	
	陶瓷电容	0.022μF	2	
电阻		82kΩ	3	
电阻		18kΩ、56kΩ	各1个	
电阻		120kΩ、1MΩ、10MΩ	各1个	
光敏电阻		MG45	1个	
集成块		CD4011	1块	
晶闸管		MCR100-8	1个	

（3）实训步骤与要求

1）阅图训练　声、光控定时电子开关的电路原理图如图 9-57 所示。认真观察声、光控定时电子开关的基本结构，仔细分析电子元件的特性作用，总结归纳电子开关的工作原理，估算电子开关定时的长短。

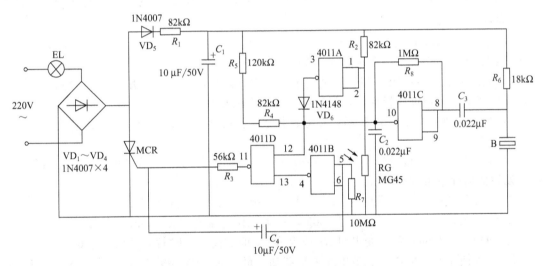

图 9-57　声、光控定时电子开关原理图

① 阅图指导　声、光控定时电子开关是一种利用声、光双重控制的无触点开关。晚上光线变暗时，可用声音自动开灯，定时 40s 左右后，自动熄灭；光线充足时，无论多大的声音也不开灯。它特别适用于住宅楼、办公楼道、走廊、仓库、地下室、厕所等公共场所的照明自动控制，是一种集声、光、定时于一体的自动开关。

声、光控定时电子开关框图如图 9-58 所示。它由压电陶瓷蜂鸣片、声音放大、整形电路、光控电路、电子开关、延时电路和交流开关组成。

夜晚或环境无光时，光敏电阻 RG 的阻值很大，约12MΩ左右，4011A 与非门的输入端为高电平，输出为低电平，二极管 VD$_6$ 截止，这时如有人走动或拍手时产生声波，压电陶瓷片 B 将声波转换成电信号，经 4011C、电容 C_3、电阻 R_8 组成的交流放大电路进行放大，在 12 脚产生低电平，使 11 脚产生高电平，使晶闸管导通，电子开关闭合，灯泡发光。随着

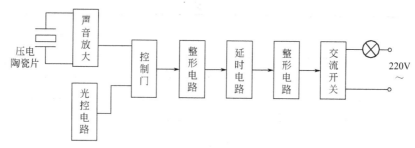

图 9-58　声光控定时电子开关框图

电容 C_4 通过电阻 R_7 充放电的进行，使 4011B 的 5、6 脚的电平不断下降，当达到与非门的关门电平时，4011B 的输出 4 脚输出高电平，使 4011D 的 11 脚输出低电平，晶闸管在阳阴极之间电压过零时而截止，灯泡熄灭。定时时间最长可达 60s。

　　白天时，光敏电阻 RG 呈低阻态，4011A 与非门的输入端为低电平，输出为高电平，二极管 VD_6 导通，使 4011D 中的 12 脚为高电平。由于静态时，4011B 中的 5、6 脚为低电平，使输出脚 4 为高电平，所以 4011D 中的 11 脚为低电平，晶闸管无触发脉冲而截止，电子开关断开，灯不亮，由于 12 脚被钳位在高电平，即使有声音，输出的状态也不会改变。完成一次完整的电子开关由开到关的过程。

　　② 器件选择和计算　IC 选用 CMOS 数字集成电路 CD4011，其里面含有四个独立的与非门电路。

　　电路中可能出现的最大电压为 $\sqrt{2} \times 220 = 311\text{V}$，电路中的负载电流小于 0.5A，因此可选择 MCR100-8。VD1～VD4 可选 1N4007。

　　2）元件测试　对照图 9-57，识别电子元器件，认真清点，用万用表逐一检测电子元器件，并判断电子元器件的极性。若发现损坏，应及时更换。

　　3）焊接安装　按图 9-57 所示，在电路板上认真焊接和安装电子元件。组装完毕，应认真仔细检查。

　　4）通电调试　焊接或安装完成，并检查无误后，即可通电，观察几分钟，元器件无冒烟、发烫的情况下可进行调试。

　　① 该开关应串接在照明回路中，如图 9-57 所示。严禁直接并接在 220V 电源上。

　　② 该开关最高工作电压不超过 250V，最大工作电流不超过 300mA。

　　③ 如想改变时间，可改变电阻 R_7 或电容 C_4 的数值，定时时间最长可达 60s。

　　④ 投入使用时，应注意该节电开关负载功率最大为 60W 白炽灯泡，不能超载。灯泡切记不可短路，接线时要关闭电源或将灯泡先去掉，接好开关后再闭合电源或将灯泡装上。

　　⑤ 工作环境温度为 $-20 \sim 45℃$。

　　5）故障判断和维修　在电路测试中常出现的现象有以下两种。

　　① 控制电路没有电压　这是由于 VD5 反接的缘故，只要将 VD5 反接过来即可。

　　② 接通电源时出现短路故障　这是由于未将照明灯接入电路所致，更换电源保险，重新接入照明灯即可。

　　（4）总结方法和技巧

　　① 该电子开关应串接在照明回路中。

　　② 由于直接采用电源的整流电压作为控制电压，因此光敏电阻的暗电阻应大于 3kΩ。

　　③ 若要保证控制电路的安全，可在电容 C_1 两端并一个电阻分压，从而保证控制电路的电压较低。

练 习 题

9-1　分别测得两个放大电路中三极管的各电极电位如图 9-59 所示，判断：

① 三极管的管脚，并在各电极上标明 e、b、c；

② 是 NPN 管还是 PNP 管，是硅管还是锗管。

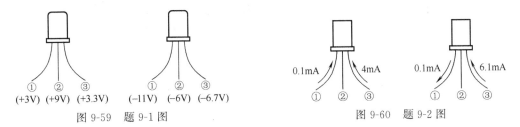

图 9-59　题 9-1 图　　　　　　　　　图 9-60　题 9-2 图

9-2　两个放大电路中，测得三极管的各电极电流分别如图 9-60 所示，求另一个电极的电流，并在图中标出其实际方向及 e、b、c 各电极。试分别判断它们是 NPN 管还是 PNP 管。

9-3　如图 9-61 所示，试根据三极管各电极的实测对地电压数据，判断图中各三极管的工作区域（放大区、饱和区、截止区）。

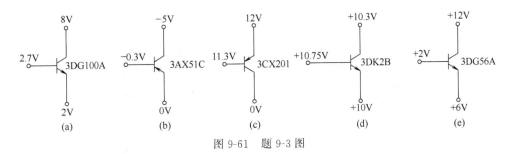

图 9-61　题 9-3 图

9-4　如图 9-62 所示，已知 $U_{CC}=15V$，$R_b=500k\Omega$，$R_c=5k\Omega$，$R_L=5k\Omega$，$\beta=50$，试估算放大电路的静态工作点。

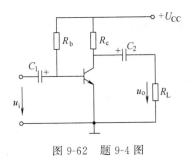

图 9-62　题 9-4 图

9-5　如图 9-62 所示，求未接入负载时的电压放大倍数。当接入负载后，电压放大倍数又是多少？

9-6　试判断图 9-63 所示的电路能否实现交流电压放大作用？为什么？（设各电压和各电阻均具有合适的数值）

9-7　分压式电流负反馈电路如图 9-64 所示，已知 $U_{CC}=12V$，$R_{b1}=20k\Omega$，$R_{b2}=10k\Omega$，$R_c=2k\Omega$，$R_e=2k\Omega$，$R_L=4k\Omega$，$\beta=40$。

① 试估算放大电路的静态工作点。

② 画出微变等效电路。

③ 计算带负载时电压放大倍数。

④ 说明当温度变化时，该电路稳定工作点的过程。

9-8　试求如图 9-65 所示的射极输出器的静态工作点以及输入电阻、输出电阻，并画出微变等效电路。

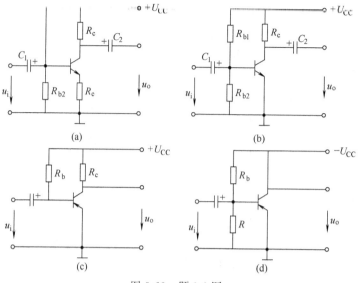

图 9-63　题 9-6 图

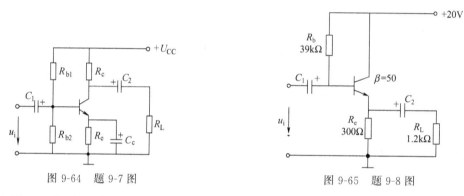

图 9-64　题 9-7 图　　　　　　　　图 9-65　题 9-8 图

9-9　在如图 9-66 所示的电路中，测量时发现输出波形中存在交越失真，应如何调节？如果 K 点的电位大于 $U_{CC}/2$，又如何调节？

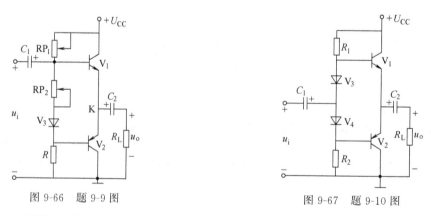

图 9-66　题 9-9 图　　　　　　　　图 9-67　题 9-10 图

9-10　如图 9-67 所示的电路，已知 $U_{CC}=18V$，$R_L=4\Omega$，C_2 的容量足够大，三极管 V_1、V_2 对称，$U_{CES}=1V$，试求：
① 最大不失真输出功率；
② 每个三极管承受的最大反向电压。

9-11 理想运放工作在线性区和非线性区各有什么特点?

9-12 如图 9-68 所示的电路，若要求电压放大倍数为 −27，当输入电阻 R_1 为 10kΩ 时，试选用负反馈电阻。

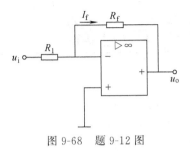

图 9-68 题 9-12 图

9-13 如图 9-69 所示的电路中，试写出输出电压与输入电压的关系。

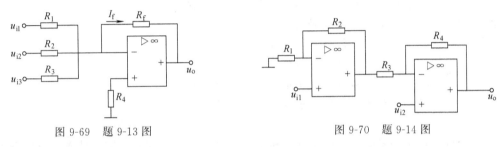

图 9-69 题 9-13 图　　　　　　　　　　图 9-70 题 9-14 图

9-14 如图 9-70 所示的电路中，试写出输出电压与输入电压的关系。

9-15 如图 9-71 所示的运算电路中，其输入信号电压波形如图中所示，画出对应的输出信号电压波形。

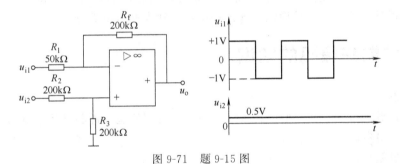

图 9-71 题 9-15 图

10 数字电子电路

【知识目标】 [1] 理解数制与编码的知识；
[2] 理解逻辑门电路的原理与特性；
[3] 理解逻辑代数运算规律；
[4] 理解组合逻辑电路的原理与分析方法；
[5] 理解时序逻辑电路的原理与分析方法。

【能力目标】 [1] 掌握数制与编码的概念；
[2] 掌握逻辑门电路的原理与分析方法；
[3] 掌握逻辑代数运算规律；
[4] 熟练掌握数字电子电路的原理与分析方法；
[5] 熟练掌握数字电子电路的装调方法。

随着科学技术的发展，在电子计算机、通信系统、测量仪表、数控装置等方面都大量地采用数字电路。数字信号是一种不连续变化的脉冲信号，能够对数字信号进行运算和各种逻辑处理的电路称为数字电路。数字电路的任务主要是脉冲的产生、变换、传送、控制、记忆、计数和运算。数字电路是现代电气设备中不可缺少的重要部分。

10.1 数制与编码的知识

10.1.1 数制

数制即计数的方法。在人们的日常生活中，最常用的是十进制。数字电路中采用的数制有二进制、八进制、十六进制等。

（1）十进制

十进制是最常用的数制。在十进制数中有 0～9 这 10 个数码，任何一个十进制数均用这 10 个数码来表示。计数时以 10 为基数，逢十进一，同一数码在不同位置上表示的数值不同。例如：

$$9999 = 9 \times 10^3 + 9 \times 10^2 + 9 \times 10^1 + 9 \times 10^0$$

其中，10^0、10^1、10^2、10^3 称为十进制各位的"权"。

对于任意一个十进制整数 M，可用下式来表示：

$$M = \pm(K_n \times 10^{n-1} + K_{n-1} \times 10^{n-2} + \cdots + K_2 \times 10^1 + K_1 \times 10^0)$$

上式中 K_1、K_2、$\cdots$、K_{n-1}、K_n 为各位的十进制数码。

（2）二进制

在数字电路中广泛应用的是二进制。在二进制数中，只有"0"和"1"两个数码，计数时以 2 为基数，逢二进一，即 $1+1=10$，同一数码在不同位置所表示的数值是不同的。对于任何一个二进制整数 N，可用下式表示：

$$N=\pm(K_n\times2^{n-1}+K_{n-1}\times2^{n-2}+\cdots+K_2\times2^1+K_1\times2^0)$$

例如：

$$(1011)_2=1\times2^3+0\times2^2+1\times2^1+1\times2^0$$

其中，2^0、2^1、2^2、2^3 为二进制数各位的"权"。

（3）二进制数与十进制数之间的转换

数字电路采用二进制比较方便，但人们习惯用十进制，因此，经常需在两者间进行转换。

① 二进制数转换为十进制数——按权相加法

例如，将二进制数 1101 转换成十进制数。

$$(1101)_2=1\times2^3+1\times2^2+0\times2^1+1\times2^0=8+4+0+1=(13)_{10}$$

② 十进制数转换为二进制数——除二取余法

例如，将十进制数 29 转换为二进制数。

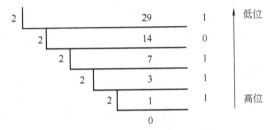

换算结果为 $(29)_{10}=(11101)_2$。

由以上可以看出，把十进制整数转换为二进制整数时，可将十进制数连续除 2，直到商为 0，每次所得余数就依次是二进制由低位到高位的各位数字。

（4）十六进制

十六进制数有 16 个数码 0、1、2、3、4、5、6、7、8、9、A、B、C、D、E、F，其中，A～F 分别代表十进制的 10～15，计数时，逢十六进一。为了与十进制区别，规定十六进制数通常在末尾加字母 H，例如 34H、7653H 等。十六进制数各位的"权"从低位到高位依次是 16^0、16^1、16^2、…。例如：

$$5C4H=5\times16^2+12\times16^1+4\times16^0=(1476)_{10}$$

可见，将十六进制数转换为十进制数时，只要按"权"展开即可。

要将十进制数转换为十六进制数时，可先转换为二进制数，再由二进制数转换为十六进制数。例如：

$$(29)_{10}=(11101)_2=(1D)_{16}$$

三种数制的数值比较：

十进制数	0	1	2	3	4	5	6	7	8	9	10	11	12	13	14	15
二进制数	0	1	10	11	100	101	110	111	1000	1001	1010	1011	1100	1101	1110	1111
十六进制数	0	1	2	3	4	5	6	7	8	9	A	B	C	D	E	F

10.1.2　编码

用数字或某种文字符号来表示某一对象和信号的过程叫编码。在数字电路中，十进制编码或某种文字符号难以实现，一般采用四位二进制数码来表示一位十进制数码，这种方法称为二-十进制编码，即 BCD 码。由于这种编码的四位数码从左到右各位对应值分别为 2^3、

2^2、2^1、2^0，即 8、4、2、1，所以 BCD 码也叫 8421 码，其对应关系如下：

十进制数码	0	1	2	3	4	5	6	7	8	9
BCD 码	0000	0001	0010	0011	0100	0101	0110	0111	1000	1001

例如，一个十进制数 369 可用 8421 码表示为

十进制数：　　　　　3　　　　6　　　　9
BCD 码：　　　　0011　　0110　　1001

除此之外，还有一些其他编码方式，这里不再介绍，可参考有关书籍。

10.2　基本逻辑门电路的原理与特性

所谓逻辑，是指条件与结果之间的关系。输入与输出信号之间存在一定逻辑关系的电路称为逻辑电路。门电路是一种具有多个输入端和一个输出端的开关电路。由于它的输出信号与输入信号之间存在着一定的逻辑关系，所以称为逻辑门电路。门电路是数字电路的基本单元。

10.2.1　与逻辑及与门电路

（1）与逻辑

与逻辑是指当决定事件发生的所有条件 A、B 均具备时，事件 F 才发生。如图 10-1 所示，只有当开关 S_1 与 S_2 同时接通时灯泡才亮。

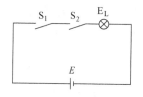

图 10-1　与逻辑举例

完整地表示输入输出之间逻辑关系的表格称为真值表。用变量 A、B 表示开关的状态，若开关接通表示为 "1"、开关断开表示为 "0"，用变量 F 表示灯的状态，灯亮表示为 "1"，灯不亮表示为 "0"，则图 10-1 所示关系的真值表如表 10-1 所示。

表 10-1　图 10-1 所示关系的真值表

A	B	F
0	0	0
0	1	0
1	0	0
1	1	1

与逻辑通常用逻辑函数表达式表示为 $F = A \cdot B$。

（2）与门电路

实现与逻辑运算的电路叫与门电路，二极管与门电路如图 10-2(a) 所示，输入端 A、B 代表条件，输出端 F 代表结果。

当 $U_A = U_B = 0$ 时，V_1、V_2 均导通，输出 U_F 被限制在 0.7V；当 $U_A = 0V$，$U_B = 3V$

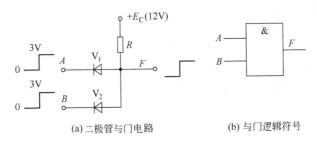

图 10-2　与门电路和符号

时，V_1 先导通，$U_F = 0.7V$，V_2 承受反压而截止；当 $U_A = 3V$，$U_B = 0V$ 时，V_2 先导通，$U_F = 0.7V$，V_1 承受反压而截止；当 $U_A = U_B = 3V$ 时，V_1、V_2 导通，输出端电压 $U_F = 3.7V$，若忽略二极管压降，高电平用 1、低电平用 0 代替，其结果与表 10-1 是一致的，与门电路逻辑符号如图 10-2（b）所示。与逻辑又称为逻辑乘，逻辑乘的基本运算规则如下：

$$0 \cdot 0 = 0, \ 0 \cdot 1 = 1, \ 1 \cdot 0 = 0, \ 1 \cdot 1 = 1$$

10.2.2　或逻辑及或门电路

（1）或逻辑

或逻辑是指当决定事件发生的各种条件 A、B 中只要具备一个或一个以上时，事件 F 就发生。例如，把两个开关并联后与一盏灯串联接到电源上，当两只开关中有一个或一个以上闭合时灯均能亮，只有两个开关全断开时灯才不亮，如图 10-3（a）所示，真值表见表 10-2，其逻辑函数表达式为 $F = A + B$。

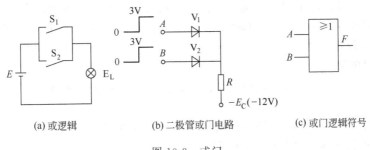

(a) 或逻辑　　(b) 二极管或门电路　　(c) 或门逻辑符号

图 10-3　或门

表 10-2　图 10-3 所示关系的真值表

A	B	F
0	0	0
0	1	1
1	0	1
1	1	1

（2）或门电路

用二极管实现"或"逻辑的电路如图 10-3（b）所示；图 10-3（c）是或门的逻辑符号。或逻辑又称为逻辑加，逻辑加的基本运算规则如下：

$$0 + 0 = 0, \ 0 + 1 = 1, \ 1 + 0 = 1, \ 1 + 1 = 1$$

10.2.3 非逻辑及非门电路

（1）非逻辑

非逻辑是指某事件的发生取决于某个条件的否定，即某条件成立，这事件不发生；某条件不成立，这事件反而会发生。如图10-4（a）所示，开关S接通，灯灭；开关断开，灯亮。灯亮与开关断合满足非逻辑关系。其真值表见表10-3，其逻表达式为 $F = \overline{A}$。

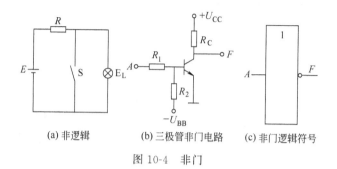

(a) 非逻辑　　　　　(b) 三极管非门电路　　　　　(c) 非门逻辑符号

图 10-4　非门

表 10-3　图 10-4 所示关系的真值表

A	F
0	1
1	0

（2）非门电路

用三极管连接的非门如图10-4（b）所示，在实际电路中，若电路参数选择合适，当输入为低电平时，三极管因发射结反偏而截止，则输出为高电平；当输入为高电平时，三极管饱和导通，则输出为低电平。所以输入与输出符合非逻辑关系，非门也称为反相器。图10-4（c）是非门的逻辑符号。

10.2.4 复合门电路

基本逻辑门经过简单组合可构成复合门电路。常用的复合门电路有与非门电路和或非门电路。

与门的输出端接一个非门，使与门的输出反相，就构成了与非门。与非门的逻辑表达式为 $F = \overline{A \cdot B}$，逻辑表示符号如图10-5所示。

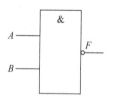

图 10-5　与非门逻辑符号

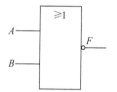

图 10-6　或非门逻辑符号

或门输出端接一个非门，使输入与输出反相，构成了或非门。或非门的逻辑表达式为 $F = \overline{A + B}$，逻辑表示符号如图10-6所示。

【例 10-1】　各有两个输入端的与门、或门和与非门的输入信号波形如图10-7（a）所示，试画出与门、或门和与非门的输出信号波形。

解　设与门、或门和与非门的输出信号分别为 F_1、F_2 和 F_3，按照与门、或门和与非门的逻辑关系，可以画出 F_1、F_2 和 F_3 的波形，如图10-7（b）所示。

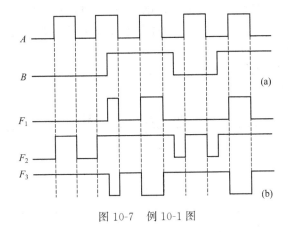

图 10-7　例 10-1 图

10.3　逻辑代数运算规律

逻辑代数也称为布尔代数，是分析和设计逻辑电路的一种数学工具，可用来描述数字电路、数字的结构和特性。逻辑代数由逻辑变量、逻辑常数和运算符组成。逻辑代数有"0"和"1"两种逻辑值，它们并不表示数量的大小，而表示逻辑"假"与"真"两种状态，如开关的开与关等。所以，逻辑"1"与逻辑"0"与自然数 1 和 0 有着本质的区别。

10.3.1　基本逻辑关系

根据逻辑门电路的逻辑关系则有

与逻辑：$F = A \cdot B$

或逻辑：$F = A + B$

非逻辑：$F = \overline{A}$

10.3.2　逻辑代数的基本运算

（1）公理和基本定律

1）逻辑代数的公理

① $\overline{1} = 0$，$\overline{0} = 1$

② $1 \cdot 1 = 1$，$0 + 0 = 0$

③ $1 \cdot 0 = 0 \cdot 1 = 0$，$1 + 0 = 0 + 1 = 1$

④ $0 \cdot 0 = 0$，$1 + 1 = 1$

⑤ 如果 $A \neq 0$，则 $A = 1$；如果 $A \neq 1$，则 $A = 0$

这些公理符合逻辑推理，不证自明。

2）逻辑代数的基本定理

① 交换律：$A \cdot B = B \cdot A$，$A + B = B + A$

② 结合律：$A(BC) = (AB)C$，$A + (B + C) = (A + B) + C$

③ 分配律：$A(B + C) = AB + AC$，$A + BC = (A + B)(A + C)$

④ 01 律：$1 \cdot A = A$，$0 + A = A$，$0 \cdot A = 0$，$1 + A = 1$

⑤ 互补律：$A \cdot \overline{A} = 0$，$A + \overline{A} = 1$

⑥ 重叠律：$A \cdot A = A$，$A + A = A$

⑦ 反演律——摩根定律：$\overline{A \cdot B} = \overline{A} + \overline{B}$；$\overline{A + B} = \overline{A} \cdot \overline{B}$；

⑧ 还原律：$\overline{\overline{A}} = A$

如果两个逻辑函数具有相同的真值表，则这两个逻辑函数相等。因此，证明以上定律的基本方法是用真值表法，即分别列出等式两边逻辑表达式的真值表，若两个真值表完全一致，就说明两个逻辑表达式相等。

【例 10-2】 证明摩根定律：$\overline{A \cdot B} = \overline{A} + \overline{B}$。

解 等式两边的真值表如表 10-4 所示。

表 10-4 例 10-2 真值表

A	B	$\overline{A \cdot B}$	$\overline{A} + \overline{B}$
0	0	1	1
0	1	1	1
1	0	1	1
1	1	0	0

（2）逻辑代数的三个基本规则

① 代入规则 将一个逻辑函数表达式代入到同一个等式两边同一个变量的位置，该等式仍然成立。

例如有等式 $\overline{A \cdot B} = \overline{A} + \overline{B}$，若用 BC 去取代变量 B，则等式左边 $\overline{A \cdot B \cdot C} = \overline{A} + \overline{B} + \overline{C}$，等式右边 $\overline{A} + \overline{B \cdot C} = \overline{A} + \overline{B} + \overline{C}$，显然等式仍然成立。

② 反演规则 将一个逻辑函数 Y 中的"·"换成"+"，"+"换成"·"，0 换成 1，1 换成 0，原变量换成反变量，反变量换成原变量，所得到的逻辑函数式，就是逻辑函数 Y 的反函数。反演定理又称为摩根定理。例如 $Y = A \cdot \overline{B} + \overline{A} \cdot B$，则 $\overline{Y} = (\overline{A} + B)(A + \overline{B})$。

应用反演规则时应注意，不在一个变量上的非号应保持不变。例如 $Y = D \cdot \overline{A + \overline{D}} + C$，则 $\overline{Y} = \overline{D} + \overline{\overline{AD}} \cdot \overline{C}$。

③ 对偶规则 对于一个逻辑表达式 F，如果将 F 中的与"·"换成或"+"，或"+"换成与"·"，"1"换成"0"，"0"换成"1"，那么就得到一个新的逻辑表达式，这个新的表达式称为 F 的对偶式 F'。

变换时要注意变量和原表达式中的优先顺序应保持不变。

例如 $F = A \cdot (B + C)$，则对偶式 $F' = A + B \cdot C$。

又如 $F = (A + 0) \cdot (B \cdot 1)$，则对偶式 $F' = A \cdot 1 + (B + 0)$。

所谓对偶规则，是指当某个恒等式成立时，则其对偶式也成立。

如果两个逻辑表达式相等，那么它们的对偶式也相等，即若 $F = G$，则 $F' = G'$。

（3）常用公式

利用上面的公理、定律、规则可以得到一些常用的公式，掌握这些常用公式，对逻辑函数的化简很有帮助。

① 吸收律

$$A + A \cdot B = A, \quad A(A + B) = A, \quad A + \overline{A}B = A + B, \quad A \cdot (\overline{A} + B) = A \cdot B$$

② 还原律

$$AB + A\overline{B} = A, \quad (A + B)(A + \overline{B}) = A$$

③ 冗余律

$$AB + \overline{A}C + BC = AB + \overline{A}C$$

证明：

$$AB + \overline{A}C + BC = AB + \overline{A}C + BC(A + \overline{A}) = AB + \overline{A}C + ABC + \overline{A}BC$$
$$= (AB + ABC) + (\overline{A}C + \overline{A}BC) = AB + \overline{A}C$$

推论：

$$AB+\overline{A}C+BCDE=AB+\overline{A}C$$

10.3.3 逻辑函数的表示方法

逻辑函数的表示方法主要有：逻辑函数表达式、真值表、卡诺图、逻辑图等。

（1）逻辑函数表达式

用与、或、非等逻辑运算表示逻辑变量之间关系的代数式，叫逻辑函数表达式，例如 $F=A+B$，$G=A\cdot B+C+D$ 等。

（2）真值表

在前面的论述中，已经多次用到真值表。描述逻辑函数各个变量的取值组合和逻辑函数取值之间对应关系的表格，叫真值表。每一个输入变量有 0 和 1 两个取值，n 个变量就有 2^n 个不同的取值组合，如果将输入变量的全部取值组合和对应的输出函数值一一对应地列举出来，即可得到真值表。

【**例 10-3**】 列出函数 $F=A\overline{B}+\overline{A}C$ 的真值表。

解 该函数有三个输入变量，共有 $2^3=8$ 种输入取值组合，分别将它们代入函数表达式，并进行求解，可得到相应的输出函数值。将输入、输出值一一对应列出，即可得到如表 10-5 所示的真值表。

表 10-5 例 10-3 真值表

A	B	C	F
0	0	0	0
0	0	1	1
0	1	0	0
0	1	1	1
1	0	0	1
1	0	1	1
1	1	0	0
1	1	1	0

注意：在列真值表时，输入变量的取值组合应按照二进制递增的顺序排列，这样做既不易遗漏，也不会重复。

（3）卡诺图

卡诺图是图形化的真值表。如果把各种输入变量取值组合下的输出函数值填入一种特殊的方格图中，即可得到逻辑函数的卡诺图。

（4）逻辑图

由逻辑符号表示的逻辑函数的图形叫做逻辑电路图，简称逻辑图。

例如：$F=\overline{A}B+A\overline{C}$ 的逻辑图如图 10-8 所示。

10.3.4 逻辑函数的化简

在实际问题中，直接根据逻辑要求而归纳的逻辑函数是比较复杂的，它含有较多的逻辑变量和逻辑运算符。逻辑函数的表达式并不是惟一的，它可以写成各种不同的形式，因此实现同一种逻辑关系的数字电路也可以有很多种。为了提高数字电

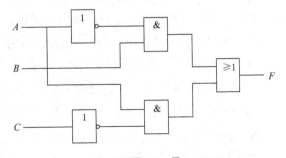

图 10-8 $F=\overline{A}B+A\overline{C}$ 的逻辑图

路的可靠性，尽可能地减少所用的元器件数，希望得到逻辑函数最简单的表达式，这就需要通过化简的方法找出逻辑函数的最简形式。例如，下面为同一逻辑函数的两个不同表达式：

$$F_1 = \overline{A}B + B + A\overline{B}$$
$$F_2 = A + B$$

显然，F_2 比 F_1 简单得多。

在各种逻辑函数表达式中，最常用的是与或表达式，由它很容易推导出其他形式的表达式。与或表达式就是用逻辑函数的原变量和反变量组合成多个逻辑乘积项，再将这些逻辑乘积项逻辑相加而成的表达式。例如，$F = AB + AC + BC$ 就是与或表达式。所谓化简，一般就是指化为最简的与或表达式。

判断与或表达式是否最简的条件是：

① 逻辑乘积项最少；

② 每个乘积项中变量最少。

化简逻辑函数的方法，最常用的有公式法和卡诺图法。

（1）逻辑函数的公式化简法

① 并项法

利用公式 $A + \overline{A} = 1$，将两项合并为一项，并消去一个变量，例如：

$$ABC + \overline{A}BC = BC(A + \overline{A}) = BC$$

② 吸收法

利用公式 $A + AB = A$，吸收掉多余的项，例如：

$$\overline{A} + \overline{A}\,\overline{B}C = \overline{A}$$
$$\overline{A}B + \overline{A}B\,\overline{C}(D + \overline{E}) = \overline{A}B$$

③ 消去法

利用公式 $A + \overline{A}B = A + B$，消去多余的因子，例如：

$$AB + \overline{A}C + \overline{B}C = AB + (\overline{A} + \overline{B})C = AB + \overline{AB}C = AB + C$$

④ 配项法

利用公式 $A = A(B + \overline{B})$，先添上 $(B + \overline{B})$ 作配项用，以便消去更多的项。例如：

$$F = A\overline{B} + B\overline{C} + \overline{B}C + \overline{A}B = A\overline{B} + B\overline{C} + \overline{B}C(A + \overline{A}) + \overline{A}B(C + \overline{C})$$
$$= A\overline{B} + B\overline{C} + A\overline{B}C + \overline{A}\,\overline{B}C + \overline{A}BC + \overline{A}B\overline{C}$$
$$= (A\overline{B} + A\overline{B}C) + (B\overline{C} + \overline{A}B\overline{C}) + (\overline{A}\,\overline{B}C + \overline{A}BC)$$
$$= A\overline{B} + B\overline{C} + \overline{A}C$$

若配前两相，后两项不动，则

$$F = A\overline{B}(C + \overline{C}) + (A + \overline{A})B\overline{C} + \overline{B}C + \overline{A}B = A\overline{B} + \overline{B}C + \overline{A}B$$

由本例可见，公式法化简的结果并不是惟一的。如果两个结果形式（项数、每项中变量数）相同，则二者均正确，可以验证二者逻辑相等。

【例 10-4】 化简函数 $Y = \overline{\overline{A}BC} + ABD + BE + \overline{(DE + A\overline{D})\overline{B}}$

解 $Y = \overline{\overline{A}BC} + ABD + BE + \overline{(DE + A\overline{D})\overline{B}} = \overline{B(\overline{A}C + AD + E)} + \overline{DE + A\overline{D}} + B$
$$= \overline{B} + \overline{\overline{A}C} + AD + E + \overline{DE + A\overline{D}} + B = 1$$

【例 10-5】 用公式法化简 $Y = \overline{\overline{A + B} \cdot \overline{ABC} \cdot \overline{A}\overline{C}}$

解 $\overline{Y} = \overline{\overline{A + B} \cdot \overline{ABC} \cdot \overline{A}\overline{C}} = A + B + ABC + \overline{A}\overline{C} = A + B + \overline{A}\overline{C} = A + B + \overline{C}$

那么 $Y = \overline{A + B + \overline{C}} = \overline{A}\,\overline{B}C$

（2）逻辑函数的卡诺图化简法

卡诺图就是将逻辑函数变量的最小项按一定规则排列出来，构成的正方形或矩形的方格图。图中分成若干个小方格，每个小方格填入一个最小项，按一定的规则把小方格中所有的最小项进行合并处理，就可得到简化的逻辑函数表达式，这就是卡诺图化简法。在介绍该方法之前，先说明一下最小项的基本概念及最小项表达式。

在 n 变量的逻辑函数中，若其与或表达式的乘积项包含了 n 个因子，且 n 个因子均以原变量或反变量的形式在乘积项中出现一次，则称这样的乘积项为逻辑函数的最小项。

例如三变量的逻辑函数（A、B、C）可以组成很多种乘积项，但符合最小项定义的有 $\overline{A}\,\overline{B}\,\overline{C}$，$\overline{A}\,\overline{B}C$，$\overline{A}B\,\overline{C}$，$\overline{A}BC$，$A\,\overline{B}\,\overline{C}$，$A\,\overline{B}C$，$AB\,\overline{C}$，$ABC$ 8 项，这 8 项即称为这个逻辑函数的最小项。这 8 个乘积项具有以下特点：每个乘积项包括三个变量；每个变量都以原变量（A、B、C）或反变量（$\overline{A}$、$\overline{B}$、$\overline{C}$）的形式在每个乘积项中出现且仅出现一次。这 8 个乘积项即是三变量函数的最小项。

推而广之，对于有 n 个变量的逻辑函数，如果其与或表达式中的每个乘积项都包含 n 个因子，而这 n 个因子分别为 n 个变量的原变量或反变量，并且每个变量在乘积项中出现且仅出现一次，那么这样的乘积项就称为逻辑函数的最小项。n 个变量的逻辑函数，就有 2^n 个最小项。为了方便起见，常用最小项编号 m_i 的形式表示最小项，其中 m 代表最小项，i 表示最小项的编号。i 是 n 变量取值组合排成二进制所对应的十进制数，变量以原变量形式出现视为 1，以反变量形式出现视为 0。例如 $\overline{A}\,\overline{B}\,\overline{C}$ 记为 m_0，$\overline{A}\,\overline{B}C$ 记为 m_1，$\overline{A}B\,\overline{C}$ 记为 m_2 等。表 10-6 给出了三变量的最小项编号。

表 10-6　三变量的最小项编号

序　号	A	B	C	最　小　项	编　　号
0	0	0	0	$\overline{A}\,\overline{B}\,\overline{C}$	m_0
1	0	0	1	$\overline{A}\,\overline{B}C$	m_1
2	0	1	0	$\overline{A}B\,\overline{C}$	m_2
3	0	1	1	$\overline{A}BC$	m_3
4	1	0	0	$A\,\overline{B}\,\overline{C}$	m_4
5	1	0	1	$A\,\overline{B}C$	m_5
6	1	1	0	$AB\,\overline{C}$	m_6
7	1	1	1	ABC	m_7

由表 10-6 已看出，最小项具有下列性质。

① 对于任意一个最小项，只有变量的一组取值使得它的值为 1，而取其他值时，这个最小项的值都为 0。不同的最小项，使它的值为 1 的那一组变量取值也不同。例如最小项 $\overline{A}B\,\overline{C}$，只有在变量取值为 010 时，$\overline{A}B\,\overline{C}$ 的值为 1，其他 7 组取值下，其值都为 0；而对于最小项 $AB\,\overline{C}$，只有在变量的取值为 110 时，$AB\,\overline{C}$ 的值才为 1。

② 对于同一个变量取值，任意两个最小项的乘积恒为 0。因为在相同的变量取值下，不可能使两个不相同的最小项同时取 1 值。

③ 任意取值的变量条件下，全体最小项的和为 1。

④ 若两个最小项只有一个因子不同，则称它们为相邻最小项。相邻最小项合并（相加）可消去相异因子，如

$$AB\,\overline{C}+ABC=AB$$

最小项表达式，利用逻辑代数的基本定律，可以将任何一个逻辑函数变化成最基本的与或表达式，其中的与项均为最小项。这个基本的与或表达式称为最小项表达式。如

$$Y = AB + BC = AB\overline{C} + ABC + \overline{A}BC$$

为了简便起见，可将上式记为

$$Y(A,B,C) = m_6 + m_7 + m_3 = \sum m(3,6,7)$$

【例 10-6】 将逻辑函数 $F = \overline{A}B + AC$ 化为最小项表达式。

$$F(A,B,C) = \overline{A}B + AC = \overline{A}B(\overline{C}+C) + AC(\overline{B}+B) = \overline{A}B\,\overline{C} + \overline{A}BC + A\,\overline{B}C + ABC$$
$$= m_2 + m_3 + m_5 + m_7 = \sum m(2,3,5,7)$$

（3）逻辑函数的卡诺图表示法

① 最小项卡诺图　卡诺图是逻辑函数的图形表示法。这种方法是将 n 个变量的全部最小项填入具有 2^n 个小方格的图形中，其填入规则是使相邻最小项在几何位置上也相邻。所得到的图形称为 n 变量最小项的卡诺图，简称卡诺图。图 10-9 为二、三、四变量的卡诺图。

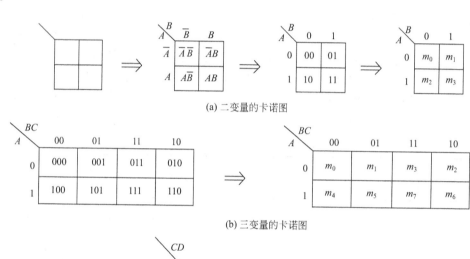

(a) 二变量的卡诺图

(b) 三变量的卡诺图

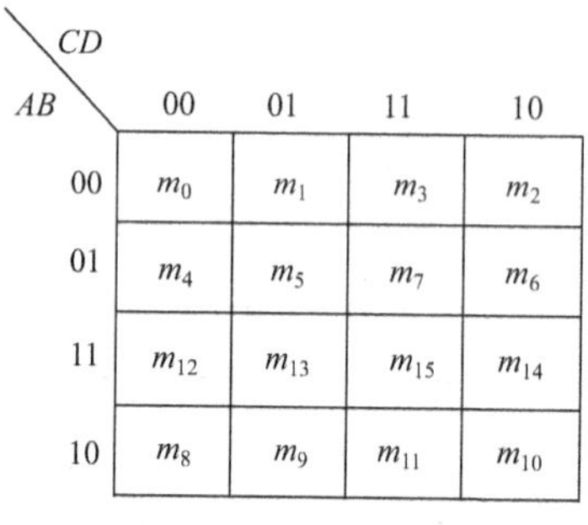

(c) 四变量的卡诺图

图 10-9　二、三、四变量的卡诺图

图 10-8 中用 m_i 注明每个小方格对应的最小项。为了便于记忆，在卡诺图中左上角斜线下面标注行变量（A、AB），斜线上面标注列变量（B、BC、CD），两侧所标的 0 和 1 表示对应小方块中最小项为 1 的变量取值。

应当注意，图中两个变量（如 BC）的排列顺序不是按自然二进制码（00，01，10，11）由小到大排列的，而是按循环反射码（00，01，11，10）的顺序排列的，这样是为了能保证卡诺图中最小项的相邻性。除几何相邻的最小项有逻辑相邻的性质外，图中每一行或每一列两端的最小项也具有逻辑相邻性，故卡诺图可看成一个上下、左右闭合的图形。

当输入变量的个数在 5 个或以上时，不能仅用二维空间的几何相邻来代表其逻辑相邻，故其卡诺图较复杂，一般不常用。

②　用卡诺图表示逻辑函数　因为任何逻辑函数均可写成最小项表达式，而每个最小项又都可以表示在卡诺图中，所以可用卡诺图来表示逻辑函数。用卡诺图表示逻辑函数是将逻辑函数化为最小项表达式，然后在卡诺图上将式中包含的最小项在所对应的小方格内填上 1，其余位置上填上 0 或空着，得到的即为逻辑函数的卡诺图。

【**例 10-7**】　用卡诺图表示逻辑函数 $F(A,B,C)=\sum m(2,3,5,7)$。

解　这是一个三变量逻辑函数，$n=3$，先画出三变量卡诺图。由于已知 F 是标准最小项表达式，因此在对应卡诺图中 2、3、5、7 号小方格中填 1，其余小方格不填，即画出了 F 的卡诺图，如图 10-10 所示。

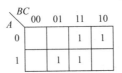

图 10-10　例 10-7 的卡诺图

（4）用卡诺图化简逻辑函数

①　化简法依据　在卡诺图中几何相邻的最小项在逻辑上也有相邻性，这些相邻最小项有一个变量是互补的，将它们相加，可以消去互补变量，这就是卡诺图化简的依据。如果有两个相邻最小项合并，则可消去一个互补变量；有四个相邻最小项合并，则可消去两个互补变量；……；有 2^n 个相邻最小项合并，则可消去 n 个互补变量。图 10-11、图 10-12、图 10-13分别给出了 2 个、4 个、8 个最小项相邻格合并的情况。

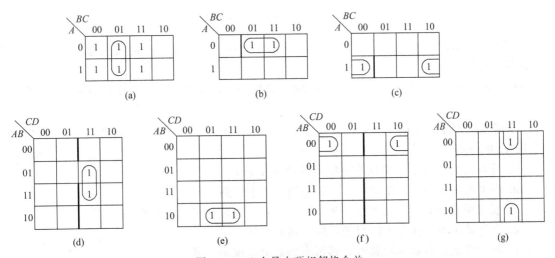

图 10-11　2 个最小项相邻格合并

卡诺图中两个相邻 1 格的最小项可以合并成一个与项，并消去一个变量。

图 10-11 是两个 1 格合并时消去一个变量的例子。在图（a）中，m_1 和 m_5 为两个相邻 1 格，则有 $m_1+m_5=\overline{A}\,\overline{B}C+A\,\overline{B}C=(\overline{A}+A)\overline{B}C=\overline{B}C$。

在 10-11(c) 图中，m_4 和 m_6 两个相邻 1 格，则

$$m_4+m_6=A\,\overline{B}\,\overline{C}+AB\overline{C}=(\overline{B}+B)A\overline{C}=A\overline{C}$$

图 10-11 中还有其他的一些例子，请读者自行分析。

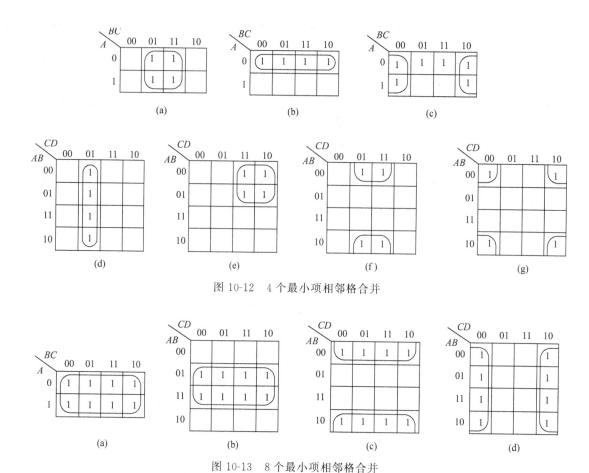

图 10-12　4个最小项相邻格合并

图 10-13　8个最小项相邻格合并

在图 10-13(a) 中，m_1、m_3、m_5、m_7 为四个相邻 1 格，把它们圈在一起加以合并，可消去两个变量，即

$$m_1+m_3+m_5+m_7=\overline{A}\,\overline{B}C+\overline{A}BC+A\,\overline{B}C+ABC=\overline{A}C(\overline{B}+B)+AC(\overline{B}+B)=\overline{A}C+AC$$
$$=(\overline{A}+A)C=C$$

卡诺图中八个相邻的 1 格可以合并成一个与项，并消去三个变量。对此，请读者自行按图 10-13 中分析。

② 化简方法　用卡诺图化简逻辑函数的步骤如下。

a. 将逻辑函数填入卡诺图中，得到逻辑函数卡诺图。

b. 找出可以合并（即几何上相邻）的最小项，并用包围圈将其圈住。

c. 合并最小项，保留相同变量，消去相异变量。

d. 将合并后的各乘积项相或，即可得到最简与或表达式。

在进行卡诺图化简时，为了保证化简准确无误，一定注意以下几个问题。

a. 每个包围圈所圈住的相邻最小项（即小方块中对应的1）的个数应为 2、4、8、16 个等，即为 2^n 个。

b. 包围圈尽量大。即圈中所包含的最小项越多，其公共因子越少，化简的结果越简单。

c. 包围圈的个数尽量少。因个数越少，乘积项就越少，化简后的结果就越简单。

d. 每个最小项均可以被重复包围，但每个圈中至少有一个最小项是不被其他包围圈所圈过的，以保证该化简项的独立性。

e. 不能漏圈任何一个最小项。

【**例 10-8**】 用图形化简法求逻辑函数 $F(A,B,C)=\sum(1,2,3,6,7)$ 的最简与或表达式。

解 首先，画出函数 F 的卡诺图。对于在函数 F 的标准与或表达式中出现的那些最小项，在该卡诺图的对应小方格中填上 1，其余方格不填，结果如图 10-14 所示。

其次，合并最小项。把图中相邻且能够合并在一起的 1 格圈在一个大圈中，如图 10-14 所示。

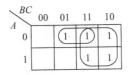

图 10-14 例 10-8 的卡诺图

最后，写出最简与或表达式。对卡诺图中所画每一个圈进行合并，保留相同的变量，去掉互反的变量。例如 $m_1=\overline{A}\,\overline{B}C=001$ 和 $m_3=\overline{A}BC=011$ 合并后，保留 $\overline{A}C$，去掉互反的变量 B、$\overline{B}$ 得到其相应的与项为 $\overline{A}C$；将 $m_2=\overline{A}B\,\overline{C}=010$、$m_3=\overline{A}BC=011$、$m_6=AB\,\overline{C}=110$ 和 $m_7=ABC=111$ 进行合并，保留 B，去掉 A、$\overline{A}$ 及 C、$\overline{C}$，得到其相应的与项 B，将这两个与项相或，便得到最简与或表达式：$F=\overline{A}C+B$。

【**例 10-9**】 用卡诺图化简函数 $F(A,B,C,D)=\overline{A}\,BCD+A\,\overline{B}\,CD+AB\,\overline{C}D+A\,\overline{B}CD$。

解 根据最小项的编号规则，可知 $F=m_3+m_9+m_{11}+m_{13}$。依据该式可以画出该函数的卡诺图如图 10-15 所示。化简后的与或表达式为

$$F=A\overline{C}D+\overline{B}CD$$

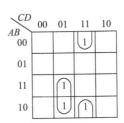

图 10-15 例 10-9 的卡诺图

【**例 10-10**】 用卡诺图化简函数

$$F(A,B,C,D)=\overline{A}\,\overline{B}\,\overline{C}+\overline{A}C\,\overline{D}+A\,\overline{B}C\,\overline{D}+A\,\overline{B}\,\overline{C}。$$

解 从表达式中可以看出，F 为四变量的逻辑函数，但是有的乘积项中缺少一个变量，不符合最小项的规定。因此，每个乘积项中都要将缺少的变量先补上。因为

$$\overline{A}\,\overline{B}\,\overline{C}=\overline{A}\,\overline{B}\,\overline{C}(D+\overline{D})=\overline{A}\,\overline{B}\,\overline{C}D+\overline{A}\,\overline{B}\,\overline{C}\,\overline{D}$$

$$\overline{A}C\,\overline{D}=\overline{A}C\,\overline{D}(B+\overline{B})=\overline{A}BC\,\overline{D}+\overline{A}\,\overline{B}C\,\overline{D}$$

$$A\,\overline{B}\,\overline{C}=A\,\overline{B}\,\overline{C}(D+\overline{D})=A\,\overline{B}\,\overline{C}D+A\,\overline{B}\,\overline{C}\,\overline{D}$$

所以

$$F(A,B,C,D)=\overline{A}\,\overline{B}\,\overline{C}D+\overline{A}\,\overline{B}\,\overline{C}\,\overline{D}+\overline{A}BC\,\overline{D}+\overline{A}\,\overline{B}C\,\overline{D}+A\,\overline{B}\,\overline{C}D+A\,\overline{B}CD+A\,\overline{B}\,\overline{C}\,\overline{D}$$

$$=m_0+m_1+m_2+m_6+m_8+m_9+m_{10}$$

根据上式画出卡诺图如图 10-16 所示。对其进行化简，得到最简表达式为

$$F=\overline{B}\,\overline{C}+\overline{B}\,\overline{D}+\overline{A}C\,\overline{D}$$

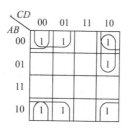

图 10-16　例 10-10 的卡诺图

10.4　集成逻辑门电路原理与特性

前面讨论的门电路都是由二极管、三极管等元件组成的，称为分立元件门电路。随着集成电路的发展，分立元件门电路应用逐渐减少，但是它的工作原理是集成门电路的基础，有助于掌握集成电路。下面介绍常用的集成门电路。

10.4.1　TTL 集成与非门电路

（1）电路结构

图 10-17(a) 是最常用的 TTL 与非门电路，图 10-17(b) 是其逻辑符号图。

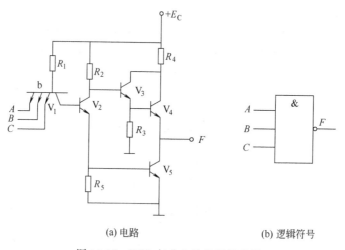

(a) 电路　　　　　　　　　　(b) 逻辑符号

图 10-17　TTL 与非电路及逻辑符号

在图 10-17(a) 中，V_1 为多发射极管，它的基极与每个发射极之间都有一个 PN 结。若用二极管代替 PN 结，V_1 等效电路如图 10-18 所示。V_2、R_2 和 R_5 组成了中间级，V_3、V_4、V_5 和 R_4、R_3 组成了输出级。

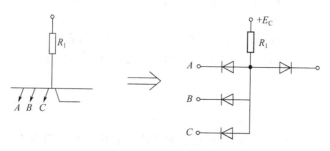

图 10-18　用二极管表示多发射极晶体管中的 PN 结

（2）TTL 与非门的工作原理

① 输入端 A、B、C 均接高电平（3～6V）时，$+E_C$ 通过 R_1 为 V_1 提供足够的基极电流，通过 V_1 集电结向 V_2 注入基极电流。V_2 发射极电流又为 V_5 提供基极电流，使 V_5 导通，此时 V_1 基极电位为三个 PN 结正向压降之和，即

$$U_{B1} = U_{BE1} + U_{BE2} + U_{BE5} = 2.1V$$

此时，V_1 发射结均为反偏，由于 V_2 饱和，V_2 集电极电位为

$$U_{C2} = U_{BE5} + U_{CES2} = 0.7 + 0.3 = 1.0V$$

由于 $U_{B3} = U_{C2} = 1.0V$，V_3 导通，则

$$U_{E3} = U_{B4} = 0.3V$$

V_4 基极电位为 0.3V，V_4 的发射极电位也是 0.3V，所以，V_4 截止，V_5 导通，输出为低电平 0.3V。可见，输入端全部接高电平 U_{IH} 或悬空，则输出为低电平 U_{OL}。

② 输入端 A、B、C 任一个接低电平，设 $U_A = 0.3V$，B、C 端接高电平或悬空，V_1 的 be 发射结正偏导通，V_1 的基极电位 $U_{B1} \approx 1.0V$，$I_{B1} = (E_C - U_{B1})/R_1 = 1.4mA$，$V_1$ 集电结通过 V_2 集电结、R_2 接到 E_C。

由于 V_2 集电结反偏，故 I_{C1} 仅为很小的反向漏电流，I_{C1} 远远小于 $\beta_1 I_{B1}$，故 V_1 处于深饱和状态，则 $U_{CES1} \leqslant 0.1V$，因此，

$$U_{C1} = 0.3 + U_{CES1} \leqslant 0.3 + 0.1 = 0.4V$$

即 $U_{B2} \leqslant 0.4V$。这时 V_2、V_5 截止，由于 V_2 截止，$+E_C$ 经 R_2 驱动复合管 V_3、V_4 进入导通状态，因此，输出高电平为

$$U = +E_C - I_{B3} R_2 - U_{BE3} - U_{BE4} \approx 5 - 0 - 0.7 - 0.7 \approx 3.6V$$

可见，输入端有一个或几个全部为低电平时，输出为高电平 U_{OH}。

10.4.2 TTL 集成与非门的主要参数

① 输出高电平 U_{OH}：输入端有一个或一个以上为低电平时，输出端得到的高电平值；U_{OH} 典型值为 3.6V。

② 输出低电平 U_{OL}：输入端全部为高电平时，输出端得到的低电平值；U_{OL} 典型值为 0.3V。

③ 开门电平 U_{ON}：保证输出低电平的最小输入电平值；典型值为 1.4V。

④ 关门电平 U_{OFF}：使输出电压达到规定高电平的 90% 时，输入低电平的最大值；典型值为 1V。

⑤ 扇出系数 N_0：输出端最多能带同类门电路的个数，它反映了与非门的最大负载能力；对 TTL 与非门而言，一般扇出系数 $N_0 = 8 \sim 10$。

10.4.3 集电极开路与非门

（1）工作原理

集电极开路与非门又叫 OC 门，如图 10-19 所示，它是将 TTL 与非门输出端的集电极负载去掉。OC 门在工作时需要在输出端 Y 和电源 U_{CC} 之间外接一个上拉的负载电阻 R_L，从电路结构依然可以看出整个电路的逻辑功能仍是与非。

（2）OC 门的应用

① 线与实现　逻辑电路是由门电路组合而成的，有时候如果能将多个门电路的输出端直接并联起来将是很方便的，但是，上面讲过的门电路是不能这样连的，因为在具有推拉式输出级的电路中，无论输出是高电平还是低电平时的输出电阻都是很小的。如果并联了，假如某时刻一个门输出是高电平而另一个门输出的是低电平，则会有很大的负载电流同时流过两个门电路的输出级，这个电流远远超过了其工作电流，因而会使门电路损坏。

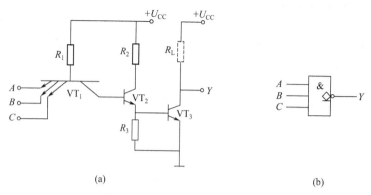

图 10-19　OC 门电路结构与符号

采用集电极开路结构就可以解决这个问题，图 10-20 为用 OC 门实现线与功能的逻辑图，由图示可以分析出电路的功能：任一个 OC 门所有输入为高电平时，输出为低电平；只有每一个 OC 门的输入中有低电平时，输出才会是高电平，其逻辑表达式为

$$L = \overline{AB} \cdot \overline{CD}$$

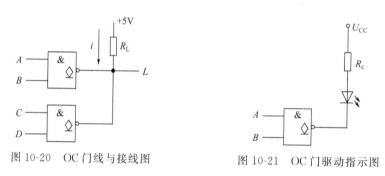

图 10-20　OC 门线与接线图　　　　图 10-21　OC 门驱动指示图

由上式可以知道，两个或多个 OC 门的输出信号在输出端直接实现了相与的逻辑功能，称为线与。注意，非 OC 门是不能这样做的。

② 驱动指示　图 10-21 就是用 OC 门驱动发光二极管的指示电路。只有输入全部为高电平时，输出才为低电平，发光二极管导通发光，否则，输出为高电平，发光二极管熄灭。

此外，OC 门的输出还可以连接其他的外部电路，如继电器来驱动执行电路；也可以用于电平转换用来实现 TTL 电平与其他逻辑电平电路之间的连接。

10.4.4　三态输出门（TSL 门）

（1）三态输出门的逻辑功能

三态输出门电路是在普通门电路的基础上增加了控制端和控制电路而构成的，如图 10-22(a) 所示。图 10-22(b) 所示为其逻辑符号，在逻辑符号的控制端有小圆圈，表示当控制端为低电平时与非门有效，输入和输出状态之间满足与非逻辑关系，若控制端为高电平，则输出端处于高阻状态，不受输入端状态的逻辑控制。若控制端无小圆圈，控制电平正好相反。

E 为控制端或称使能端。

当 $E=1$ 时，二极管 VD 截止，TSL 门与 TTL 门功能一样：

$$Y = \overline{A \cdot B}$$

当 $E=0$ 时，VT_1 处于正向工作状态，促使 VT_2、VT_5 截止，同时，通过二极管 VD 使 VT_3 基极电位钳制在 1V 左右，致使 VT_4 也截止。这样 VT_4、VT_5 都截止，输出端呈现高阻状态。

TSL 门中控制端 E 除高电平有效外，还有为低电平有效的，这时的电路符号如图 10-22(c) 所示。

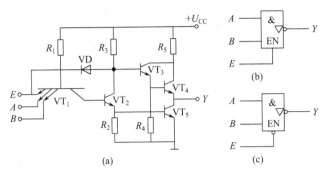

图 10-22 三态门电路、符号

（2）三态输出门的应用

在常用的集成电路中，有许多集成电路的输入端或输出端采用了三态门结构。在使用时，可根据实际需要用控制端实现电路间的接通与断开。

在图 10-23(a) 中，当 $G=1$ 时，G_1 门有效，G_2 门处于高阻状态；当 $G=0$ 时，G_2 门有效，G_1 门处于高阻状态。实际应用中 G_1 门和 G_2 门可以是具有三态门控制的各种芯片。

通过三态门的控制信号 G 可实现数据的双向传输控制。在图 10-23(b) 中，当 $G=0$ 时，G_1 门有效，G_2 门无效，信号 A 传输至 B；当 $G=1$ 时，G_1 门无效，G_2 门有效，信号 B 传输至 A。实际应用中，可根据需要选择具有双向传输功能的集成电路。

在总线结构的应用电路中，数据的传输必须通过分时操作来完成，即在不同时段实现不同电路与总线间的数据传输。图 10-23(c) 是带三态门的数据传输接口电路与总线连接示意图。通过控制信号 G 来控制哪一个接口电路可以向公共数据总线发送数据或接收数据。根据总线结构的特点，要求在某一时段只能允许一个接口电路占用总线。通过各接口电路的控制信号 $G_1 \sim G_i$ 分时控制就能满足这一要求。

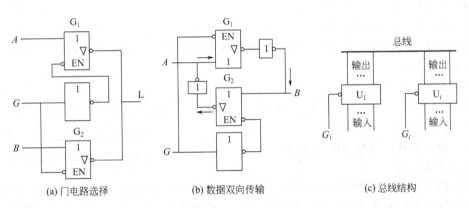

(a) 门电路选择   (b) 数据双向传输   (c) 总线结构

图 10-23 三态门应用示意图

10.4.5 TTL 集成逻辑门的使用注意事项

（1）电源干扰的消除

产品标准使用电源电压是 5V，对于 54 系列可以有 10% 的波动，对于 74 系列可以有 5% 的误差。电源和地线不能接错（初学者常犯）。为了防止外来的干扰通过电源窜入电路，要加强对电源进行滤波，通常在电源的输入端接入 $10\sim100\mu F$ 的电容进行滤波，还可以在印刷电路板上每个门加接一个 $0.01\sim0.1\mu F$ 的电容对高频干扰进行滤除。

（2）闲置输入端的处理

TTL 集成门电路在使用的时候，不用的输入端一般不悬空，主要是防止干扰信号从悬空脚引入到电路中。闲置输入端的处理以不改变电路逻辑状态及工作稳定性为原则：对于与门、与非门的闲置输入端可以直接接电源电压 U_{CC}，或者通过接几千欧的电阻接电源 U_{CC}；如果前级电路的驱动能力允许，可以将闲置输入端和有用输入端并联使用；对于或门、或非门的闲置输入端则应该是接地处理。

（3）安装与调试

① 输出端不能直接接电源或接地。在设计使用时，输出电流应该小于产品手册上规定的最大值。

② 连线要尽量短，整体接地要好，地线要粗、短。

③ 焊接时使用中性焊剂，如酒精松香溶液，烙铁功率不要大于 25W；焊接时不要将相邻引线短路；电路板焊接完成后，不能浸泡在有机溶液中清洗，只能用酒精擦去污垢和引脚上的助焊剂。

④ 对于 CT54/CT74 和 CT54H/CT74H 系列的 TTL 电路，输出的高电平不小于 2.4V，输出的低电平不大于 0.4V。对于 CT54S/CT74S 和 CT54LS/CT74LS 系列的 TTL 电路，输出的高电平不小于 2.7V，输出的低电平不大于 0.5V。上述系列的输入高电平不小于 2.4V，输入低电平不大于 0.8V。

⑤ 当输出为高电平时，输出端不能接地；当输出为低电平时，输出端不能接电源。这样会烧坏集成电路。

10.5 组合逻辑电路的原理与特性

10.5.1 组合电路概述

根据逻辑功能的不同特点，常把数字电路分成组合逻辑电路（简称组合电路）和时序逻辑电路（简称时序电路）两大类。

任何时刻输出信号的稳态值，仅决定于该时刻各个输入信号的取值组合的电路，称为组合电路。在组合电路中，输入信号作用以前电路所处的状态，对输出信号没有影响。组合电路的示意图如图 10-24 所示。

组合逻辑电路的特点如下。

① 输出、输入之间没有反馈延迟通路。

② 电路中不含记忆元件。

10.5.2 组合电路的分析和设计方法

（1）分析方法

图 10-24 组合电路示意图

所谓组合逻辑电路的分析方法，就是根据给定的逻辑电路图，确定其逻辑功能的步骤，即求出描述该电路的逻辑功能的函数表达式或者真值表的过程。分析组合逻辑电路的目的是为了确定已知电路的逻辑功能，或者检查电路设计是否合理。

组合逻辑电路的分析步骤如下。

① 根据已知的逻辑图，从输入到输出逐级写出逻辑函数表达式。

② 利用公式法或卡诺图法化简逻辑函数表达式。

③ 列真值表，确定其逻辑功能。

【**例 10-11**】　分析如图 10-25 所示组合逻辑电路的功能。

解　$Y = \overline{\overline{AB} \cdot \overline{BC} \cdot \overline{AC}}$

化简：
$$Y = AB + BC + AC$$

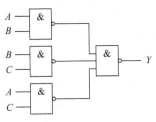

图 10-25　例 10-11 电路

列真值表，如表 10-7 所示。

表 10-7　例 10-11 的真值表

A	B	C	Y
0	0	0	0
0	0	1	0
0	1	0	0
0	1	1	1
1	0	0	0
1	0	1	1
1	1	0	1
1	1	1	1

由表 10-7 可知，若输入两个或者两个以上的 1（或 0），输出 Y 为 1（或 0），此电路在实际应用中可作为多数表决电路使用。

【**例 10-12**】　试分析如图 10-26 所示组合逻辑电路的功能。

解

① 写出如下逻辑表达式：
$$Y_1 = \overline{AB}$$
$$Y_2 = \overline{A \cdot Y_1} = \overline{A \cdot \overline{AB}}$$
$$Y_3 = \overline{Y_1 \cdot B} = \overline{\overline{AB} \cdot B}$$
$$Y = \overline{Y_2 Y_3} = \overline{\overline{A \cdot \overline{AB}} \, \overline{\overline{AB} \cdot B}}$$

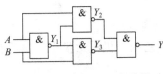

图 10-26　例 10-12 电路图

② 化简：
$$Y = \overline{\overline{A \cdot \overline{AB}} \, \overline{\overline{AB} \cdot B}} = (\overline{A} + AB) \cdot (AB + \overline{B}) = \overline{A}B + A\overline{B} = A \oplus B$$

③ 确定逻辑功能：从逻辑表达式可以看出，电路具有异或功能。异或功能是指逻辑门的两个输入变量不同，输出变量输出"1"；两个输入变量相同，输出变量输出"0"。实现异或功能的逻辑门称为异或门。"$\oplus$"表示异或功能，"$\odot$"表示同或功能，同或功能是指逻辑

门的两个输入变量相同，输出变量输出"1"；两个输入变量不同，输出变量输出"0"。

（2）设计方法

组合逻辑电路的设计可按以下步骤进行。

① 分析要求。首先根据给定的设计要求（设计要求可以是一段文字说明，或者是一个具体的逻辑问题，也可能是一张功能表等），分析其逻辑关系，确定哪些是输入变量，哪些是输出变量，以及它们之间的相互关系。然后，对输入变量和输出变量的响应状态用 0、1 表示，称为状态赋值。

② 列真值表。根据上述分析和赋值情况，将输入变量的所有取值组合和与之相对应的输出变量值列表，即得真值表。注意，不会出现或不允许出现的输入变量取值组合可以不列出。如果列出，可在相应的输出函数处记上"×"号，化简时可作约束项处理。

③ 化简。用卡诺图法或公式法进行化简，得到最简逻辑函数表达式。

④ 画逻辑图。根据化简后的逻辑表达式画出逻辑电路图。如果对采用的门电路类型有要求，可适当变换表达式形式，如与非、或非、与或非表达式等，然后用对应的门电路构成逻辑图。

这就是所谓的组合电路设计的四步法。它是一种采用最普遍、较有规律性的方法，是初学者必须掌握的方法。

【例 10-13】 设计一个二进制半加器电路，要求有两个加数输入端、一个求和输出端和一个进位输出端。

解 ① 分析设计要求，确定逻辑变量。

这是一个可完成一位二进制加法运算的电路，设两个加数分别为 A 和 B，输出和为 S，进位输出为 C。

② 列真值表。

根据一位二进制加法运算规则及所确定的逻辑变量，可列出真值表如表 10-8 所示。

表 10-8　例 10-13 的真值表

A	B	S	C
0	0	0	0
0	1	1	0
1	0	1	0
1	1	0	1

③ 写逻辑表达式。

$$S = A\overline{B} + \overline{A}B = A \oplus B$$
$$C = A \cdot B$$

④ 画逻辑电路图，如图 10-27 所示。

【例 10-14】 三个工厂由甲、乙两个供电站供电。试设计一个满足如下要求的供电控制电路：

①一个工厂用电，由甲站供电；②两个工厂用电，由乙站供电；③三个工厂用电，由两站供电。

解 ① 确定输入、输出变量的个数：根据电路要求，设输入变量 A、B、C 分别表示三个工厂是否用电，1 表示有用电要求，0 表示无用电要求；输出变量 G、Y 分别表示甲、乙两站是否供电，1 表示供电，0 表示不供电。

② 列真值表：如表 10-9 所示。

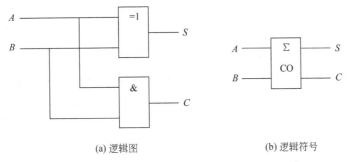

(a) 逻辑图   (b) 逻辑符号

图 10-27   例 10-13 半加器

表 10-9   例 10-14 的真值表

A	B	C	Y	G
0	0	0	0	0
0	0	1	0	1
0	1	0	0	1
0	1	1	1	0
1	0	0	0	1
1	0	1	1	0
1	1	0	1	0
1	1	1	1	1

③ 化简：利用卡诺图化简，如图 10-28 所示可得

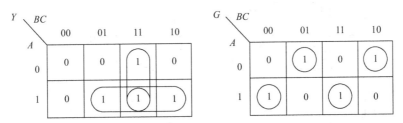

图 10-28   例 10-14 的卡诺图

$$Y = BC + AC + AB$$

$$G = \overline{A}\,\overline{B}C + \overline{A}B\,\overline{C} + A\,\overline{B}\,\overline{C} + ABC = \overline{A}(B \oplus C) + A(B \odot C) = A \oplus B \oplus C$$

④ 画逻辑图：逻辑电路图如图 10-29(a) 所示。若要求用 TTL 与非门，实现该设计电路的设计步骤如下：首先，将化简后的与或逻辑表达式转换为与非形式；然后再画出如图 10-29(b) 所示的逻辑图；最后，画出用与非门实现的组合逻辑电路。

$$Y = AC + BC + AB$$
$$= \overline{\overline{AC} \cdot \overline{BC} \cdot \overline{AB}}$$

$$G = \overline{A}\,\overline{B}C + \overline{A}B\,\overline{C} + A\,\overline{B}\,\overline{C} + ABC$$
$$= \overline{\overline{\overline{A}\,\overline{B}C} \cdot \overline{\overline{A}B\,\overline{C}} \cdot \overline{A\,\overline{B}\,\overline{C}} \cdot \overline{ABC}}$$

10.5.3 编码器

所谓编码就是将特定含义的输入信号（文字、数字、符号）转换成二进制代码的过程。实现编码操作的数字电路称为编码器。按照编码方式不同，编码器可分为普通编码器和优先编码器；按照输出代码种类的不同，可分为二进制编码器和非二进制编码器。

（1）二进制编码器

1 位二进制代码 0 和 1 可表示两种信息，用 n 位二进制代码对 2^n 个信息进行编码的电路称为二进制编码器。图 10-30(a) 所示为由与非门及非门组成的 3 位二进制编码器的逻辑图，

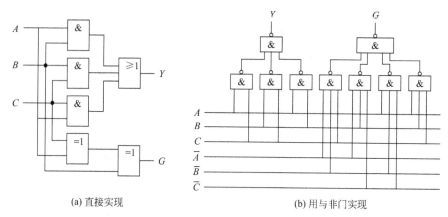

(a) 直接实现　　　　　　　　　　　　(b) 用与非门实现

图 10-29　例 10-14 的逻辑图

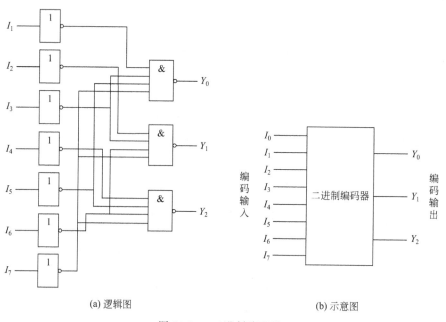

(a) 逻辑图　　　　　　　　　　　　(b) 示意图

图 10-30　二进制编码器

图 10-30(b) 是示意图。由图看出，它有 8 个输入端 $I_0 \sim I_7$，分别代表需要编码的输入信号，3 个输出端 $Y_0 \sim Y_2$ 组成 3 位二进制代码。根据编码器的输入、输出端的数目，这种编码器又称为 8 线-3 线编码器，其真值表见表 10-10 所示。请读者分析得出输出逻辑表达式。

表 10-10　8 线-3 线编码器真值表

输入								输出		
I_0	I_1	I_2	I_3	I_4	I_5	I_6	I_7	Y_2	Y_1	Y_0
0	0	0	0	0	0	0	1	1	1	1
0	0	0	0	0	0	1	0	1	1	0
0	0	0	0	0	1	0	0	1	0	1
0	0	0	0	1	0	0	0	1	0	0
0	0	0	1	0	0	0	0	0	1	1
0	0	1	0	0	0	0	0	0	1	0
0	1	0	0	0	0	0	0	0	0	1
1	0	0	0	0	0	0	0	0	0	0

（2）二进制优先编码器

从上面的编码器的功能表可以看出，在请求编码的时候，所有的输入信号中只能有一个输入信号的编码请求，否则输出会是乱码。因而，为解决编码器输入信号之间的排斥问题，设计了优先编码器。优先编码器允许多个输入端同时有编码请求。但由于在设计优先编码器时，已经预先对所有编码信号按优先顺序进行了排队，排出了优先级别，因此，即使输入端有多个编码请求，编码器也只对其中优先级别最高的有效输入信号进行编码，而不考虑其他优先级别比较低的输入信号。优先级别可以根据实际需要确定。下面就以常见的优先编码器 74LS148 为例介绍其功能。表 10-11 为 74LS148 功能表，图 10-31 为优先编码器 74LS148 的逻辑符号和外引线图。

表 10-11　74LS148 功能表

输入									输出				
$\overline{ST}$	$\overline{I}_0$	$\overline{I}_1$	$\overline{I}_2$	$\overline{I}_3$	$\overline{I}_4$	$\overline{I}_5$	$\overline{I}_6$	$\overline{I}_7$	$\overline{Y}_2$	$\overline{Y}_1$	$\overline{Y}_0$	$\overline{Y}_{EX}$	Y_S
H	×	×	×	×	×	×	×	×	H	H	H	H	H
L	H	H	H	H	H	H	H	H	H	H	H	H	L
L	×	×	×	×	×	×	×	L	L	L	L	L	H
L	×	×	×	×	×	×	L	H	L	L	H	L	H
L	×	×	×	×	×	L	H	H	L	H	L	L	H
L	×	×	×	×	L	H	H	H	L	H	H	L	H
L	×	×	×	L	H	H	H	H	H	L	L	L	H
L	×	×	L	H	H	H	H	H	H	L	H	L	H
L	×	L	H	H	H	H	H	H	H	H	L	L	H
L	L	H	H	H	H	H	H	H	H	H	H	L	H

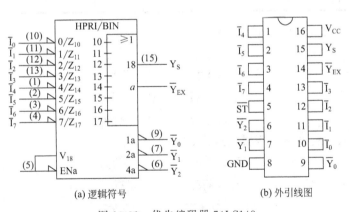

图 10-31　优先编码器 74LS148

74LS148 的功能如下。

① 编码输入 $\overline{I}_7 \sim \overline{I}_0$，低电平有效。其中，$\overline{I}_7$ 优先级别最高，$\overline{I}_0$ 优先级别最低。在编码器工作时，若 $\overline{I}_7 = L$，则不管其他编码输入为何值，编码器只对 $\overline{I}_7$ 编码，输出相应的代码 $\overline{Y}_2\overline{Y}_1\overline{Y}_0 = LLL$（反码输出）；若 $\overline{I}_7 = H$，$\overline{I}_6 = L$，则不管其他编码输入为何值，编码器只对 $\overline{I}_6$ 编码，输出相应的代码 $\overline{Y}_2\overline{Y}_1\overline{Y}_0 = LLH$，依此类推。

② 编码输出 $\overline{Y}_2 \sim \overline{Y}_0$ 采用反码形式。

③ $\overline{ST}$ 为控制输入端（又称选通输入端），Y_S 是选通输出端，$\overline{Y}_{EX}$ 是扩展输出端。当 $\overline{ST}=H$ 时，禁止编码器工作，不管编码输入为何值，$\overline{Y}_2\overline{Y}_1\overline{Y}_0=HHH$，$Y_S=\overline{Y}_{EX}=H$，当 $\overline{ST}=L$ 时，编码器才工作。无编码输入信号时，$Y_S=L$，$\overline{Y}_{EX}=H$；有编码输入信号时，$Y_S=H$，$\overline{Y}_{EX}=L$。在 $\overline{ST}=L$ 时，选通输出端 Y_S 和扩展输出端 $\overline{Y}_{EX}$ 的信号总是相反的。$\overline{ST}$、Y_S、$\overline{Y}_{EX}$ 主要是为扩展使用的端子。

10.5.4 译码与显示电路

译码是编码的逆过程，即将每一组输入二进制代码翻译成为一个特定的输出信号。实现译码功能的数字电路称为译码器。译码器分为二进制译码器、集成电路译码器和显示译码器。下面作一简单介绍。

（1）二进制译码器

以 3 位二进制代码进行译码为例，说明二进制译码器的组成原理。

3 位的二进制译码器有 3 个输入端 A、B、C 和 8 个输出端 $Y_0 \sim Y_7$，列真值表，如表 10-12 所示。

表 10-12 3 位二进制译码器真值表

输　　入			输　　出							
A	B	C	Y_0	Y_1	Y_2	Y_3	Y_4	Y_5	Y_6	Y_7
0	0	0	1	0	0	0	0	0	0	0
0	0	1	0	1	0	0	0	0	0	0
0	1	0	0	0	1	0	0	0	0	0
0	1	1	0	0	0	1	0	0	0	0
1	0	0	0	0	0	0	1	0	0	0
1	0	1	0	0	0	0	0	1	0	0
1	1	0	0	0	0	0	0	0	1	0
1	1	1	0	0	0	0	0	0	0	1

根据真值表，可以写出输出逻辑表达式：

$$Y_0=\overline{A}\,\overline{B}\,\overline{C} \qquad Y_1=\overline{A}\,\overline{B}C$$
$$Y_2=\overline{A}B\,\overline{C} \qquad Y_3=\overline{A}BC$$
$$Y_4=A\,\overline{B}\,\overline{C} \qquad Y_5=A\,\overline{B}C$$
$$Y_6=AB\,\overline{C} \qquad Y_7=ABC$$

将上述表达式进行变换，逻辑表达式如下：

$$\overline{Y}_0=\overline{\overline{A}\,\overline{B}\,\overline{C}} \qquad \overline{Y}_1=\overline{\overline{A}\,\overline{B}C}$$
$$\overline{Y}_2=\overline{\overline{A}B\,\overline{C}} \qquad \overline{Y}_3=\overline{\overline{A}BC}$$
$$\overline{Y}_4=\overline{A\,\overline{B}\,\overline{C}} \qquad \overline{Y}_5=\overline{A\,\overline{B}C}$$
$$\overline{Y}_6=\overline{AB\,\overline{C}} \qquad \overline{Y}_7=\overline{ABC}$$

根据上式，画出逻辑图如图 10-32 所示。

（2）集成电路译码器

集成电路译码器 74LS138 为 3 线-8 线译码器，原理图与图 10-32 所示的 3 位二进制译码器逻辑图相比较，只是设置了 ST_A、$\overline{ST}_B$、$\overline{ST}_C$ 三个使能输入端。当 $ST_A=1$，且 $\overline{ST}_B$ 和 $\overline{ST}_C$ 均为 0 时，译码器处于工作状态。3 线-8 线译码器的真值表如表 10-13 所示，逻辑图如图 10-33(a) 所示，集成电路的管脚排列如图 10-33(b) 所示。

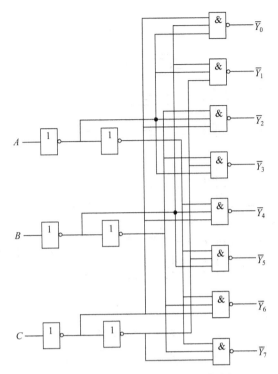

图 10-32 3 位二进制译码器逻辑图

表 10-13 3 线-8 线译码器 74LS138 真值表

输　　入					输　　出							
ST_A	$\overline{ST_B}+\overline{ST_C}$	A_2	A_1	A_0	$\overline{Y_0}$	$\overline{Y_1}$	$\overline{Y_2}$	$\overline{Y_3}$	$\overline{Y_4}$	$\overline{Y_5}$	$\overline{Y_6}$	$\overline{Y_7}$
$\times$	1	$\times$	$\times$	$\times$	1	1	1	1	1	1	1	1
0	$\times$	$\times$	$\times$	$\times$	1	1	1	1	1	1	1	1
1	0	0	0	0	0	1	1	1	1	1	1	1
1	0	0	0	1	1	0	1	1	1	1	1	1
1	0	0	1	0	1	1	0	1	1	1	1	1
1	0	0	1	1	1	1	1	0	1	1	1	1
1	0	1	0	0	1	1	1	1	0	1	1	1
1	0	1	0	1	1	1	1	1	1	0	1	1
1	0	1	1	0	1	1	1	1	1	1	0	1
1	0	1	1	1	1	1	1	1	1	1	1	0

（3）显示译码器

在数字系统中，经常需要将二进制代码翻译成十进制数码，或翻译成相应的文字、符号，再显示出来。完成这种逻辑功能的逻辑电路被称为显示译码器。显示译码器主要由译码器、驱动器和显示器三部分组成。数字显示器最常见的为七段式数字显示器。利用不同发光段方式组合，显示 0～9 等阿拉伯数字。

显示器件有辉光数码管、荧光数码管、发光二极管和液晶显示器件等。

发光二极管显示器利用不同发光段的组合，可以显示十进制数 0～9 十个数码，如图 10-34 所示。

发光二极管数码显示器的内部接法有两种：共阳极接法和共阴极接法。如图 10-35 所示，其中的 DP 端为小数点的控制端。

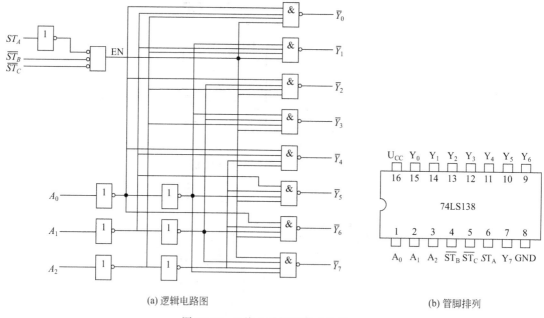

(a) 逻辑电路图　　　　　　　　　　　　(b) 管脚排列

图 10-33　3 线-8 线译码器 74LS138

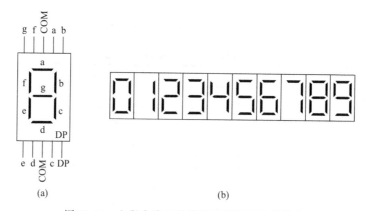

(a)　　　　　　　　　　　　(b)

图 10-34　七段发光二极管显示器及显示的数字

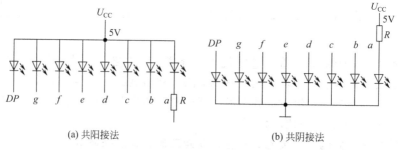

(a) 共阳接法　　　　　　　　　　(b) 共阴接法

图 10-35　共阳极接法和共阴极接法

下面介绍 74LS48 七段显示译码器。74LS48 七段显示译码器的功能表如表 10-14 所示。74LS48 七段显示译码器是共阴极显示器，输出高电平来驱动显示器的。该显示器有 3

个控制端：$\overline{LT}$、$\overline{RBI}$、$\overline{BI}/\overline{RBO}$。

表 10-14   74LS48 七段显示译码器的功能表

十进制或功能	输入						$\overline{BI}/\overline{RBO}$	输出						
	$\overline{LT}$	$\overline{RBI}$	D	C	B	A		a	b	c	d	e	f	g
0	1	1	0	0	0	0	1	1	1	1	1	1	1	0
1	1	×	0	0	0	1	1	0	1	1	0	0	0	0
2	1	×	0	0	1	0	1	1	1	0	1	1	0	1
3	1	×	0	0	1	1	1	1	1	1	1	0	0	1
4	1	×	0	1	0	0	1	0	1	1	0	0	1	1
5	1	×	0	1	0	1	1	1	0	1	1	0	1	1
6	1	×	0	1	1	0	1	0	0	1	1	1	1	1
7	1	×	0	1	1	1	1	1	1	1	0	0	0	0
8	1	×	1	0	0	0	1	1	1	1	1	1	1	1
9	1	×	1	0	0	1	1	1	1	1	0	0	1	1
10	1	×	1	0	1	0	1	0	0	0	1	1	0	1
11	1	×	1	0	1	1	1	0	0	1	1	0	0	1
12	1	×	1	1	0	0	1	0	1	0	0	0	1	1
13	1	×	1	1	0	1	1	1	0	0	1	0	1	1
14	1	×	1	1	1	0	1	0	0	0	1	1	1	1
15	1	×	1	1	1	1	1	0	0	0	0	0	0	0
消隐	×	×	×	×	×	×	0	0	0	0	0	0	0	0
脉冲消隐	1	0	0	0	0	0	0	0	0	0	0	0	0	0
灯测试	0	×	×	×	×	×	1	1	1	1	1	1	1	1

$\overline{LT}$为试灯输入端，用于检查 74LS48 本身及显示器的好坏。给$\overline{LT}$加低电平，即$\overline{LT}=0$（$\overline{BI}/\overline{RBO}$端加高电平）时，数码管七段全亮，以此检查数码管的各段能否正常发光。正常工作时应置$\overline{LT}$为高电平；

$\overline{RBI}$为动态灭零输入端，其作用是将数码管不希望显示的零熄灭。在正常显示情况下，$\overline{RBI}=1$；

$\overline{BI}/\overline{RBO}$为消隐输入端，将低电平加于消隐输入$\overline{BI}/\overline{RBO}$时，不管输入数据什么状态，所有输出端都为低电平，数码管的各段均熄灭不显示，它是为了降低显示系统的功耗而设置的。在正常显示情况下，$\overline{BI}/\overline{RBO}$必须接高电平或者开路。

$\overline{RBO}$为灭零输出端，它作为级联控制用。当该片输入的 BCD 码为 0 并熄灭相应数码管时，$\overline{RBO}=0$，将其引向另一个译码器的灭零输入端$\overline{RBI}$，允许另一位灭零。

10.6   触发器的原理与特性

利用集成门电路可以组成具有记忆功能的触发器。触发器是一种具有两种稳定状态的电路，可以分别代表二进制数码 1 或 0。当外加触发信号时，触发器能从一种状态翻转到另一种状态，即它能按逻辑功能在 1、0 两数码之间变化，因此，触发器是储存数字信号的基本单元电路，是各种时序电路的基础。

目前，触发器大多采用集成电路产品。按逻辑功能的不同，触发器有 RS 触发器、JK 触发器和 D 触发器等。

10.6.1   基本 RS 触发器

图 10-36 是基本 RS 触发器的逻辑图和逻辑符号。它由两个与非门交叉连接而成。R、S 是输入端，Q、$\overline{Q}$是输出端。在正常条件下，若 Q=1，则$\overline{Q}=0$，称触发器处于"1"态；若

$Q=0$，则 $\overline{Q}=1$，称触发器处于"0"态；输入端 R 称为置"0"端，S 称为置"1"端。

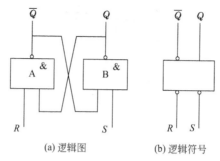

(a) 逻辑图   (b) 逻辑符号

图 10-36　基本 RS 触发器的逻辑图和逻辑符号

下面分析输入与输出的逻辑关系。

（1）$S=1$，$R=0$

当 $R=0$ 时，与非门 A 的输出为 1，即 $\overline{Q}=1$。由于 $S=1$，与非门 B 的两个输入端全为 1，所以 B 门的输出为 0，即 $Q=0$。若触发器原来处于"0"态，在 $S=1$，$R=0$ 信号作用下，触发器仍保持"0"态；若原来处于"1"态，则触发器就会由"1"状态翻转为"0"状态。

（2）$S=0$，$R=1$

设触发器的初始状态为 0，则 $Q=0$，$\overline{Q}=1$。由于 $S=0$，B 门有一个输入为 0，其输出 Q 则为 1，而 A 门的输入全为 1，其输出 $\overline{Q}$ 则为 0。因此，触发器由"0"状态翻转为"1"状态。若它的初始状态为 1 态，触发器仍保持"1"状态不变。

（3）$S=1$，$R=1$

在 $S=1$、$R=1$ 时，若触发器原来处于"0"态，即 $Q=0$，$\overline{Q}=1$，此时 B 门的两个输入端都是 1，输出 $Q=0$，A 门有一个输入为 0，输出 $\overline{Q}=1$，触发器的状态不变。若触发器原来处于"1"状态，即 $Q=1$、$\overline{Q}=0$，此时，A 门输出为 0，即 $\overline{Q}=0$，B 门输出为 1，即 $Q=1$，触发器的状态也不变。由此可见，$S=1$，$R=1$，触发器保持原有的状态，这体现了触发器的记忆功能。

（4）$S=0$，$R=0$

R、S 全为 0 时，A、B 两门都有 0 输入端，则它们的输出 Q、$\overline{Q}$ 全为 1，这时，不符合 Q 与 $\overline{Q}$ 相反的逻辑状态。当 R 和 S 同时由 0 变为 1 后，触发器的状态不能确定，这种情况在使用中应避免出现。综上所述，可列出基本 RS 触发器的逻辑状态表，如表 10-15 所示。

表 10-15　基本 RS 触发器的逻辑状态表

S	R	Q	$\overline{Q}$	逻辑功能
0	1	1	0	置1
1	0	0	1	置0
1	1	不变	不变	保持
0	0	不定	不定	禁止

从上述分析可知，基本 RS 触发器有两个状态，它可以直接置位或复位，并具有存储和记忆功能。

10.6.2　同步 RS 触发器

图 10-37(a) 是同步 RS 触发器的逻辑电路图，图 10-37(b) 是其逻辑符号图。其中，与非门 A 和 B 构成基本 RS 触发器，与非门 C、D 构成导引电路，通过它把输入信号引导到基

本触发器上。R_D、S_D 是直接复位、直接置位端。只要在 R_D 或 S_D 上直接加上一个低电平信号，就可以使触发器处于预先规定的"0"状态或"1"状态。另外，R_D、S_D 在不使用时应置高电平。CP 是时钟脉冲输入端，时钟脉冲来到之前，即 $CP=0$ 时，无论 R 和 S 端的电平如何变化，C 门、D 门的输出均为 1，基本触发器保持原状态不变。在时钟脉冲来到之后，即 $CP=1$ 时，触发器才按 R、S 端的输入状态决定其输出状态。时钟脉冲过去之后，输出状态保持时钟脉冲为高电平时的状态不变。

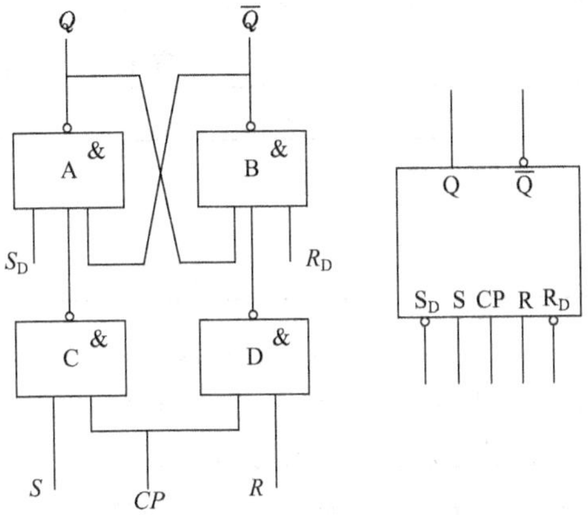

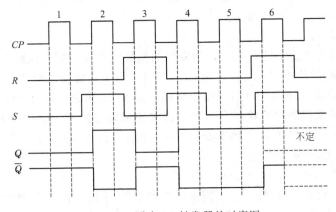

图 10-37 同步 RS 触发器的逻辑
电路图和逻辑符号图

在时钟脉冲来到之后，CP 变为 1，R 和 S 的状态开始起作用，其工作状态如下所述。

(1) $S=1$，$R=0$

由于 $S=1$，当时钟脉冲来到时，$CP=1$，C 门输出为 0。若触发器原来处于"0"态，即 $Q=0$、$\overline{Q}=1$，则 A 门输出转变为 $Q=1$。因为 $R=0$，D 门输出为 1，B 门输入全为 1，则输出变为 $\overline{Q}=0$。若触发器原来处于"1"状态，即 $Q=1$、$\overline{Q}=0$，则 A 门输出为 $Q=1$。因为 $R=0$，D 门输出为 1，B 门输入全为 1，则输出为 $\overline{Q}=0$。结论：当 $S=1$，$R=0$ 时，不管触发器原来处于何种状态，在 CP 到来后触发器处于"1"状态。

(2) $S=0$，$R=1$

由于 $R=1$，时钟脉冲来到之后，$CP=1$，D 门输入全为 1，则 D 门输出为 0，不管触发器原来处于何种状态，$\overline{Q}=1$。由于 A 门输入全为 1，所以 $Q=0$。结论：当 $S=0$，$R=1$ 时，不管触发器原来处于何种状态，在 CP 到来后触发器处于"0"状态。

(3) $R=0$，$S=0$

由于 $R=0$、$S=0$，则 C 门、D 门均输出为 1，所以触发器的状态不会改变。结论：当 $S=0$，$R=0$ 时，不管触发器原来处于何种状态，在 CP 到来后触发器保持原来的状态不变。

(4) $S=1$，$R=1$

$R=1$、$S=1$，当时钟脉冲到来之后，$CP=1$，则 C 门与 D 门输出都为 0，A 门与 B 门输出为 1，即 $Q=\overline{Q}=1$，破坏了 Q 与 $\overline{Q}$ 的逻辑关系，当输入信号消失后，触发器的状态不能确定，因而实际使用中应避免出现此情况。

图 10-38 是同步 RS 触发器的工作波形，表 10-16 是其逻辑状态表。表中，Q_{n+1} 表示脉

图 10-38 同步 RS 触发器的时序图

冲到来之后的状态，Q_n 表示现态。

表 10-16　同步 RS 触发器的逻辑状态表

S	R	Q_{n+1}
0	1	0
1	0	1
1	1	不定
0	0	$Q_{n+1}=Q_n$

由图 10-38 可知，触发器状态随 R、S 及 CP 脉冲而变化，在时钟脉冲 CP 作用期间，即 $CP=1$ 期间，R 和 S 不能同时为 1；若在 $CP=1$ 期间，R、S 的状态连续发生变化，则触发器的状态亦随之发生变化，即出现了在一个计数脉冲作用下，可能引起触发器一次或多次翻转，产生了"空翻"现象，因此，同步 RS 触发器不能作为计数器使用。

10.6.3　JK 触发器

主从 JK 触发器是一种无空翻的触发器。图 10-39（a）是 JK 触发器的逻辑图，图 10-39（b）是其逻辑符号。它由两个同步 RS 触发器组成，前级为主触发器，后级为从触发器，$\overline{S}_D$、$\overline{R}_D$ 是直接置位、复位端（平时应处于高电平），J、K 为控制输入端，时钟脉冲经过反相器加到从触发器上，从而形成两个互补的时钟控制信号。

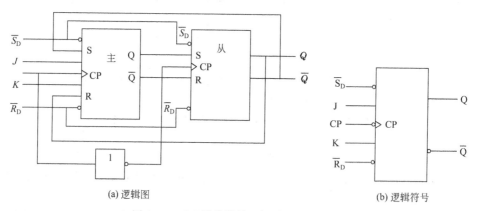

(a) 逻辑图　　　　　　　　　　　　　　(b) 逻辑符号

图 10-39　JK 触发器的逻辑图和逻辑符号

时钟脉冲作用期间，$CP=1$，$\overline{CP}=0$，从触发器被封锁，保持原状态，Q 在时钟脉冲作用期间不变；主触发器的状态取决于时钟脉冲为低电平的状态和 J、K 输入端的状态。当时钟脉冲过去后，$CP=0$，$\overline{CP}=1$，主触发器被封锁，从触发器导引门畅通，将主触发器的状态移入从触发器中。其工作过程如下。

（1）$J=1$，$K=1$

设时钟脉冲到来之前，即 $CP=0$，触发器的初始状态为"0"，这时主触发器的 $S=\overline{Q}=1$，$R=Q=0$，当时钟脉冲到来之后，即 $CP=1$ 时，由于主触发器的 $J=1$ 和 $R=0$，故翻转为"1"态。当 CP 从 1 下跳为 0 时，由于从触发器 $S=1$ 和 $R=0$，它也翻转为"1"态；反之，$CP=0$ 时，触发器的初始状态为"1"，这时主触发器的 $S=\overline{Q}=0$，$R=Q=1$，当时钟脉冲到来之后，即 $CP=1$ 时，主触发器的 $S=0$ 和 $K=1$，它翻转为"0"态。当 CP 下跳为 0 时，从触发器也翻转为"0"态。

（2）$J=0$，$K=0$

设触发器的初始状态为"0"态。当主触发器 $CP=1$ 时，由于主触发器的 $J=0$ 和 $K=0$，它的状态保持不变，当 CP 下跳时，由于从触发器的 $S=0$ 和 $R=1$，也保持原状态不变；

反之，如果初始状态为 1，也保持原状态不变。

（3）$J=0$，$K=1$

设触发器的初始状态为"1"，当时钟脉冲上升沿来到之后，主触发器 $Q=0$，$\overline{Q}=1$，所以，在 $CP=1$ 期间，主触发器被置为 0。由于 $\overline{CP}=0$，从触发器被封锁，主触发器的 0 态被暂存起来，当时钟脉冲下跳后，$CP=0$，主触发器被封锁，而 $\overline{CP}=1$，从触发器打开，取得与主触发器一致的状态。若触发器的初始状态为"0"，由同样的分析可知，在时钟脉冲作用后，触发器的状态仍为 0。可见，不论触发器原来的状态如何，当 $J=0$，$K=1$ 时，总是使触发器置 0。

（4）$J=1$，$K=0$

同样分析可得，当时钟脉冲作用之后，触发器的状态总是和 J 状态一致，即保持 1 态。

JK 触发器的逻辑功能如表 10-17 所示。

表 10-17　JK 触发器的逻辑功能表

J	K	Q_{n+1}
0	1	0
1	0	1
1	1	$\overline{Q}_n$
0	0	$Q_{n+1}=\overline{Q}_n$

表 10-17 中 Q_{n+1} 表示脉冲到来之后触发器的状态。

由以上分析可知，当 $J=K=1$ 时，每到来一个时钟脉冲，触发器状态就翻转一次；当 $J=K=0$ 时，触发器将保持原状态不变；当 $J\neq K$ 时，触发器翻转后的状态将和 J 的状态一致，主触发器的状态更新发生在时钟脉冲 $CP=1$ 期间，从触发器的状态翻转发生在时钟脉冲的下降沿。

10.6.4　D 触发器

图 10-40(a) 是 D 触发器的逻辑符号。D 触发器只有一个同步输入端，其应用十分广泛。其中，D 是数据输入端，CP 为时钟脉冲输入端，$\overline{S}_D$、$\overline{R}_D$ 为直接置位、复位端，它们均为低电平有效，不用时应使之处于高电平状态，表 10-18 是其逻辑功能表。图 10-40(b) 是其工作波形时序图。

表 10-18　D 触发器的逻辑功能表

D	Q_{n+1}
0	0
1	1

D 触发器的逻辑功能是当 $D=0$ 时，在时钟脉冲下降沿到来后，输出状态将变成 $Q_{n+1}=0$；而当 $D=1$ 时，在 CP 下降沿到来后，输出状态将变成 $Q_{n+1}=1$。综上所述，D 触发器的输出状态只取决于 CP 到达前 D 输入端的状态，与触发器现态无关，即 $Q_{n+1}=D$。

【例 10-15】　将 D 触发器的输入端 D 接到其输出端 $\overline{Q}$，如图 10-41 所示，试分析其逻辑功能。

解　若设 D 触发器的初态为 0，即 $Q=0$、$\overline{Q}=1$，则当 CP 上升沿来到时，Q 翻转为 1，即 $Q=1$、$\overline{Q}=0$；下一个 CP 上升沿来到时，Q 翻转为 0，即 $Q=0$、$\overline{Q}=1$。可见，每来一个 CP 脉冲，触发器翻转一次，具有计数功能，即 $Q_{n+1}=\overline{Q}_n$。此电路称为 T 触发器电路。

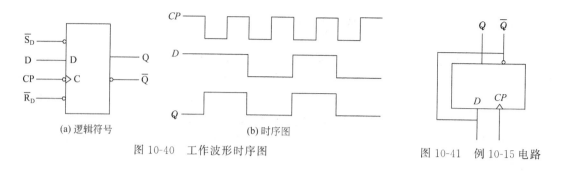

(a) 逻辑符号　　　　　　　　　　　(b) 时序图

图 10-40　工作波形时序图　　　　　　　　　图 10-41　例 10-15 电路

10.7　计数器的原理与特性

在电子计算机和数字系统中，计数器是重要的基本部件，它能累计和寄存输入脉冲的数目。计数器的应用十分广泛，在各种数字设备中几乎都要用计数器。计数器按其进位制的不同，可分为二进制计数器和十进制计数器，这里着重介绍二进制计数器。

图 10-42 是由 JK 触发器组成的四位二进制加法计数器的逻辑电路图。

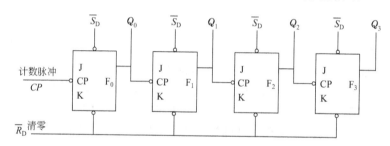

图 10-42　加法计数器的逻辑电路图

JK 触发器用作计数器使用时，JK 输入端悬空，相当于接高电平，根据 JK 触发器的工作原理，$J=K=1$ 时，每当一个时钟脉冲结束时，触发器就翻转一次，实现计数；低位触发器翻转两次，即计两个数，就产生了一个进位脉冲。因此，高位触发器的 CP 端应接低位的 Q 端。计数前，先在各触发器的 $\overline{R}_D$ 端加一置"0"负脉冲，使所有的触发器 F0～F3 全部处于"0"状态，即 $Q_0=Q_1=Q_2=Q_3=0$，这种情况称计数器清"0"。已清"0"的所有计数器初始状态为"0"，即计数器为"0000"状态。

当第一个脉冲结束时，触发器 F_0 由 0 变为 1，即 Q_0 由 0 变为 1，Q_0 由 0 变为 1，产生一正跳变，它对 F1 不起作用，这时计数器呈 $Q_3Q_2Q_1Q_0=0001$ 状态。

当第二个脉冲结束时，触发器 F_0 由 1 变为 0，即 $Q_0=0$，$\overline{Q}_0=1$，由于 Q_0 由 1 变为 0 产生负跳变，送至 F_1 的输入端，于是 F_1 由 0 变为 1，并产生一正跳变，这个脉冲对 F_2 不起作用，故计数器呈 $Q_3Q_2Q_1Q_0=0010$ 状态。

当第三个计数脉冲结束时，触发器 F_0 翻转为 1，即 $Q_0=1$，$\overline{Q}_0=0$，F_1、F_2、F_3 都不翻转，计数器状态为 $Q_3Q_2Q_1Q_0=0011$。如此继续下去，可画出如图 10-43 所示的波形图，其状态表如表 10-19 所示。

图 10-43 中，第一位 Q_0 每累计一个数，状态都要变一次；第二位 Q_1 每累计两个数，状态变一次；第三位 Q_2 每累计四个数，状态变一次；第四位 Q_3 每累计八个数，状态变一次。每个触发器输出脉冲的频率是低一位触发器输出脉冲频率的 1/2。所以，这种计数器也可作为分频器使用。

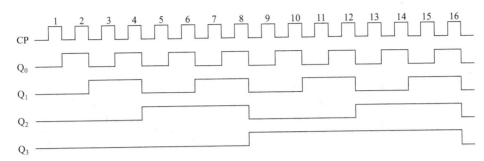

图 10-43　二进制加法计数器的工作波形图

表 10-19　加法计数器状态表

输入脉冲序号	Q_3	Q_2	Q_1	Q_0
0	0	0	0	0
1	0	0	0	1
2	0	0	1	0
3	0	0	1	1
4	0	1	0	0
5	0	1	0	1
6	0	1	1	0
7	0	1	1	1
8	1	0	0	0
9	1	0	0	1
10	1	0	1	0
11	1	0	1	1
12	1	1	0	0
13	1	1	0	1
14	1	1	1	0
15	1	1	1	1

10.8　寄存器的原理与特性

在数字系统中，用以暂存数码的数字部件称为数码寄存器。由前面讨论的触发器可知，触发器具有两种稳态，可分别代表 0 和 1，所以一个触发器便可存放 1 位二进制数，用多个触发器便可组成多位二进制寄存器。

10.8.1　数码寄存器

现以集成 4 位数码寄存器 74LS175 为例来介绍数码寄存器的电路结构和逻辑功能。其结构和符号如图 10-44 所示。

数码寄存器 74LS175 由 4 个 D 触发器组成，2 个非门分别作清零和寄存数码控制门。1D～4D 是 4 个数据输入端，1Q～4Q 是数据输出端，$1\overline{Q}$～$4\overline{Q}$是反码输出端。

其功能如下。

（1）异步清零

在$\overline{R}_\mathrm{D}$端加低电平，各触发器异步清零。清零后，应将$\overline{R}_\mathrm{D}$接高电平，否则会妨碍数码的寄存。

（2）并行输入数据

在$\overline{R}_\mathrm{D}=1$的前提下，将所要存入的数据 D 依次加到数据输入端，在 CP 脉冲上升沿的

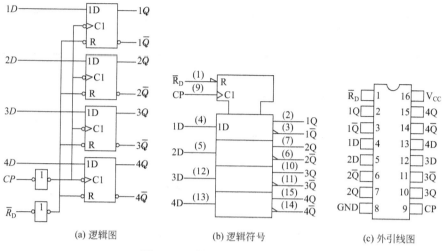

(a) 逻辑图　　(b) 逻辑符号　　(c) 外引线图

图 10-44　数码寄存器 74LS175

作用下，数据将被并行存入。根据 D 触发器的特征方程 $Q^{n+1}=D$ 得 $Q_4^{n+1}=D_4$，$Q_1^{n+1}=D1$，$Q_2^{n+1}=D_2$，$Q_3^{n+1}=D_3$

（3）记忆保持

$\overline{R}_D=1$ 时，若 CP 无上升沿（通常接低电平），则各触发器保持原状态不变，寄存器处在记忆保持状态。

（4）并行输出

可同时在输出端并行取出已存入的数码及它们的反码。

10.8.2　移位寄存器

移位寄存器除了接收、存储、输出数据以外，同时还能将其中寄存的数据按一定方向进行移动。移位寄存器有单向和双向移位寄存器之分。

通过图 10-45 的单向右移寄存器来介绍移位寄存器的工作原理。

该电路具有如下功能。

（1）并入并出

将并行数据 $D_0 \sim D_3$ 输入到 $Q_0 \sim Q_3$ 需要两步来实现：第一步是清零脉冲（高电平有

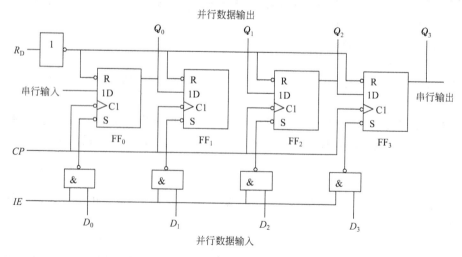

图 10-45　单向右移寄存器

效）通过 R_D 控制线使所有触发器置 0；第二步是通过输入数据选通线的接收脉冲打开 4 个与非门，将 $D_0 \sim D_3$ 数据输入。这就实现了并入并出功能，该功能等同于基本寄存器的功能。在此电路中，并入并出不受时钟脉冲 CP 的控制。

（2）移位

由于前面 D 触发器的 Q 端与下一个 D 触发器的 D 端相连，每当时钟脉冲的上升沿到来时，加至串行输入端的数据送至 Q_0，同时 Q_0 的数据右移至 Q_1，Q_1 的数据右移至 Q_2，Q_2 的数据右移至 Q_3。如果要实现双向移位，则可以通过门电路来控制是将左面触发器的输出与右面触发器的输入相连（右移），还是将右面触发器的输出与左面触发器的输入相连（左移）。

（3）串入

如果从串行入口输入的是一个 4 位数据，则经过 4 个时钟脉冲后，可以从 4 个触发器的 Q 端得到并行的数据输出。这样就实现了串入并出功能。

（4）串出

最后一个触发器的 Q 端可以作为串行输出端。如果需要得到串行的输出信号，则只要输入 4 个时钟脉冲，4 位数据便可依次从 Q_3 端输出，这就是串行输出方式。显然，电路既可实现串入串出，也可实现并入串出。

实训一：简单抢答器电路的装调

（1）实训目的

① 了解集成逻辑门电路的结构特点。

② 体验由基本逻辑门电路实现复杂逻辑关系的一般方法。

③ 学会集成门电路的使用及逻辑功能的测试方法。

（2）实训设备与器件

实训设备：电子技术实验装置 1 台、直流稳压电源 1 台、万用表 1 块。

实训器件：双四输入与非门 74LS20 2 片、六非门 74LS05（OC 门）1 片、发光二极管 4 只、$5.1 k\Omega$ 电阻 4 个、500Ω 电阻 4 个、按钮开关 4 个及导线若干。

（3）实训电路与说明

① 逻辑要求：用基本门电路构成简易型"4 人"抢答器。A、B、C、D 为抢答操作开关。任何一个人先将某一开关按下且保持闭合状态，则与其对应的发光二极管（指示灯）被点亮，表示此人抢答成功；而紧随其后的其他开关再被按下，与其对应的发光二极管则不亮。

② 电路组成：实训电路如图 10-46 所示，电路中标出的 74LS20 为双四输入与非门，74LS05 为六非门。

（4）实训步骤与要求

1）测试双四输入与非门 74LS20 的逻辑功能（可自拟逻辑功能测试表）

2）简单抢答器电路的安装与测试

① 搭接电路　熟悉电路板。通过实验功能板插接，熟悉实验功能板的使用方法；熟悉电路的元器件，在使用中必须正确识别集成电路的引脚；插接集成电路，完成电路的连接；在通电前要认真检查电路。

② 操作与测试　通电后，分别按下 A、B、C、D 各键，观察对应指示灯是否点亮，分别测试各个芯片的输入、输出管脚的电平变化；当其中某一指示灯点亮时，再按其他键，观察其他指示灯的变化，也分别测试各个芯片的输入、输出管脚的电平变化。并列表比较。

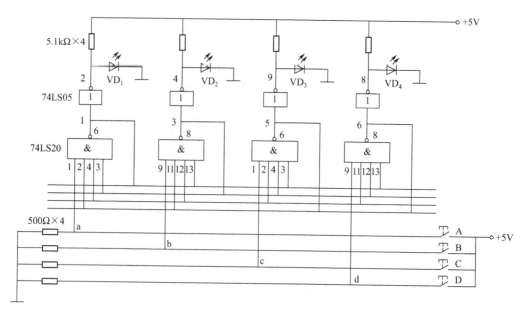

图 10-46　简易抢答器电路

（5）实训总结与分析

① 整理实训数据，分析实训结果。

② 熟悉集成门电路 74LS20 和 74LS05（OC 门）的逻辑功能。

③ 熟悉集成门电路 74LS20 和 74LS05（OC 门）的使用方法。

④ 学会门电路的安装与测试方法。

实训二：彩灯控制电路的装调

（1）实训目的

① 熟悉常用触发器的逻辑功能。

② 掌握触发器逻辑功能的测试方法。

③ 掌握触发器的一些简单应用及故障检查。

（2）实训设备与器件

数字电路实验箱 1 个，万用表 1 块，集成计数器 HCC4017BF、电阻、电容各一个。

（3）实训原理与步骤

① 电路原理。

电路原理图如图 10-47 所示。该电路是由十进制计数器及发光二极管构成的显示电路，计数器是用来累计和寄存输入脉冲个数的时序逻辑部件。在此电路中采用十进制计数器 CD4017，本实训项目采用的是 HCC4017BF，这是一种用途非常广泛的电路。其内部由计数及译码器两部分组成，由译码器输出实现对脉冲信号的分配，整个输出时序就是 O0、O1、O2、O3、O4、O5、O6、O7、O8、O9 依次出现与时钟同步的高电平，宽度等于时钟周期。

HCC4017BF 有三个输入端。其中，15 脚是复位端（高电平有效），13 脚是下降沿触发的时钟信号输入端、14 脚是上升沿触发的时钟信号输入端。本电路采用的是上升沿触发，将时钟脉冲信号从 14 脚输入即可。11 个输出端中 12 脚为 CO 端（进位输出端）。每输入 10 个计数脉冲，就可以得到一个进位的正脉冲信号。图中的电阻 R_1 为限流电阻，防止流过发光二极管的电流过大而损坏器件。C_1 为电源滤波电容。

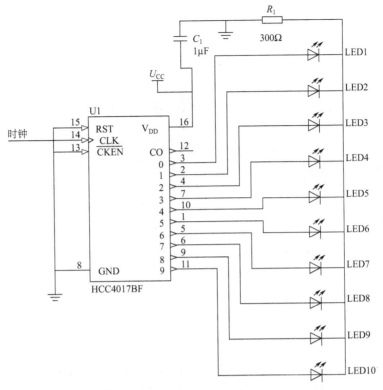

图 10-47 彩灯控制电路图

② 按图 10-47 所示，在实验箱上搭接电路。发光二极管采用实验箱上的二极管（内部已有限流电阻）。

③ 将实验箱上的时钟源调到 1Hz 送入计数器。

④ 经仔细检查无误后，通电实验。观察实验结果。

⑤ 将实验箱上的时钟源调到 10Hz 送入计数器，观察实验结果。

（4）实训总结与分析

① 将时钟信号改为下降沿触发，实训现象会有区别吗？

② 正确使用实训装置，学会用万用表判断故障，使用万用表时要按要求选择其挡位。

③ 分析该项实训也可以作为 CD4017 的检测电路，说明其原因。

实训三：循环彩灯电路的装调

（1）实训目的

① 识别相关中规模数字集成电路及分立元件。

② 掌握相关中规模数字集成电路功能。

③ 掌握循环彩灯的工作原理。

（2）实训设备与器件

数字电路实验箱、发光二极管、74HC163、74HC154、电阻及万用电表。

（3）实训原理与步骤

① 电路原理。

电路由一个同步四位二进制计数器 74HC163 和一个译码器 74HC154 构成控制电路，由 16 个发光二极管构成显示电路。循环彩灯原理图如图 10-48 所示。

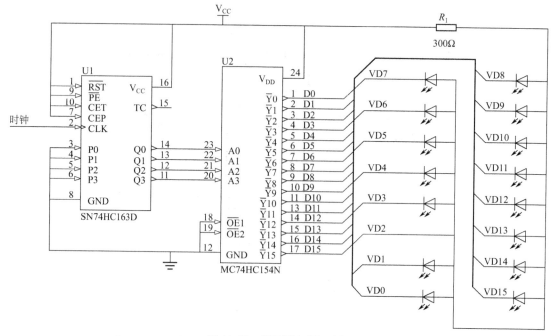

图 10-48　循环彩灯原理图

当周期性时钟脉冲输入到 74HC163 的时钟信号输入端时，74HC163 的输出为二进制形式，并且随着输入的持续，其输出在 0000～1111 之间循环变化。通过 4 线-16 线译码器 74HC154，其 16 条输出线将会按照所加的二进制数依次变成低电平，哪条线为低电平，与其相连的发光二极管就会导通而发光。任何时刻只有一个发光二极管被点亮发光。如果将这 16 个发光二极管在空间上接成一个环状，则这些二极管被循环点亮时，实际效果将会像一个光环在滚动一样。修改输入时钟信号的频率，将会在视觉上体会到光环滚动速度的变化。

② 识别本次实训所需要的所有元器件。

③ 按照图 10-48 在实验箱上搭接好电路。

④ 相互检查电路连接无误后，接通电源。

⑤ 在电路的时钟信号输入端，将实验箱上的时钟脉冲信号接入，改变脉冲的频率观察实训的效果。

⑥ 如果实训不能正常进行，根据所学的知识，分析、查找、解决电路中的故障，直到实训成功。

（4）实训总结与分析

① 画出实验线路图，记录、整理实验现象。对实验结果进行分析。

② 总结使用集成计数器的体会。

③ 总结实训过程中的故障分析及解决过程，进一步掌握数字电路的应用。

练 习 题

10-1　二进制数有何特点？在数字系统中为什么要采用二进制？

10-2　二进制计数器为什么也称为分频器？

10-3　基本 RS 触发器与同步 RS 触发器有什么差别？

10-4　RS 触发器的缺点是什么？试分析 JK 触发器是怎样克服 RS 触发器的缺点的？

10-5　画出 D 触发器和 JK 触发器的逻辑符号图，并指出有何不同。

10-6 七段显示数码管的七个显示发光段是如何分布的？

10-7 将下列十进制数转换成二进制数：

(1) 23 (2) 46 (3) 65 (4) 121

10-8 将下列二进制数转换成十进制数：

(1) $(101)_2$ (2) $(10010)_2$ (3) $(1101)_2$ (4) $(100100)_2$

10-9 将下列十六进制数转换成二进制数和十进制数：

(1) 13H (2) 18H (3) 25H (4) 79H

10-10 三输入端与门、或门和与非门的输入信号如图 10-49 所示，试画出各自的输出信号波形。

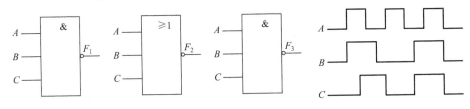

图 10-49 题 10-10 图

10-11 证明下列等式：

(1) $A + \bar{A}C = A + C$

(2) $ABC + \bar{A}BC + AB\bar{C} = BC + AB$

10-12 在基本 RS 触发器中输入如图 10-50 所示的波形，试画出触发器输出端的波形。

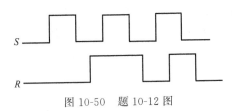

图 10-50 题 10-12 图

10-13 设主从 JK 触发器的初始状态为 0，试画出在如图 10-51 所示的 CP、J、K 信号的作用下触发器输出端 Q 的波形。

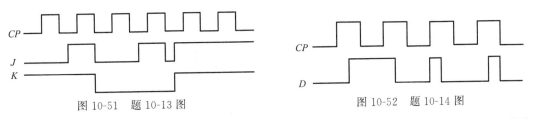

图 10-51 题 10-13 图　　　　　图 10-52 题 10-14 图

10-14 在 D 触发器中输入如图 10-52 所示的波形，试画出触发器输出端 Q 的波形（设 D 触发器的初始状态为 0）。

参 考 文 献

[1] 于占河. 电工基础. 北京：电子工业出版社，2003.
[2] 陈小虎. 电工电子技术. 北京：高等教育出版社，2000.
[3] 周雪. 模拟电子技术. 西安：西安电子科技大学出版社，2005.
[4] 周乐挺. 电工与电子技术实训. 北京：电子工业出版社，2004.
[5] 刘建军，王吉恒. 电工电子技术（电工学）. 北京：人民邮电出版社，2006.
[6] 辜志烽. 电工电子技术（电子学）. 北京：人民邮电出版社，2006.
[7] 高永强、王吉恒. 数字电子技术. 北京：人民邮电出版社，2006.
[8] 张惠敏. 电子技术实训. 北京：化学工业出版社，2001.
[9] 陆国和. 电工实验与实训. 北京：高等教育出版社，2001.
[10] 谢克明. 电工电子技术简明教程. 北京：高等教育出版社，2002.
[11] 王锁庭. 实用电工技能训练. 北京：石油工业出版社，2000.
[12] 辜忠涛，王吉恒. 实用电子技能训练. 北京：石油工业出版社，2000.
[13] 陈振源. 电子技术基础. 北京：高等教育出版社，2006.
[14] 王锁庭. 电子技术基础及实践. 北京：化学工业出版社，2010.
[15] 赵旭升. 电机与电气控制. 北京：化学工业出版社，2009.
[16] 徐建俊. 电工考工实训教程. 北京：清华大学出版社，2006.
[17] 朱祥贤. 数字电子技术项目教程. 北京：机械工业出版社，2011.